普通高等教育“十四五”计算机系列应用型规划教材

计算机基础一体化教程

（第二版）

主　编：吴晓凌　周　方
副主编：董国钢　徐彩云　贺　杰

华中师范大学出版社

内 容 简 介

本书全面系统地介绍了计算机的基础知识及其基本操作，共6章，主要内容包括计算机基础知识、Windows 10操作系统、Word 2016文字处理、Excel 2016电子表格、PowerPoint 2016演示文稿、计算机网络基础知识等。本书密切结合学生实际使用需要，并与国家计算机等级考试的最新要求相适应，各章内容相对独立，读者可以根据实际情况有选择地学习。

新出图证(鄂)字10号

图书在版编目(CIP)数据

计算机基础一体化教程/吴晓凌，周方主编．—2版．—武汉：华中师范大学出版社，2021.1(2023.1重印)

ISBN 978-7-5622-9257-9

Ⅰ.①计…　Ⅱ.①吴…　②周…　Ⅲ.①电子计算机—教材　Ⅳ.①TP3

中国版本图书馆CIP数据核字(2020)第248007号

计算机基础一体化教程(第二版)

©吴晓凌　周　方　主编

责任编辑：骆　宏　**责任校对**：肖　阳　**封面设计**：胡　灿

编辑室：高教分社　**电话**：027－67867364

出版发行：华中师范大学出版社

社址：湖北省武汉市珞喻路152号　**邮编**：430079

销售电话：027－67861549

网址：http://press.ccnu.edu.cn　**电子信箱**：press@mail.ccnu.edu.cn

印刷：武汉兴和彩色印务有限公司　**督印**：刘　敏

开本：787mm×1092mm　1/16　**印张**：15.25　**字数**：330千字

版次：2021年1月第2版　**印次**：2023年1月第4次印刷

印数：14301—16800　**定价**：42.00元

前　言

信息技术革命日新月异，人工智能（Artificial Intelligence）、区块链（Block Chain）、云计算（Cloud）、大数据（Big Data）等新概念和新技术层出不穷，计算机及相关技术的发展与应用在当今社会生活中发挥着越来越重要的作用。计算机与人们的生活息息相关，因此，计算机教育应面向社会，与时俱进。

计算机基础是我国高等院校通识型（基础类）课程，内容涵盖计算机组成相关的软硬件基础、MS Office办公软件的应用技术和计算机网络等知识。通过本课程的学习，学生可以掌握计算机的基本概念和操作技能，了解计算机的基本应用，为学习计算机方面的后续课程和利用计算机的相关知识解决本专业及相关领域的问题打下良好的基础。

武汉生物工程学院历来重视计算机基础的课程建设和教学工作。在学校的支持下，该课程2014年获批湖北高校省级精品资源共享课程。近几年来，学校对课程不断完善，已先后上线学银在线和湖北高校课程共享联盟平台，并向社会开放。2018年，学校又组织一批有着多年一线教学经验的专业教师编写了课程配套教材《计算机基础一体化教程》，经过三年的教学检验，2021年又修订改版。与第一版相比，本次修订更新了计算机发展前沿知识内容，将操作系统版本由Windows 7升级到了Windows 10，将常用办公软件介绍由2010版升级到了2016版，同时为了适应国家计算机等级考试的最新要求，本次修订还对教材内容进行了精减，删除了上一版中的网页制作基础和常用工具软件介绍等相关内容，针对部分实操性较强的内容，还配备了微课。

全书内容共6章，各章均配有PPT课件，其中第2、3、4、5章为MS Office办公软件的应用，注重实操，均配有微课，读者可通过微信扫描书中二维码获取；第1、6章为计算机组成和计算机网络的基础理论知识，没有配微课。另外，读者通过扫描封面或封二上的二维码，还可以获取一些相关的计算机知识。

本书由武汉生物工程学院组织编写，具体人员为：吴晓凌（第1章、第5章），周方（第2章），董国钢（第4章），徐彩云（第3章），贺杰（第6章）。全书由吴晓凌统稿、定稿。

丰洪才教授、何穗教授在本书的总体设计和整体规划等方面提出了很多富有建设性的意见，本书的编写得到了武汉生物工程学院计算机与信息工程学院的大力支持，还得到了华中师范大学出版社的鼎力相助，在此，对他们一并表示感谢。

由于编者水平有限，书中疏漏在所难免，不妥之处，敬请读者批评指正。

编　者

2020年12月

目　　录

微信扫码
获取本章 PPT

第1章　计算机基础知识

计算机是20世纪最先进的科学技术发明之一，其应用领域从最初的军事科研应用扩展到社会的各个领域，已形成了规模巨大的计算机产业，带动了全球范围的技术进步，由此引发了深刻的社会变革，对人类的生产活动和社会活动产生了极其重要的影响，并以强大的生命力飞速发展。

本章主要介绍计算机的一些基础知识，包括计算机的概念、计算机中信息的表示、计算机的组成以及计算机新技术。

1.1　计算机的基本概念

1.1.1　计算机的发展

计算工具的演化经历了由简单到复杂、从低级到高级的不同阶段，如从“结绳记事”中的绳结到算筹、算盘、计算尺、机械计算机等。它们在不同的历史时期发挥了各自的历史作用，同时也启发了电子计算机的研制和设计思路。

1889年，美国科学家赫尔曼·何乐礼研制出以电力为基础的电动制表机，用以储存计算资料。1930年，美国科学家范内瓦·布什造出世界上首台模拟电子计算机。1946年2月14日，由美国军方定制的世界上第一台电子计算机“电子数字积分计算机”(Electronic Numerical Integrator And Calculator，ENIAC)在美国宾夕法尼亚大学问世了。ENIAC(中文名：埃尼阿克)是美国奥伯丁武器试验场为了满足计算弹道需要而研制成的，这台计算器使用了17 840支电子管，体积为2.4米×0.9米×30米，重达28吨，功耗为170千瓦，其运算速度为每秒5000次的加法运算，造价约为487 000美元。ENIAC的问世具有划时代的意义，表明电子计算机时代的到来。在以后60多年里，计算机技术以惊人的速度发展，性能价格比在30年内增长6个数量级。

1.第1代：电子管数字机(1946—1958年)

硬件方面，逻辑元件采用的是真空电子管，主存储器采用汞延迟线、阴极射线示波管静电存储器、磁鼓、磁芯；外存储器采用的是磁带。软件方面采用的是机器语言、汇编语言。应用领域以军事和科学计算为主。特点是体积大、功耗高、可靠性差、速度慢(一般为每秒数千次至数万次)、价格昂贵，但为以后的计算机发展奠定了基础。

2.第2代：晶体管数字机(1958—1964年)

硬件方面，逻辑元件采用的是晶体管，主存储器采用磁芯，外存储器使用磁带和磁盘。软件方面出现了操作系统、高级语言及其编译程序。应用领域以科学计算和事务处理为主,并开始进入工业控制领域。特点是体积缩小、能耗降低、可靠性提高、运算速度提高(一般为每秒数10万次,可高达300万次),性能比第1代计算机有很大的提高。

3.第3代:集成电路数字机(1964—1970年)

硬件方面,逻辑元件采用中、小规模集成电路(MSI、SSI),主存储器仍采用磁芯。软件方面出现了分时操作系统以及结构化、规模化程序设计方法。特点是速度更快(一般为每秒数百万次至数千万次),而且可靠性有了显著提高,价格进一步下降,产品走向了通用化、系列化和标准化等。应用领域开始进入文字处理和图形图像处理领域。

4.第4代:大规模、超大规模集成电路机(1970年至今)

硬件方面,逻辑元件采用大规模和超大规模集成电路(LSI和VLSI)。软件方面出现了数据库管理系统、网络管理系统和面向对象语言等。计算机的运行速度可达到每秒上千万次到万亿次,计算机的存储容量和可靠性又有了很大提高,功能更加完备。1971年世界上第一台微处理器在美国硅谷诞生,开创了微型计算机的新时代。应用领域从科学计算、事务管理、过程控制逐步走向家庭。

由于集成技术的发展,半导体芯片的集成度更高,每块芯片可容纳数万乃至数百万个晶体管,并且可以把运算器和控制器都集中在一个芯片上,从而出现了微处理器,并且可以用微处理器和大规模、超大规模集成电路组装成微型计算机,它的功能和运算速度已经达到甚至超过了过去的大型计算机。另一方面,利用大规模、超大规模集成电路制造的各种逻辑芯片,已经制成了体积并不很大,但运算速度可达一亿甚至几十亿次的巨型计算机。这一时期还产生了新一代的程序设计语言以及数据库管理系统和网络软件等。

目前,计算机可分为超级计算机、工业控制计算机、网络计算机、个人计算机、嵌入式计算机五类,生物计算机、光子计算机、量子计算机等的研发也在不断推进。

1.1.2 计算机的特点

计算机是按照程序运行,自动高速处理海量数据的现代化智能电子设备,它具有如下特点:

1.运算速度快

计算机内部电路组成,可以高速准确地完成各种算术运算。当今计算机系统的运算速度已达到每秒万亿次,微机也可达每秒亿次以上,使大量复杂的科学计算问题得以解决。例如:卫星轨道的计算、大型水坝的计算、24小时天气预报的计算,曾经需要几年甚至几十年,而在现代社会里,用计算机只需几分钟就可完成。

2.计算精确度高

科学技术的发展特别是尖端科学技术的发展,需要高度精确的计算。计算机控制的导弹之所以能准确地击中预定的目标,是与计算机的精确计算分不开的。一般计算机可以有十几位甚至几十位(二进制)有效数字,计算精度可由千分之几到百万分之几,是别的计算工具所望尘莫及的。

3.逻辑运算能力强

计算机不仅能进行精确计算,还具有逻辑运算功能,能对信息进行比较和判断。计算机能把参加运算的数据、程序以及中间结果和最后结果保存起来以供用户随时调用,并能根据判断的结果自动执行下一条指令。

4.存储容量大

计算机内部的存储器具有记忆特性,可以存储大量的信息。这些信息不仅包括各类数据信息,还包括加工这些数据的程序。

5.自动化程度高

由于计算机具有存储记忆能力和逻辑判断能力,所以人们可以将预先编好的程序组写入计算机内存。在程序控制下,计算机可以连续自动地工作,不需要人的干预。

1.1.3 计算机的应用

计算机的应用已渗透到社会的各个领域,正在改变着人们的工作、学习和生活的方式,推动着社会的发展。归纳起来可分为以下几个方面:

1.信息管理

信息管理是以数据库管理系统为基础,辅助管理者提高决策水平,改善运营策略的计算机技术。信息处理具体包括数据的采集、存储、加工、分类、排序、检索和发布等一系列工作。信息管理已广泛应用于办公自动化、企事业计算机辅助管理与决策、情报检索、图书管理、影视动画设计、会计电算化等。信息处理已成为当代计算机的主要任务,是现代化管理的基础。

2.科学计算

科学计算是计算机最早的应用领域,是指利用计算机来完成科学研究和工程技术中提出的数值计算问题。在现代科学技术工作中,科学计算的任务是大量的和复杂的。利用计算机的运算速度高、存储容量大和连续运算的能力,可以解决人工无法完成的各种科学计算问题。例如工程设计、地震预测、气象预报、火箭发射等都需要由计算机承担庞大而复杂的计算工作。

3.过程控制

过程控制是利用计算机实时采集数据、分析数据,按最优值迅速地对控制对象进行自动调节或自动控制。采用计算机进行过程控制,不仅可以大大提高控制的自动化水平,而且可以提高控制的时效性和准确性,从而改善劳动条件、提高产量及合格率。因此,计算机过程控制已在机械、冶金、石油、化工、电力等部门得到广泛的应用。

4. 辅助技术

计算机辅助技术包括CAD、CAM和CAI。

计算机辅助设计(Computer Aided Design,CAD)是利用计算机系统辅助设计人员进行工程或产品设计,以实现最佳设计效果的一种技术。CAD技术已应用于飞机设计、船舶设计、建筑设计、机械设计、大规模集成电路设计等。采用计算机辅助设计,可缩短设计时间,提高工作效率,节省人力、物力和财力,更重要的是提高了设计质量。

计算机辅助制造(Computer Aided Manufacturing,CAM)是利用计算机系统进行产品的加工控制过程,输入的信息是零件的工艺路线和工程内容,输出的信息是刀具的运动轨迹。将CAD和CAM技术集成,可以实现设计产品生产的自动化,这种技术被称为计算机集成制造系统。

计算机辅助教学(Computer Aided Instruction,CAI)是利用计算机系统进行课堂教学。教学课件可以用PowerPoint或Flash等制作。CAI不仅能减轻教师的负担,还能使教学内容生动、形象逼真,能够动态演示实验原理或操作过程,激发学生的学习兴趣,提高教学质量,为培养现代化高质量人才提供了有效方法。

5. 翻译

1947年,美国数学家、工程师沃伦·韦弗与英国物理学家、工程师安德鲁·布思提出了用计算机进行翻译(简称"机译")的设想,机译从此步入历史舞台,并走过了一条曲折而漫长的发展道路。机译被列为21世纪世界十大科技难题。与此同时,机译技术也拥有巨大的应用需求。机译消除了不同文字和语言间的隔阂,堪称高科技造福人类之举。但机译的译文质量长期以来一直是个瓶颈,离理想目标仍相差甚远。中国数学家、语言学家周海中教授认为,在人类尚未明了大脑是如何进行语言的模糊识别和逻辑判断的情况下,机译要想达到"信、达、雅"的程度是不可能的。这一观点恐怕道出了制约译文质量的瓶颈所在。

6. 多媒体应用

随着电子技术特别是通信和计算机技术的发展,人们已经有能力把文本、音频、视频、动画、图形和图像等各种媒体综合起来,构成一种全新的概念——"多媒体"(Multimedia)。在医疗、教育、商业、银行、保险、行政管理、军事、工业、广播、交流和出版等领域中,多媒体的应用发展很快。

7. 计算机网络

计算机网络是由一些独立的和具备信息交换能力的计算机互联构成,以实现资源共享的系统。计算机在网络方面的应用使人类之间的交流跨越了时间和空间障碍。计算机网络已成为人类建立信息社会的物质基础,它给我们的工作带来极大的方便和快捷,如在全国范围内的银行信用卡的使用、火车和飞机票系统的使用等。人们可以在全球最大的互联网络——Internet上进行浏览、检索信息、收发电子邮件、阅读书报、玩网络游戏、选购商品、参与众多问题的讨论、实现远程医疗服务等。

1.2 计算机中的信息表示

1.2.1 数的表示

进位计数制，是指按某种进位原则进行计数的一种方法。数的表示涉及两个主要问题：权和基数。权是一个与相应数位有关的常数，它与该数位的数码相乘后，就可得到该数位的数码代表的值。一个数码处理不同位置时，所代表的数值是不同的，因为它拥有的权不同。基数是一个正整数，它等于相邻数位上权的比。对任意一种进制的数，基数和能选用的个数相等，能选用的最大数码要比基数小1，每个数位能表示的最大数值是最大数乘以该位具有的权，当超过这个数值时要向高位进位。

以十进制数为例。对整数部分，每一位的权从右到左依次为10^0，10^1，10^2，10^3，即平常所说的个、十、百、千、万等。对小数部分，每一位的权从左到右依次为10^{-1}，10^{-2}，10^{-3}，10^{-4}等，即平常所说十分之一、百分之一、千分之一、万分之一。可以看出，相邻两数位权的比是10，即10的基数是10，各数位允许选用的数码为0，1，2，…，9，其计数规则是“逢十进一”。对任意一个十进制数，都可以用一个多项式来表示，其中每一项表示相应数位代表的数值。

例如：十进制数321.5可以表示成：

$$321.5=3\times10^2+2\times10^1+1\times10^0+5\times10^{-1}$$

同样的道理，对一个R进制数N可表示成：

$$(N)_R=a_n\times R^n+a_{n-1}\times R^{n-1}+\cdots+a_1\times R^1+a_0\times R^0+a_{-1}\times R^{-1}+\cdots+a_{-m}\times R^{-m}$$

我们平常使用的十进制数，在计算机中则采用二进制数。按照以上的讨论，对二进制数来说，应符合以下几点：

①能选用的数码的个数等于基数2，即各数位只允许是0和1；

②相邻两数位的比为2；

③每个数码代表的数值，等于该数码乘以2的整次幂，幂的大小取决于该数所在位置；

④计数规则是“逢二进一”。

表1-1 常用进制的基数和所用的数字符号

十进制	二进制	八进制	十六进制
0	0	0	0

续表

十进制	二进制	八进制	十六进制
1	1	1	1
2	10	2	2
3	11	3	3
4	100	4	4
5	101	5	5
6	110	6	6
7	111	7	7
8	1000	10	8
9	1001	11	9
10	1010	12	A
11	1011	13	B
12	1100	14	C
13	1101	15	D
14	1110	16	E
15	1111	17	F

1.2.2 英文字符编码

在计算机中使用的字符主要有英文字母、标点符号、运算符号等,这些所有的字符也是以二进制的形式表示的,但是和数值不一样,字符与二进制之间没有必然的对应关系。这些字符的二进制编码是人为编制的,目前使用最普遍的编码是美国国家标准信息交换码,即ASCII码。

ASCII码是用7位二进制数进制编码的,能表示$2^7=128$个字符,这些字符包括26个英文字母(大小写)、0~9十个阿拉伯数字、32个专用符号(!、#、$、%、^、*、(、)、<、>等)和34个控制字符。

表1-2 ASCII码字符表

高3位 / 低4位	000	001	010	011	100	101	110	111
0000	NUL	DEL	SP	0	@	P	.	p
0001	SOH	DC1	!	1	A	Q	a	q
0010	STX	DC2	"	2	B	R	b	r
0011	ETX	DC3	#	3	C	S	c	s
0100	DOT	DC4	$	4	D	T	d	t
0101	ENG	NAK	%	5	E	U	e	u
0110	ACK	SYN	&	6	F	V	f	v
0111	BEL	ETB	'	7	G	W	g	w
1000	BS	CAN	(	8	H	X	h	x
1001	HT	EM	)	9	I	Y	I	y
1010	LF	SUB	*	:	J	Z	j	z
1011	VT	ESC	+	;	K	[	k	{
1100	FF	FS	,	<	L	\	l	|
1101	CR	GS	—	=	M	]	m	}
1110	SO	RS	.	>	N	↑	n	~
1111	SI	US	/	?	O	↓	o	DEL

1.2.3 汉字的表示

计算机中汉字的表示也是用二进制编码，同样是人为编码的。根据应用目的的不同，汉字编码分为外码、交换码、机内码和字形码。

1. 外码(输入码)

外码也叫输入码，是用来将汉字输入到计算机中的一组键盘符号。英文字母只有26个，可以把所有的字符都放到键盘上，而使用这种办法把所有的汉字都放到键盘上是不可能的。所以汉字系统需要有自己的输入码体系,使汉字与键盘能建立对应关系。常用的输入码有拼音码、五笔字型码、自然码、表形码、认知码、区位码和电报码等,每个人可根据自己的需要进行选择。一种好的编码应有编码规则简单、易学好记、操作方便、重码率低、输入速度快等优点。

2.交换码

计算机内部处理的信息,都是用二进制代码表示的,汉字也不例外。而二进制代码使用起来是不方便的,于是需要采用信息交换码。我国标准总局1981年制定了中华人民共和国国家标准GB 2312—80《信息交换用汉字编码字符集(基本集)》,即国标码。国标码字符集中收集了常用汉字和图形符号7445个,其中图形符号682个,汉字6763个,按照汉字的使用频度分为两级,第一级为常用汉字3755个,第二级为次常用汉字3008个。为了避开ASCII字符中的不可打印字符0100001—1111110(十六进制为21—7E),国标码表示汉字的范围为2121—7E7E(十六进制)。

3.机内码

根据国标码的规定,每一个汉字都有了确定的二进制代码,但是这个代码在计算机内部处理时会与ASCII码发生冲突,为解决这个问题,把国标码的每一个字节的首位上加1。由于ASCII码只用7位,所以,这个首位上的“1”就可以作为识别汉字代码的标志,计算机在处理到首位是“1”的代码时把它理解为是汉字的信息,在处理到首位是“0”的代码时把它理解为是ASCII码,经过这样处理后的国标码就是机内码。

4.汉字的字形码

字形码是汉字的输出码,输出汉字时都采用图形方式,无论汉字的笔画多少,每个汉字都可以写在同样大小的方块中。为了能准确地表达汉字的字形,对于每一个汉字都有相应的字形码,目前大多数汉字系统中都是以点阵的方式来存储和输出汉字的字形。所谓点阵就是将字符(包括汉字图形)看成一个矩形框内一些横竖排列的点的集合,有笔画的位置用黑点表示,没笔画的位置用白点表示。在计算机中用一组二进制数表示点阵,用0表示白点,用1表示黑点。一般的汉字系统中汉字字形点阵有16×16、24×24、48×48几种,点阵越大对每个汉字的修饰作用就越强,打印质量也就越高。每一个汉字的字形都必须预先存放在计算机内,称为字形信息库,简称“字库”。

1.3 计算机的系统组成

1.3.1 计算机的硬件组成

完整的计算机系统包括两大部分,即硬件系统和软件系统。所谓硬件,是指构成计算机的物理设备,即由机械、电子器件构成的具有输入、存储、计算、控制和输出功能的实体部件,由以下五个部分组成:

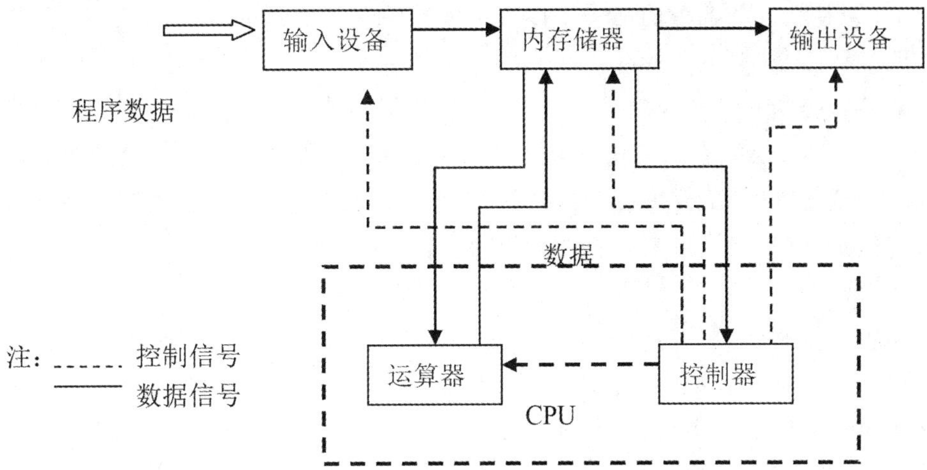

图1-1 计算机的硬件组成

1.运算器

运算器依照程序的指令，完成对数据的加工和处理。它能够提供算术运算（加、减、乘、除）和逻辑运算（与、或、非）。

2.控制器

控制器是计算机的控制中心，按照人们事先给定的指令步骤，统一指挥各部件有条不紊地协调动作。控制器的功能，决定了计算机的自动化程度。

3.存储器

计算机的存储器分为内存储器和外存储器。

①内存储器（也称主存）由半导体材料做成，通过电路和CPU相连接，计算机工作时，将用户需要的程序与数据装入内存，CPU到内存中读取指令与数据，在运算过程中产生的结果，CPU会将其写入内存。一旦切断电源，这种可读写内存中的信息将全部丢失。

②外存储器（也称辅存）用来放置需要长期保存的数据，它解决了内存不能保存数据的缺点。微型计算机中的外存储器有软磁盘驱动器、硬磁盘驱动器、光盘驱动器等。

4.输入设备

计算机在与人进行会话、接受人的命令或是接收数据时，需要的设备叫作输入设备。常用的输入设备有键盘、鼠标、扫描仪、游戏杆等。

5.输出设备

输出设备是将计算机处理的结果以人们能够认识的方式输出的设备。常用的输出设备有显示器、音箱、打印机、绘图仪等。

实际中，运算器和控制器通常做在一块半导体芯片上，称为中央处理器，或微处理器，简称CPU。计算机的运算器、控制器和存储器合在一起称为计算机的主机。衡量一台计算机性能的优劣是根据多项技术指标综合确定的。其中，既包含硬件的各种性

能指标,又包括软件的各种功能。下面列出硬件的主要技术指标:

1. 机器字长

机器字长是指CPU一次能处理的二进制数据的位数,通常与CPU的寄存器位数有关。字长越长,数的表示范围也越大,精度也越高。机器的字长也会影响机器的运算速度。倘若CPU字长较短,又要运算位数较多的数据,那么需要经过两次或多次的运算才能完成,这样势必影响整机的运行速度。

2. 存储容量

存储容量即存储器的容量应该包括主存容量和辅存容量。主存容量是指主存中存放二进制代码的总位数,即存储容量=存储单元个数×存储字长。现代计算机中常以字节数描述容量的大小,因一个字节已被定义为8位二进制代码,故用字节数便能反映主存容量,辅存容量也通常用字节数来表示。

3. 运算速度

运算速度是衡量计算机性能的一项重要指标。通常所说的计算机运算速度(平均运算速度),是指每秒钟所能执行的指令条数,一般用"百万条指令/秒"(mips,Million Instruction Per Second)来描述。一般说来,CPU主频越高,运算速度就越快。

1.3.2 计算机的软件组成

没有安装任何软件的计算机称为裸机,软件是为方便使用计算机和提高使用效率而组织的程序以及用于开发、使用和维护的有关文档。

计算机的软件系统可分为系统软件和应用软件两大类。应用软件是为解决各类实际问题而设计的程序系统,比如用于文字处理、图像处理或工程计算的软件。系统软件由一组控制计算机系统并管理其资源的程序组成,其主要功能包括:启动计算机,存储、加载和执行应用程序,对文件进行排序、检索,将程序语言翻译成机器语言,等等。实际上,系统软件可以看作用户与计算机的接口,它为应用软件和用户提供了控制、访问硬件的手段,这些功能主要由操作系统完成。此外,编译系统和各种工具软件也属此类,它们从另一方面辅助用户使用计算机。下面分别介绍它们的功能:

1. 操作系统(Operating System,OS)

操作系统是管理、控制和监督计算机软硬件资源协调运行的程序系统,由一系列具有不同控制和管理功能的程序组成,它是直接运行在计算机硬件上的最基本的系统软件,是系统软件的核心。操作系统是计算机发展中的产物,它的主要目的有两个:一是方便用户使用计算机,比如用户键入一条简单的命令就能自动完成复杂的功能,这就是操作系统帮助的结果;二是统一管理计算机系统的全部资源,合理组织计算机工作流程,以便充分、合理地发挥计算机的效率。

操作系统的种类繁多,依其功能和特性分为分批处理操作系统、分时操作系统和实时操作系统等;依同时管理用户数的多少分为单用户操作系统和多用户操作系统;适合管理计算机网络环境的网络操作系统。

微机操作系统随着微机硬件技术的发展而发展,从简单到复杂。Microsoft公司开发的DOS是一个单用户单任务系统,而之后开发的Windows操作系统则是一个多用户多任务系统,二十多年来,从最初的Windows 3.1,历经Windows 95、Windows 98、Windows NT、Windows 2000、Windows XP,直至目前的Windows 7、Windows 8和Windows 10等。它是当前微机中广泛使用的操作系统之一。Linux是一个源码公开的操作系统,目前已被越来越多的用户所采用,是Windows操作系统强有力的竞争对手。

2.语言处理系统(翻译程序)

人和计算机交流信息使用的语言称为计算机语言或称程序设计语言。计算机语言通常分为机器语言、汇编语言和高级语言三类。如果要在计算机上运行高级语言程序就必须配备程序语言翻译程序(下简称"翻译程序")。翻译程序本身是一组程序,不同的高级语言都有相应的翻译程序。

翻译的方法有两种:一种称为"解释",另一种称为"编译",对源程序进行解释和编译任务的程序,分别叫作解释程序和编译程序。如FORTRAN、COBOL、PASCAL和C等高级语言,使用时需有相应的编译程序;BASIC、LISP等高级语言,使用时需用相应的解释程序。

3.服务程序

服务程序能够提供一些常用的服务性功能,它们为用户开发程序和使用计算机提供了方便,像微机上经常使用的诊断程序、调试程序、编辑程序均属此类。

4.数据库管理系统

数据库是指按照一定联系存储的数据集合,可为多种应用共享。数据库管理系统(Data Base Management System,DBMS)则是能够对数据库进行加工、管理的系统软件。其主要功能是建立、消除、维护数据库及对库中数据进行各种操作。数据库系统主要由数据库(DB)、数据库管理系统(DBMS)以及相应的应用程序组成。数据库系统不但能够存放大量的数据,更重要的是能迅速、自动地对数据进行检索、修改、统计、排序、合并等操作,以得到所需的信息。这一点是传统的文件管理无法做到的。

1.4 计算机新技术

1.4.1 云计算

云计算是基于互联网的相关服务的增加、使用和交付模式,通常涉及通过互联网来提供动态易扩展且经常是虚拟化的资源。云是网络、互联网的一种比喻说法。过去在图中往往用云来表示电信网,后来也用来表示互联网和底层基础设施的抽象。云计算甚至可以让你体验每秒10万亿次的运算能力，拥有这么强大的计算能力可以模拟核爆炸、预测气候变化和市场发展趋势。用户通过电脑、笔记本、手机等方式接入数据中心，按自己的需求进行运算。

云计算是继1980年代大型计算机到客户端服务器大转变之后的又一种巨变。云计算是通过使计算分布在大量的分布式计算机上，而非本地计算机或远程服务器中，企业数据中心的运行将与互联网更相似。这使得企业能够将资源切换到需要的应用上，根据需求访问计算机和存储系统。这好比是从古老的单台发电机模式转向了电厂集中供电的模式。它意味着计算能力也可以作为一种商品进行流通，就像煤气、水电一样，取用方便，费用低廉。

1.4.2　大数据

大数据指无法在一定时间范围内用常规软件工具进行捕捉、管理和处理的数据集合，是需要新处理模式才能表现更强的决策力、洞察发现力和流程优化能力的海量、高增长率和多样化的信息资产。

随着大数据的产生，数据的计量单位也逐步在发生变化。最小的基本单位是bit(位，也叫比特)，8位二进制数组成一组称为1个字节(byte)，字节单位为B。B以后的单位按顺序为：KB、MB、GB、TB、PB、EB、ZB、YB、BB、NB、DB。它们按照进率1024(2的十次方)来计算，如1KB=1024B，以此类推。

大数据技术的战略意义不在于掌握庞大的数据信息，而在于对这些含有意义的数据进行专业化处理。换而言之，如果把大数据比作一种产业，那么这种产业实现盈利的关键，在于提高对数据的“加工能力”，通过“加工”实现数据的“增值”。

从技术上看，大数据与云计算的关系就像一枚硬币的正反面一样密不可分。大数据必然无法用单台的计算机进行处理，必须采用分布式架构。它的特色在于对海量数据进行分布式数据挖掘。但它必须依托云计算的分布式处理、分布式数据库和云存储、虚拟化技术。

1.4.3　虚拟现实

虚拟现实技术是仿真技术的一个重要方向，是仿真技术与计算机图形学、人机接口技术、多媒体技术、传感技术、网络技术等多种技术的集合，是一门富有挑战性的交叉技术前沿学科和研究领域。虚拟现实技术(VR)主要包括模拟环境、感知、自然技能和传感设备等方面。模拟环境是由计算机生成的、实时动态的三维立体逼真图像。感知是指理想的VR应该具有一切人所具有的感知。除计算机图形技术所生成的视觉感知外，还有听觉、触觉、力觉、运动等感知，甚至还包括嗅觉和味觉等，也称为多感知。自然技能是指人的头部转动，眼睛、手势或其他人体行为动作，由计算机来处理与参与者的动作相适应的数据，并对用户的输入作出实时响应，并分别反馈到用户的五官。传感设备是指三维交互设备。

虚拟现实是多种技术的综合，包括实时三维计算机图形技术，广角（宽视野）立体显示技术，对观察者头、眼和手的跟踪技术，以及触觉/力觉反馈、立体声、网络传输、语音输入输出技术等。

1.4.4 人工智能

人工智能是计算机科学的一个分支，它企图了解智能的实质，并生产出一种新的能以人类智能相似的方式做出反应的智能机器，该领域的研究包括机器人、语言识别、图像识别、自然语言处理和专家系统等。

人工智能从诞生以来，理论和技术日益成熟，应用领域也不断扩大，可以设想，未来人工智能带来的科技产品，将会是人类智慧的“容器”。人工智能可以对人的意识、思维的信息过程的进行模拟。人工智能不是人的智能，但能像人那样思考，也可能超过人的智能。

例如繁重的科学和工程计算本来是要人脑来承担的，如今计算机不但能完成这种计算，而且能够比人脑做得更快、更准确，因此当代人已不再把这种计算看作“需要人类智能才能完成的复杂任务”，可见复杂工作的定义是随着时代的发展和技术的进步而变化的。人工智能这门科学的具体目标也自然随着时代的变化而发展，它一方面不断获得新的进展，另一方面又转向更有意义、更加困难的目标。

人工智能总体上还处于发展的初级阶段，但有学者认为让计算机拥有智商是很危险的，它可能会反抗人类。这种隐患也在多部科幻电影中发生过，其关键是允不允许机器拥有自主意识的产生与延续，如果使机器拥有自主意识，则意味着机器具有与人同等或类似的创造性、自我保护意识、情感和自发行为。

1.4.5 区块链

2008年11月1日一位自称中本聪（Satoshi Nakamoto）的人发表了《比特币：一种点对点的电子现金系统》一文，文中阐述了基于P2P网络技术、加密技术、时间戳技术、区块链技术等的电子现金系统的构架理念，运用了区块链技术的比特币也随之诞生。两个月后理论步入实践，2009年1月3日第一个序号为0的创世区块诞生。几天后2009年1月9日出现序号为1的区块，并与序号为0的创世区块相连接形成了链，标志着区块链的诞生。

近年来，世界对比特币的态度起起落落，但作为比特币底层技术之一的区块链技术日益受到重视。在比特币形成过程中，区块是一个一个的存储单元，记录了一定时间内各个区块节点全部的交流信息。各个区块之间通过随机散列（也称哈希算法）实现链接,后一个区块包含前一个区块的哈希值,随着信息交流的扩大,一个区块与一个区块相继接续,形成的结果就叫区块链。

从科技层面来看,区块链涉及数学、密码学、互联网和计算机编程等很多科学技术问题。从应用视角来看,简单来说,区块链是一个分布式的共享账本和数据库,具有去中心化、不可篡改、全程留痕、可以追溯、集体维护、公开透明等特点。这些特点保证了区块链的“诚实”与“透明”,为区块链创造信任奠定基础。而区块链丰富的应用场景,基本上都基于区块链能够解决信息不对称问题,实现多个主体之间的协作信任与一致行动。

思考题1

1.按照计算机的构成元件,电子计算机应划分为哪几个发展阶段?

2.计算机有什么特点?应用领域有哪些?

3.为什么计算机中的信息要用二进制表示?

4.什么是ASCII码?请查出“B”、“a”、“O”的ASCII值。

5.计算机硬件由哪几个部分组成?各部分的功能是什么?

6.计算机软件和硬件的主要区别是什么?

7.操作系统是计算机系统中的一个重要概念,其重要性有哪些?

微信扫码
获取本章 PPT

第2章　Windows 10操作系统

Windows是由Microsoft公司开发的、具有变革性的操作系统，其目的是使计算机的日常操作更加简便和快捷，为用户提供高效易用的工作环境。Windows 10是Microsoft公司发布的最后一个独立Windows版本。

本章简要介绍Windows 10的功能特点和基本操作，主要内容包括Windows 10简介、Windows 10桌面、Windows 10窗口和菜单的操作及Windows 10的资源管理方法等。

2.1　Windows 10概述

2.1.1　Windows 10的功能特色

Windows 10是美国微软公司开发的跨平台、跨设备的一种窗口操作系统，于2015年7月29日正式发布，Windows 10操作系统在易用性和安全性方面有了极大的提升，主要表现为：

1. 生物识别技术的支持

Windows 10所新增的Windows Hello功能将带来一系列对于生物识别技术的支持。除了常见的指纹扫描之外，系统还能通过面部或虹膜扫描来让用户进行登入。当然，用户需要使用新的3D红外摄像头来获取到这些新功能。

2.Cortana强大的搜索功能

Cortana可以帮助用户搜索硬盘内的文件、系统设置、安装的应用、甚至是互联网中的其他信息。作为一款私人助手服务，Cortana还能像在移动平台那样帮用户设置基于时间和地点的备忘。

3. 大量细节上的改进与系统优化

针对触控屏设备进行优化、为用户提供专门的平板模式；放弃激进的Metro风格，回归传统风格——用户可以调整应用窗口大小了，久违的标题栏也重回窗口的上方，最大化与最小化按钮也给了用户更多的选择和自由度；提供了虚拟桌面功能让用户可以将窗口放进不同的虚拟桌面当中，并在其中进行轻松切换；进化的开始菜单将传统的开始菜单与Windows 8开始屏幕的特色相结合；任务切换器不再仅显示应用图标，而是通过大尺寸缩略图的方式内容进行预览；任务栏当中，新增了Cortana和任务视图按钮，与此同时，系统托盘内的标准工具也匹配上了Windows 10的设计风格，可以查看到可用的Wi-Fi网络,或是对系统音量和显示器亮度进行调节;对命令提示符窗口进行了升级,用户不仅可以对CMD窗口的大小进行调整,还能使用辅助粘贴等快捷键;对文件资源管理器进行了升级,在主页面上显示出用户常用的文件和文件夹,让用户可以快速获取到自己需要的内容;淘汰了老旧的IE浏览器,采用了新的Edge浏览器;优化了设置和控制面板,兼容了Windows 8的设置界面和传统的控制面板;具有更好的兼容性;等等。

4.融合、引入了一些新出现的技术

融合了云服务、智能移动设备、自然人机交互等新技术,使得在易用性方面得到了较大的改善;同时引入了Windows Hello、Microsoft Passport、Device Guard等安全功能,提升了Windows 10的安全性。

2.1.2 Windows 10的启动和退出

1.Windows 10的启动

①依次打开显示器和电脑主机的电源开关,在电脑完成POST(Power On Self Test的缩写,指BIOS对计算机的主板和内存等进行自检)后,Windows 10开始被载入内存,并在之后几秒到几十秒的时间内完成Windows 10的启动。

②若Windows 10只有一个用户且没有设置用户密码,则Windows 10启动后会直接进入到Windows 10的桌面;若Windows 10存在多个用户且设置了用户密码,则Windows 10启动之后,Windows 10会首先显示用户登录界面(图2-1),将可用的用户以图标的方式显示在界面上,此时单击希望登录的用户名图标,输入密码,再按回车键即可完成所选用户的登录进入到Windows 10的桌面(图2-2)。

二维码 2-1

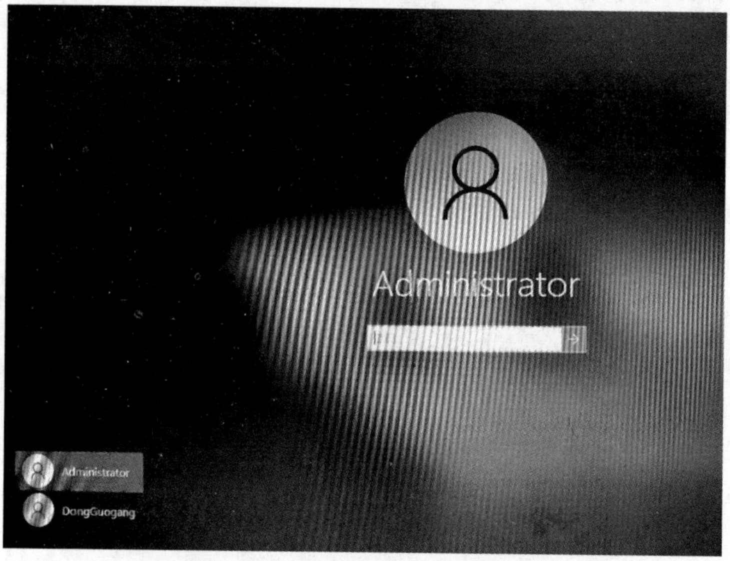

图2-1 Windows 10的用户登录界面

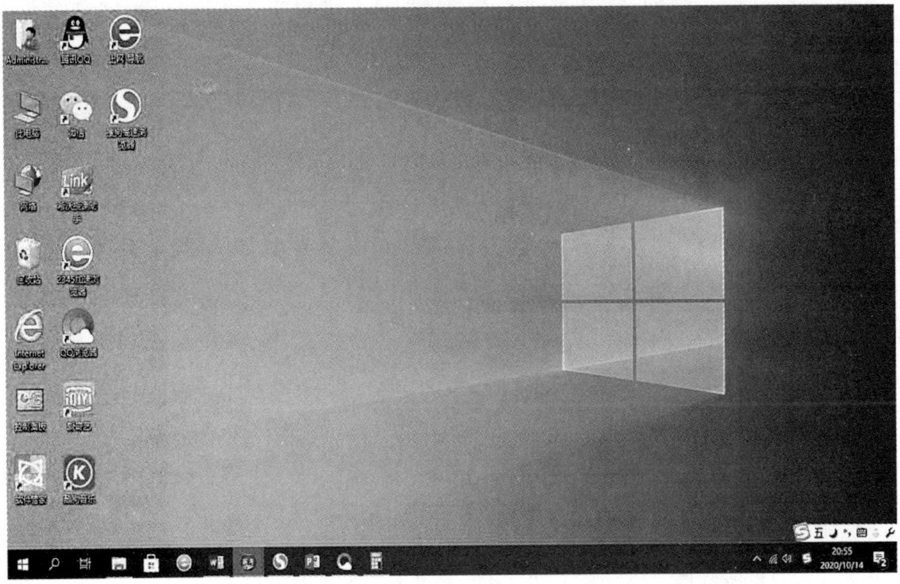

图2-2　进入后的Windows 10桌面

2.Windows 10的退出

要退出Windows 10系统，可以单击桌面左下方的开始按钮，在弹出的开始菜单中单击电源按钮，然后会出现一个选项菜单，如图2-3和图2-4所示。

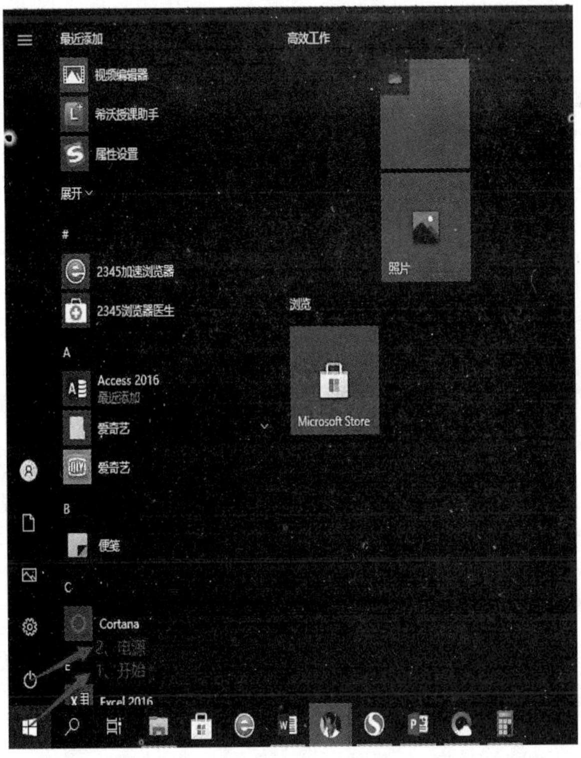

图2-3　Windows 10的开始菜单

图2-4　单击电源按钮后的选项菜单

在图2-4的选项菜单中选择“关机”即可退出Windows 10操作系统、关闭计算机；选择“重启”可以重新启动电脑；选择“睡眠”可让计算机进入睡眠状态，此时计算机耗电较少，已打开的应用程序均保持打开状态，可随时被唤醒并快速进入原已打开的应用程序。

2.2　Windows 10的桌面

桌面是用户登录到Windows 10系统后所看到的整个计算机屏幕，是用户和计算机进行交流、互动的窗口。Windows 10的桌面由任务栏、桌面图标和鼠标指针等构成。下面分别予以介绍：

2.2.1　桌面图标

桌面图标是指在桌面上摆放着的代表应用程序和其他文件(也可以是文件夹)的图标，是应用程序和其他文件(也可以是文件夹)的图形(像)化表示，通常包含图形符号、说明文字两部分，当把鼠标指针移动到图标上稍等片刻，其附近便会出现图标的说明文字或者是它所代表的文件存放的路径。

用户可以通过鼠标双击桌面上的图标快速启动相应的程序或打开相应的文件(文件夹)。根据需要用户也可以在桌面上添加图标或删除图标，也可以在桌面上移动或重新排列图标的位置。

下面图2-5中矩形框框起来的部分就是某台电脑桌面上的图标。

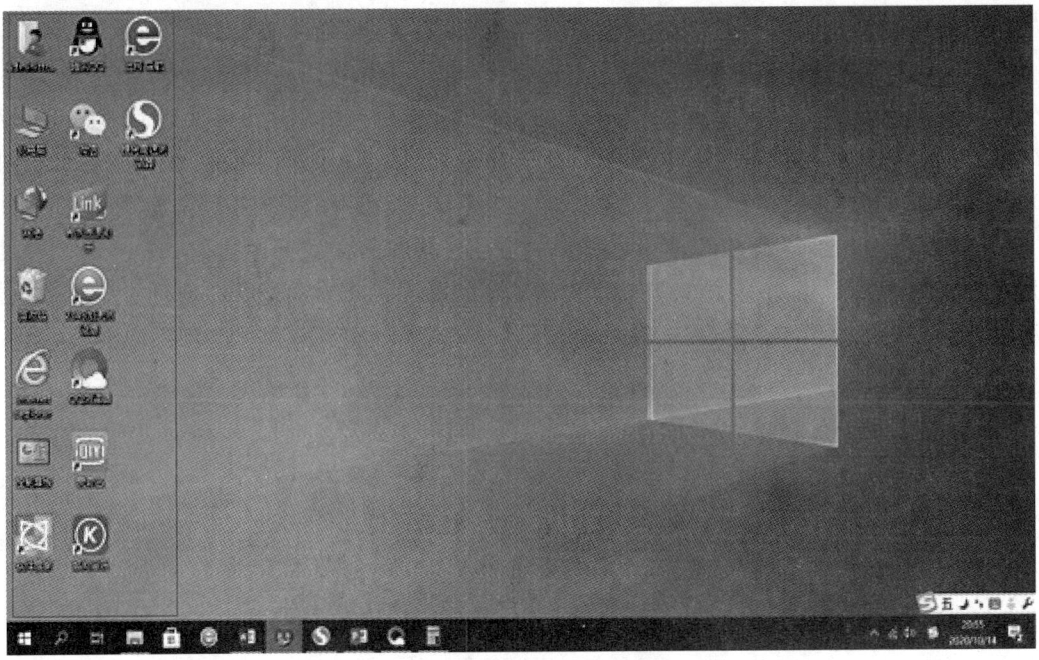

图2-5 Windows 10的桌面图标

1. 桌面图标的分类

Windows 10桌面上的图标主要包括系统图标、应用程序图标两大类，系统图标主要有“此电脑”、“网络”、“控制面板”、“回收站”和用户文件夹“Administrator”五大部分，双击这些图标可以打开系统文件夹(或系统组件)，如双击桌面上的“控制面板”图标可以打开Windows 10的“控制面板”对话框，如图2-6所示。

二维码 2-2

图2-6 Windows 10的“控制面板”

应用程序图标是安装软件时在桌面创建的快捷方式，双击此类图标可以快速启动应用程序或打开指定的文件(文件夹)。用户也可以根据需要自己在桌面上创建一些其他文件(文件夹)的快捷图标。

2.快捷图标创建

桌面上的图标实质上就是打开各种程序和文件(或文件夹)的快捷方式,用户可以在桌面上创建自己经常使用的程序或文件的图标。这样,使用时可以通过直接双击快捷图标来启动该项目。创建桌面快捷图标的方法是:选中要创建为桌面图标的文件(文件夹),右键单击该应用程序(或文件)的图标,在弹出的菜单中选择“发送到”→“桌面快捷方式”命令或直接选择“创建快捷方式”即可完成快捷方式的创建,如图2-7所示。

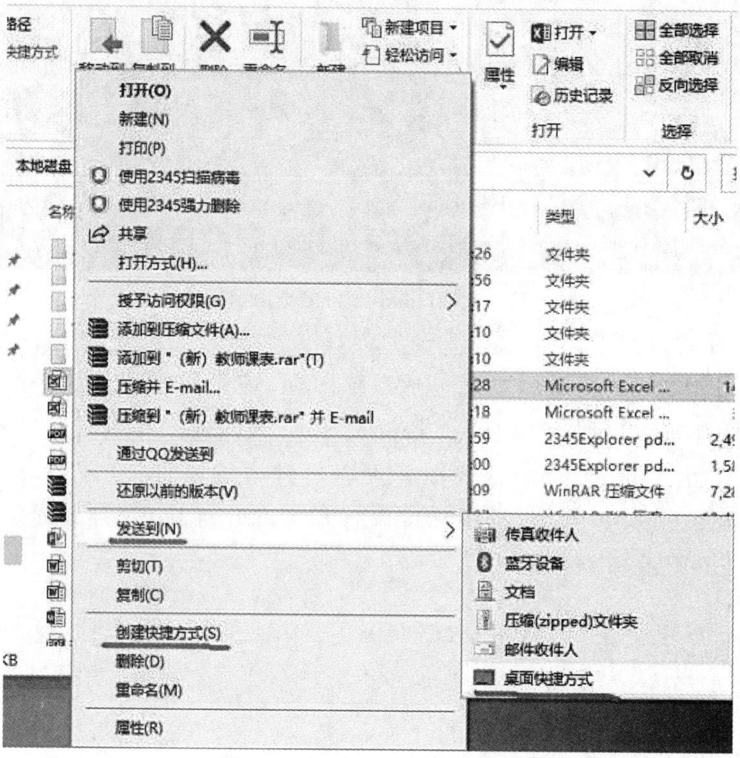

图2-7 创建桌面快捷图标

3.查看图标

二维码2-3

右键单击桌面的空白处,在弹出的快捷菜单中选择“查看”命令,可以看到在其子菜单中有两条横线分隔的三组选项可选:最上部的三个选项“大图标”、“中等图标”、“小图标”为单选选项,只能选中其中的一个,当选中某一个时其前面会出现一个“●”;中间的两个选项“自动排列图标”、“将图标与网格对齐”为复选选项,可以同时选择两项,选中项的前面会出现一个“√”;最下部的一个选项“显示桌面图标”允许开启或关闭“显示桌面图标”当选中该项时其左侧会出现“√”标志,说明已允许显示桌面图标;再次点选该项后,“√”标志消失,即表明关闭了“显示桌面图标”,如图2-8所示。

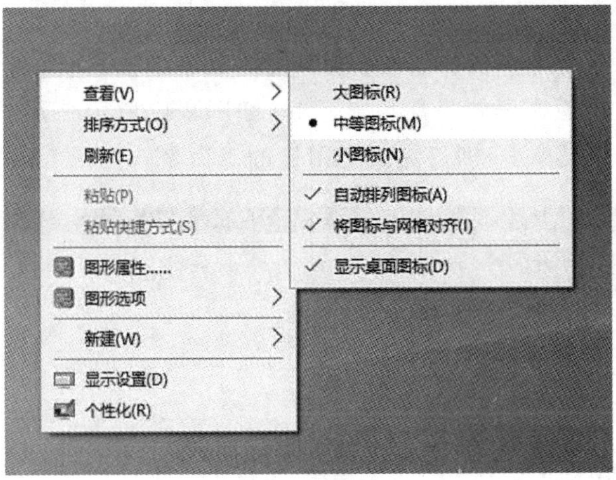

图2-8 查看图标

4.排列图标

当用户桌面上的图标多了后,如果未进行排列,桌面会显得非常凌乱。这样既影响视觉效果,又不利于用户选择所需要的项目。可以通过执行排列图标的命令,使桌面显得整洁而有条理。方法是:右键单击桌面的空白处,在弹出的快捷菜单中选择“排序方式”命令,出现的子菜单中包含多种排列方式,在其中选择一种排列方式即可完成图标的排列(如图2-9所示)。以下是几种排列方式的说明:

二维码 2-4

①名称:图标按名称开头的字母或拼音顺序排列的方式。

②大小:图标按所代表文件的大小顺序排列的方式。

③项目类型:图标按所代表的文件类型的排列方式。

④修改日期:图标按所代表文件的最后一次修改日期的排列方式。

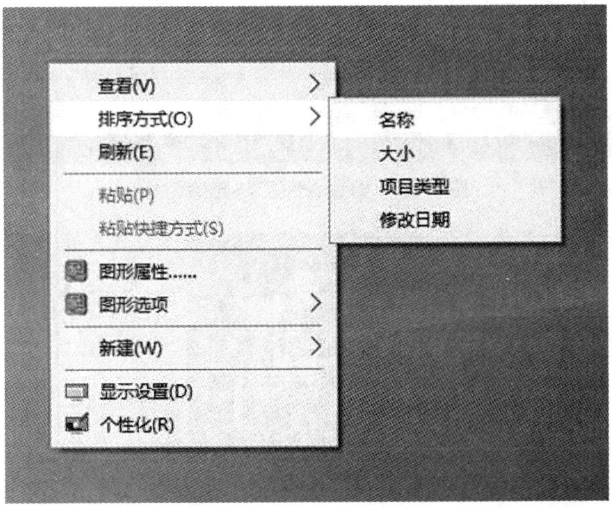

图2-9 图标的排序方式

5.图标的重命名

右键单击桌面上的某个图标,在弹出的快捷菜单中选择“重命名”命令,如图 2-10 所示。当图标的文字说明位置呈反色显示时(如图 2-11 所示),用户可以输入新名称,然后在桌面上任意位置单击,即可完成对图标的重命名。

二维码 2-5

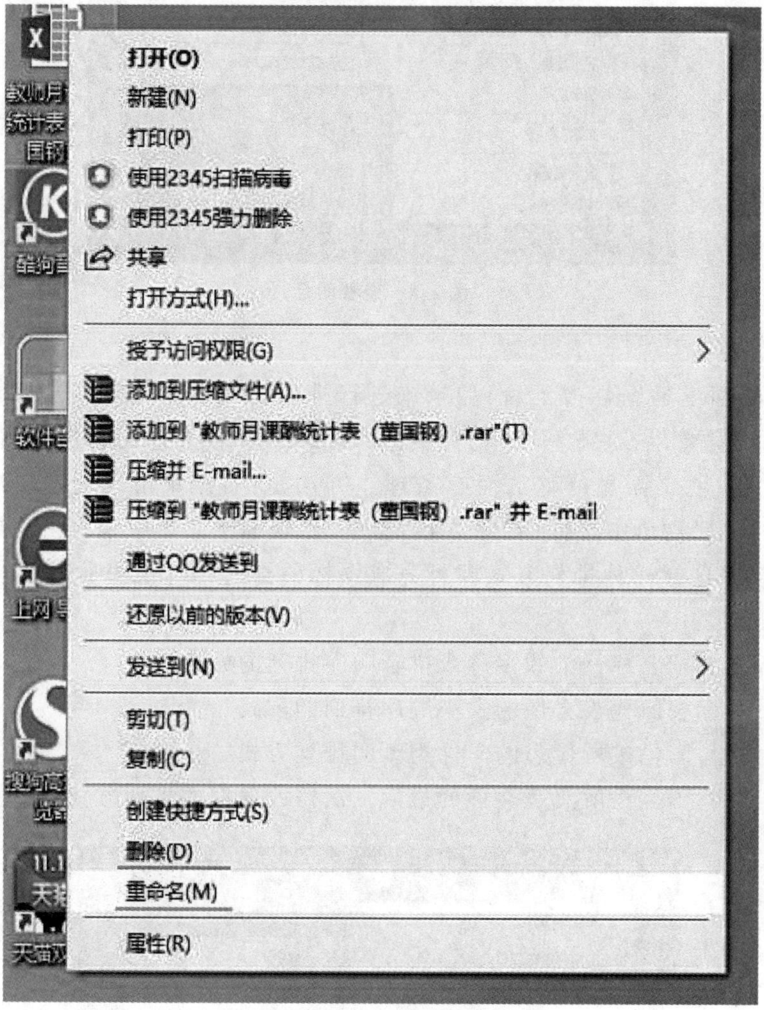

图 2-10 重命名图标与删除图标

图 2-11 重命名图标

6.图标的删除

需要删除桌面上的某个图标时,可以右键单击该图标,在弹出的快捷菜单中选择“删除”命令,如果回收站属性有设置“显示删除确认对话框”,系统会弹出如图2-12所示的对话框,询问用户是否确实要删除所选内容并移入回收站。单击“是”按钮确认删除;单击“否”按钮取消删除操作。

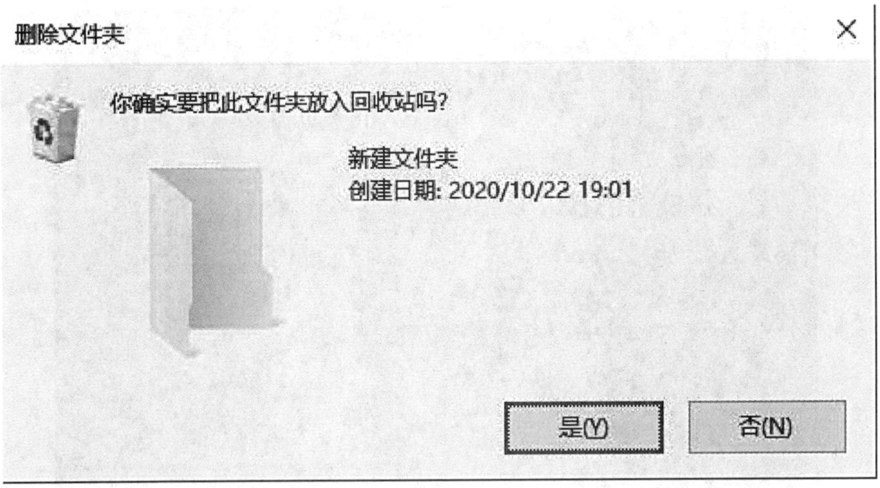

图2-12 删除确认对话框

7.移动桌面图标

直接用鼠标拖动即可,即选中要移动的图标对象按下鼠标左键不放在桌面上拖动到一个新的位置放开即可。

2.2.2 任务栏

Windows 10的任务栏默认位于桌面最下方,由开始按钮、搜索图标(框)、Cortana按钮、任务视图按钮、快速启动工具栏、任务区(浮动按钮区)、隐藏区域、音量、语言、日期时间设置、通知区域和“显示桌面”按钮(单击可快速显示桌面)等部分组成,如图2-13所示。

图2-13 Windows 10的任务栏

其中Cortana、任务视图是Windows 10的新增功能,单击Cortana按钮,可以在该界面中通过打字或语音输入方式帮助用户快速打开某一个应用,也可以实现聊天、看新闻、设置提醒等操作。单击“任务视图”按钮,可以查看计算机当前桌面运行的应用程序窗口,如果需要也可以新增一个桌面来运行新的应用程序。

1. 任务栏的定制与属性设置

Cortana按钮、任务视图按钮和搜索图标(框)及一些工具栏(如地址栏、链接栏等)可通过在任务栏上单击鼠标右键弹出任务栏属性来选择是否在任务栏上显示或以何种方式显示,如图2-14所示。

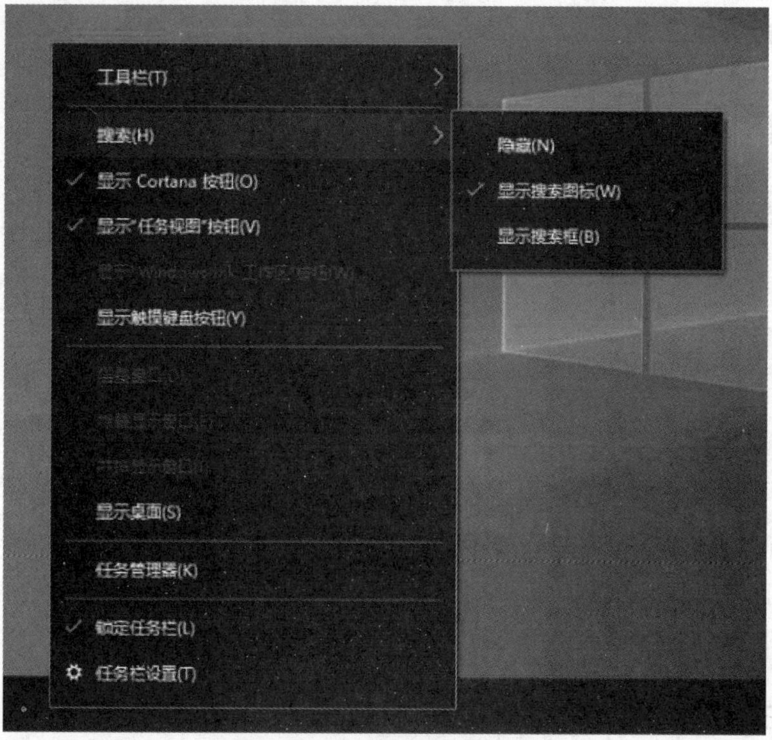

图2-14 Windows 10的任务栏属性

Cortana按钮、任务视图按钮在弹出的"显示Cortana按钮"、"显示任务视图"菜单前单击完成勾选或取消勾选;而搜索图标(框)须进入其二级菜单才能选择以搜索图标方式还是以搜索框的方式来显示或是隐藏显示,工具栏也须进入其二级菜单才能选择要具体显示的地址栏、链接栏等。

通过任务栏属性还可以设置桌面上窗口的排列方式、启动任务管理器、锁定任务栏或进行更多的任务栏设置。

设置桌面上窗口的排列方式,可选择层叠窗口、堆叠显示窗口、并排显示窗口、显示桌面,前三个分别对窗口进行层叠窗口、堆叠及并排显示,而显示桌面时将最小化所有工作窗口,只显示桌面。

启动任务管理器后允许查看进程、性能、应用历史记录并根据需要结束当前选中的进程,如图2-15所示。

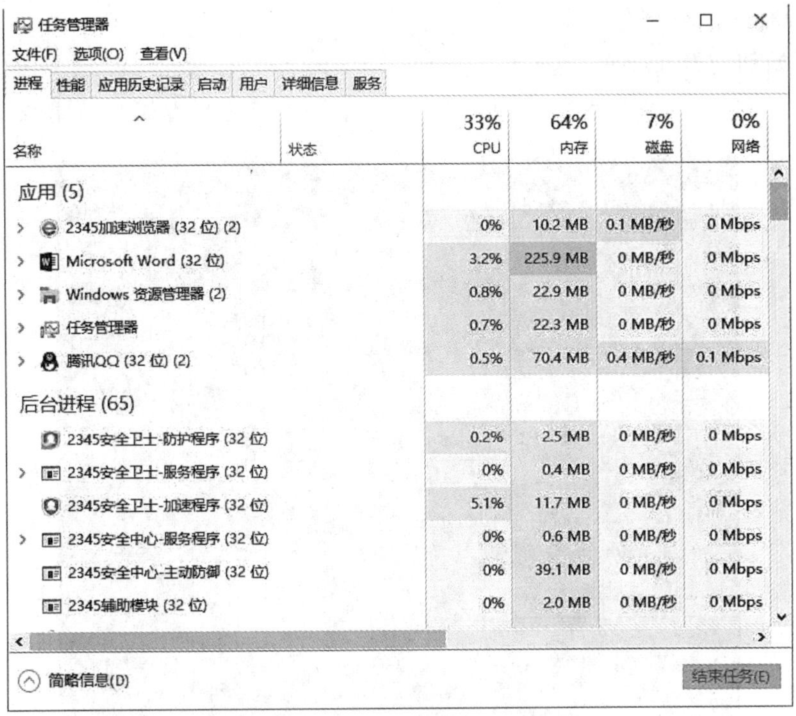

图2-15　Windows 10的任务管理器

锁定任务栏后该任务栏将不能被拖动或进行其他操作。

更多的任务栏设置在启动后会弹出如图2-16所示的对话框,允许我们进行诸如是否自动隐藏任务栏的设置。

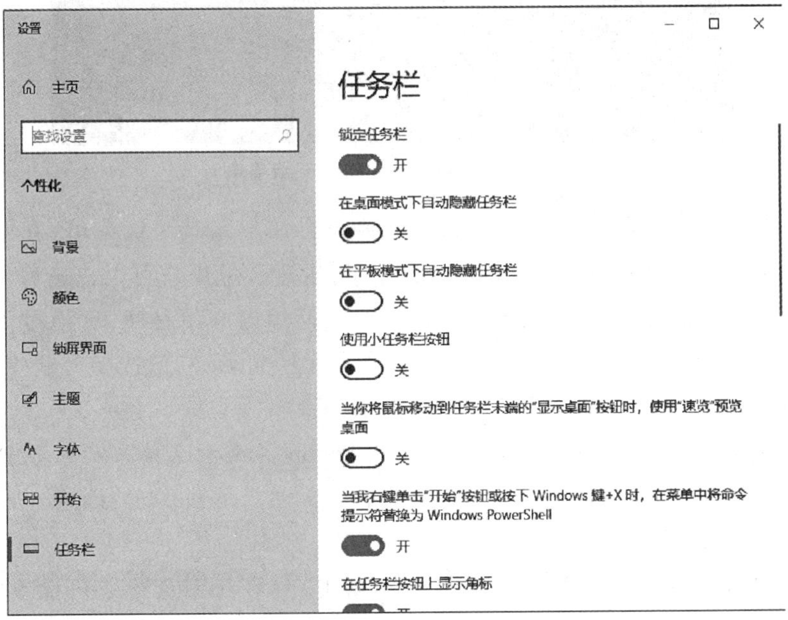

图2-16　Windows 10的任务栏设置

2. 任务栏中主要部分介绍

(1)开始钮与开始菜单

单击屏幕左下角的开始按钮,可以打开 Windows 10 的开始菜单,如图 2-17 所示。

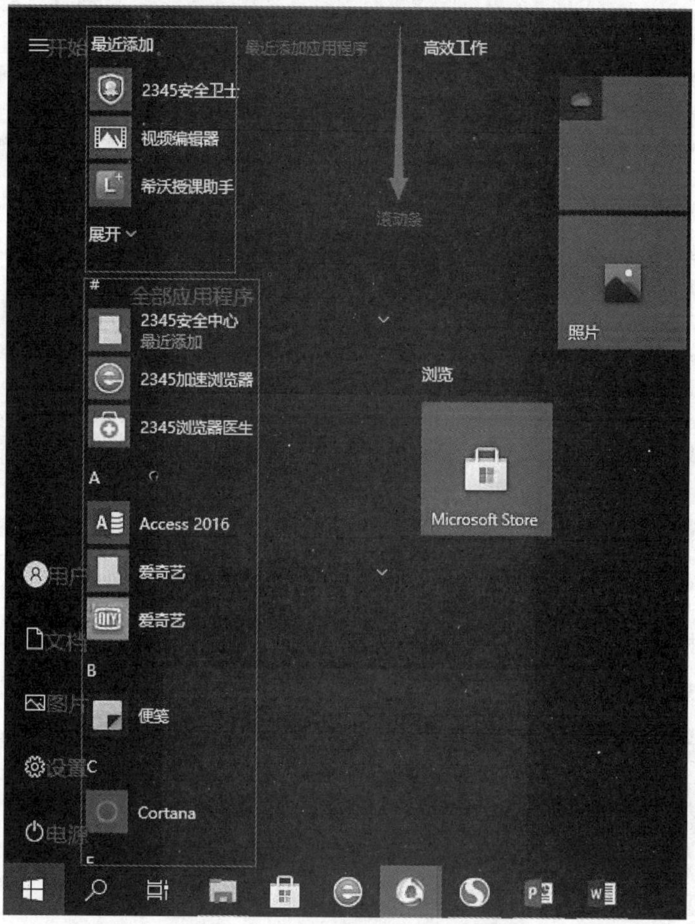

图 2-17 Windows 10 的开始菜单

按开始按钮后,最左边一列上部的开始菜单自动显示其下级菜单(在第二列的位置),其中上部是用户最近添加或使用过的程序,通过这里用户可以快速启动经常使用的应用程序,默认这里并没有展开全部新添加或使用的应用程序,可通过下边的展开按钮来展开全部;下部是计算机中所有已安装的程序列表,它们按字母顺序排列,可通过右边的滚动条来拖动显示下部未能显示的部分。

最左边列开始菜单的下面还有当前账户 Administrator、文档、图片、设置及电源等 4 个按钮,其中电源按钮前面已介绍过,这里不再赘述。下面仅对当前账户 Administrator、文档、图片按钮的功能作一介绍:

单击“Administrator”,可弹出账户操作的菜单,允许我们进行账户设置的更改、注销账户或锁定账户等,如图 2-18 所示。

图2-18 Windows 10的账户操作

二维码 2-6

单击文档按钮,可快速打开我的文档;单击图片按钮可快速打开“我的图片”。

(2)快速启动工具栏

快速启动工具栏由一些小型的按钮组成,单击该按钮可以快速启动对应的应用程序。一般情况下,它们包括网上浏览工具、资源管理器图标和Microsoft Store图标等。用户也可根据个人需要将常用的图标添加到快速启动工具栏中。

(3)窗口按钮栏(任务区:指示当前运行应用程序窗口的状态并允许进行切换)

当用户启动某项应用程序而打开一个窗口后,在任务栏上会出现相应的有立体感的按钮,表明当前程序正在被使用。在正常情况下,按钮是向下凹陷的。当把应用程序窗口最小化后,按钮则是向上凸起的,这样可以使用户观察更方便。窗口最小化至任务栏上方后,移动鼠标平铺到这个窗口上方,就可以出现窗口的缩略图显示当前窗口的实际内容。

(4)隐藏区域

按钮的作用是隐藏不活动的图标或显示隐藏的图标,如图2-19所示。

图2-19 任务栏的隐藏区域被单击打开

当用户在任务栏属性中选中“隐藏不活动的图标”复选框,系统会自动将用户最近没有使用过的图标隐藏起来,用户可通过单击此处的隐藏区域图标来显示已被隐藏起来的图标。

(5)音量控制器

音量控制器是任务栏上扬声器形状的按钮,单击它后会出现一个音量控制对话框,用户可以通过拖动上面的小滑块来调整扬声器的音量,当单击其中的扬声器按钮后,扬声器的声音将消失。当用户右键单击音量控制器后,会出现一个右键菜单,如图 2-20。

二维码 2-7

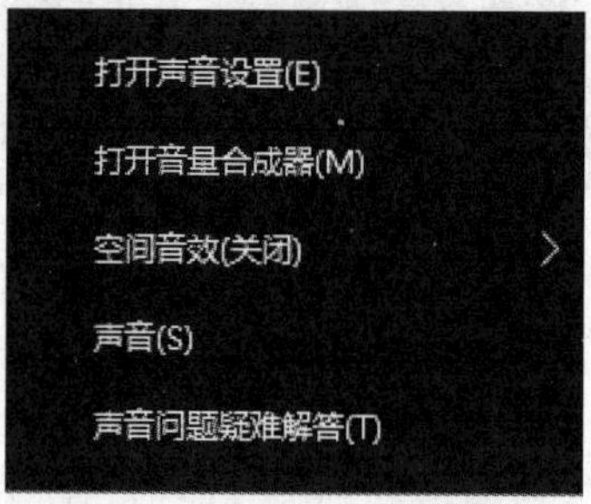

图 2-20 音量控制器右键菜单

通过该右键菜单中“打开声音设置”或“打开音量合成器”进入更多的有关声音的一些设置,分别如图 2-21 和图 2-22。

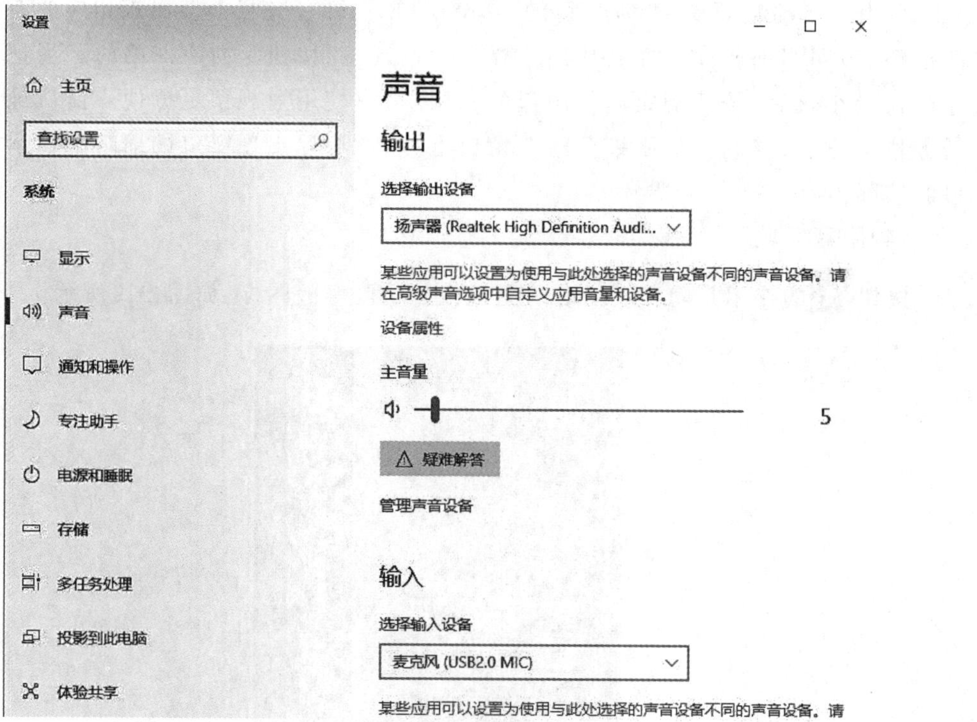

图 2-21 打开声音设置

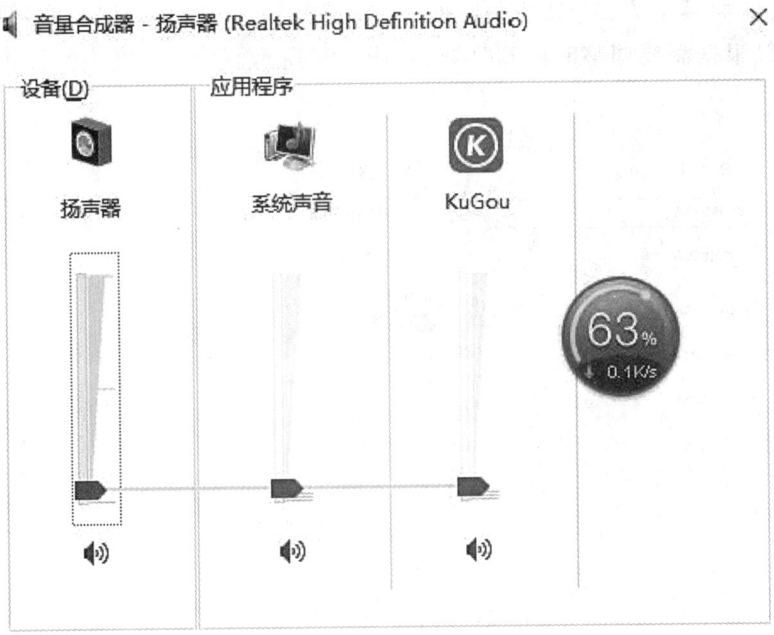

图2-22 打开音量控制器

(6)语言栏

单击语言栏处图标可以弹出菜单中让用户选择要切换到的输入法。用户也可以使用【Windows+空格】组合键来进行中英文的切换或【Windows+Shift】组合键在不同中文输入法间切换。

(7)日期时间指示器

任务栏的右侧显示当前日期时间的地方是日期时间指示器，移动鼠标到它上面停留片刻，会出现当前的日期。单击日期指示器将弹出日期面板，如图2-23所示。

图2-23 日期面板

单击日期面板下方的“日期和时间设置”链接,可以打开“日期和时间”设置对话框,用户可以根据需要调整时间和日期,如图 2-24 所示。

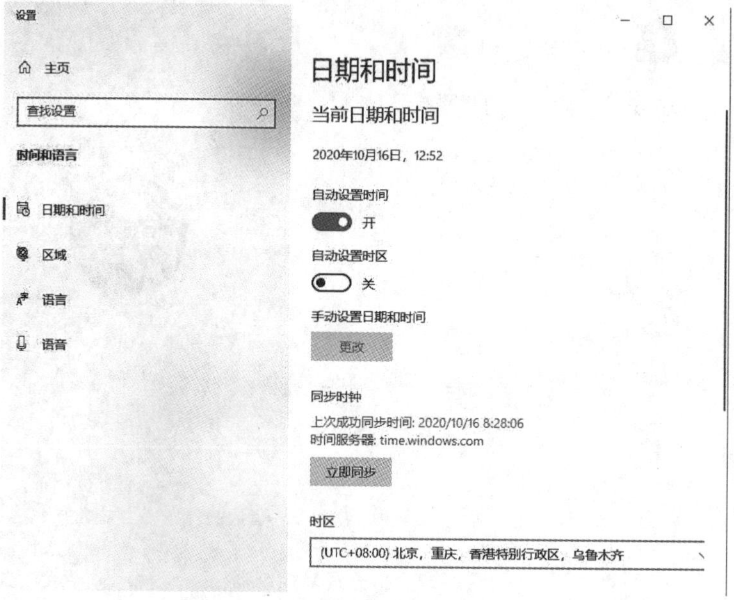

图 2-24 “日期和时间”设置对话框

(8)通知区域

通知区域位于任务栏右侧“显示桌面”按钮的左边,它可以显示系统给用户的一些通知信息,当有新通知信息来到时会提示有多少个通知信息,单击该区域可弹出通知区域的管理窗口,如图 2-25 所示。

二维码 2-8

图 2-25 管理通知

(9)显示桌面

显示桌面按钮一般位于任务栏的最右边,单击它可以最小化桌面上运行的应用程序窗口,显示出桌面。

2.2.3 鼠标指针及鼠标操作

鼠标指针用来指示当前光标在屏幕上的位置。常用的鼠标指针有以下一些形式,如图2-26所示。

鼠标指针	表示的状态	鼠标指针	表示的状态	鼠标指针	表示的状态
	正常状态		调整对象垂直大小		精确调整对象
	帮助选择		调整对象水平大小		文本输入状态
	后台处理		沿对角线调整对象 1		禁用状态
	忙碌状态		沿对角线调整对象 2		手写状态
	移动对象		候选		链接选择

图2-26 鼠标指针的形式

可以通过在实际桌面上移动鼠标来移动鼠标指针实现光标在电脑桌面上的定位,定位(电脑)桌面上某个图标或空白位置后,可以通过鼠标来执行对选中对象的单击、双击或右击操作。下面分别介绍鼠标的这些操作:

移动定位:移动定位鼠标的方法是握住鼠标在光滑的桌面或鼠标垫上随意移动,此时,显示在屏幕上的鼠标指针会同步移动,将鼠标指针移到桌面上的某一对象上停留片刻,这就是定位操作,被定位的对象通常会出现相应的提示信息。

单击:单击俗称点击,方法是先移动鼠标,让鼠标指针指向某个对象,然后用食指按下鼠标左键后快速松开按键,鼠标左键将自动弹起还原。单击操作常用于选择对象,被选择的对象呈高亮显示。

拖动:指将鼠标指向某个对象后按住鼠标左键不放,然后移动鼠标把对象从屏幕的一个位置拖动到另一个位置,最后释放鼠标左键即可,这个过程也被称为“拖曳”。拖动操作常用于移动对象。

右击:右击即单击鼠标右键,方法是用中指按一下鼠标右键,松开按键后鼠标右键将自动弹起还原。右击操作常用于打开右击对象的相关快捷菜单。

双击:双击是指用食指快速、连续地按鼠标左键两次,双击操作常用于启动某个程序、执行任务和打开某个窗口或文件夹。

2.3 Windows 10的基本操作

2.3.1 Windows 10启动应用程序

在Windows 10中启动应用程序有如下四种方法：

方法一：单击开始按钮，打开开始菜单，然后在开始菜单中的最近添加或使用过的程序区查看是否有要打开的程序选项，如果有则选择该程序选项启动。如果最近添加或使用过的程序区中没有要启动的程序，则在“所有程序”列表中依次单击要执行的程序所在的文件夹和具体要执行的程序选项来启动程序。

方法二：在“此电脑”中找到需要执行的应用程序文件，用鼠标双击，也可在其上单击鼠标右键，在弹出的快捷菜单中选择“打开”命令。

方法三：双击桌面上应用程序对应的快捷图标。

方法四：单击开始按钮，打开开始菜单，单击“搜索按钮”进入“搜索文本框”中输入要执行的程序名称，选择确认后按【Enter】键即可启动程序。

应用程序启动后会在一个窗口中工作，关闭一个窗口即关闭该窗口中运行的应用程序，关闭的方法后面再具体进行介绍(在2.4.2中窗口操作部分和2.4.3中)。

2.3.2 Windows 10的窗口操作

1. 窗口组成

Windows 10中所有应用程序启动后的窗口都有类似的组成，一般都包括：标题栏、菜单按钮功能区、窗口工作区、状态栏，不同的应用程序可能还有一些个性化的其他组成部分，下面以打开“此电脑”后出现的窗口为例来进行介绍，其窗口组成如图2-27所示。

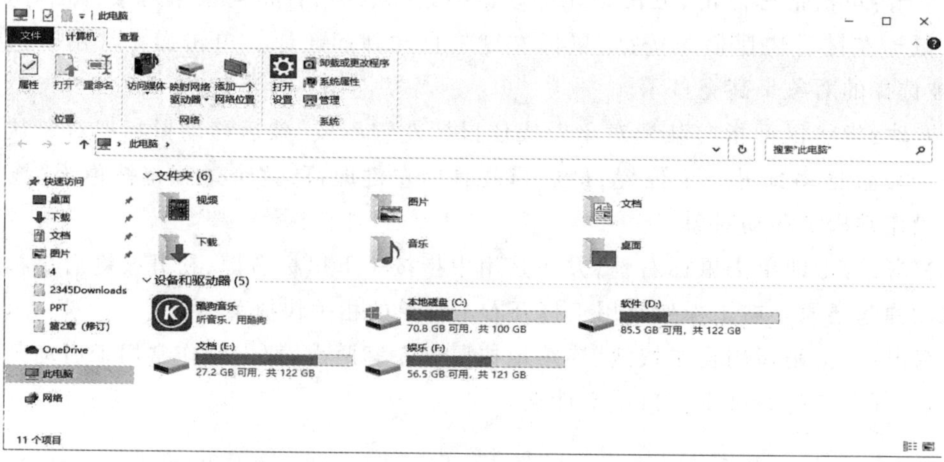

图2-27 “此电脑”打开后的窗口(实际是使用资源管理器打开的)

下面分别介绍窗口中的主要组成部分：

①标题栏：位于窗口顶部的一行，从左至右依次有窗口控制钮、快速访问工具栏、标题、最小化按钮、最大化按钮、关闭按钮。其中窗口控制钮、最小化按钮、最大化按钮、关闭按钮可以帮助我们实现一些常见的功能操作，详见后面的窗口操作。

快速访问工具栏上提供了一些可以让我们快速调用的功能按钮，包括设置所选项目属性和新建文件夹两个按钮和一个“自定义快速访问工具栏”按钮，“自定义快速访问工具栏”按钮允许我们添加新的快速访问工具钮到“快速访问工具栏”上。

窗口标题处说明本应用程序的标题或打开的文件名。

②菜单按钮功能区：菜单按钮功能区是提供应用程序的功能菜单和按钮的地方，是结合了早期Windows版本中的菜单和工具钮的一种新的实现功能调用的途径。它由文件、计算机、查看等三个菜单栏构成，每个菜单栏实际是一个功能组，其下由一组相关的功能命令构成。这一组相关的功能命令，有的是作为该菜单栏的下级菜单提供给用户使用的，如文件菜单栏，如图2-28所示；有的是作为该菜单栏对应的功能组面板上的各个工具钮提供给用户使用的，如计算机、查看等菜单栏，如图2-29所示。

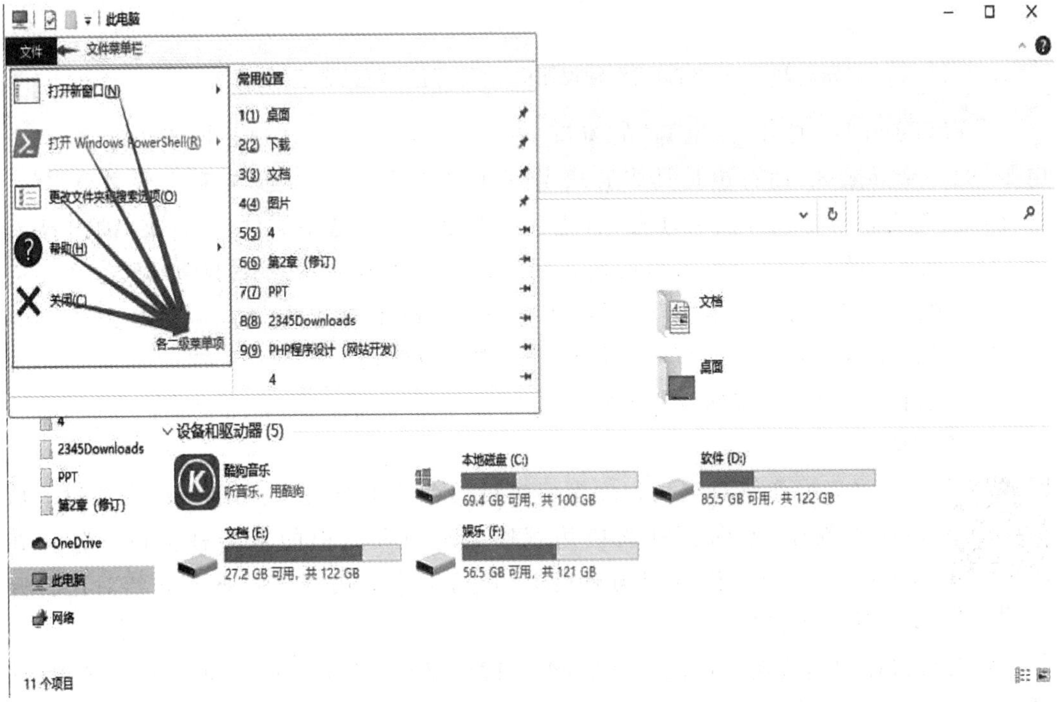

图2-28 （此电脑）资源管理器中的“文件”菜单栏

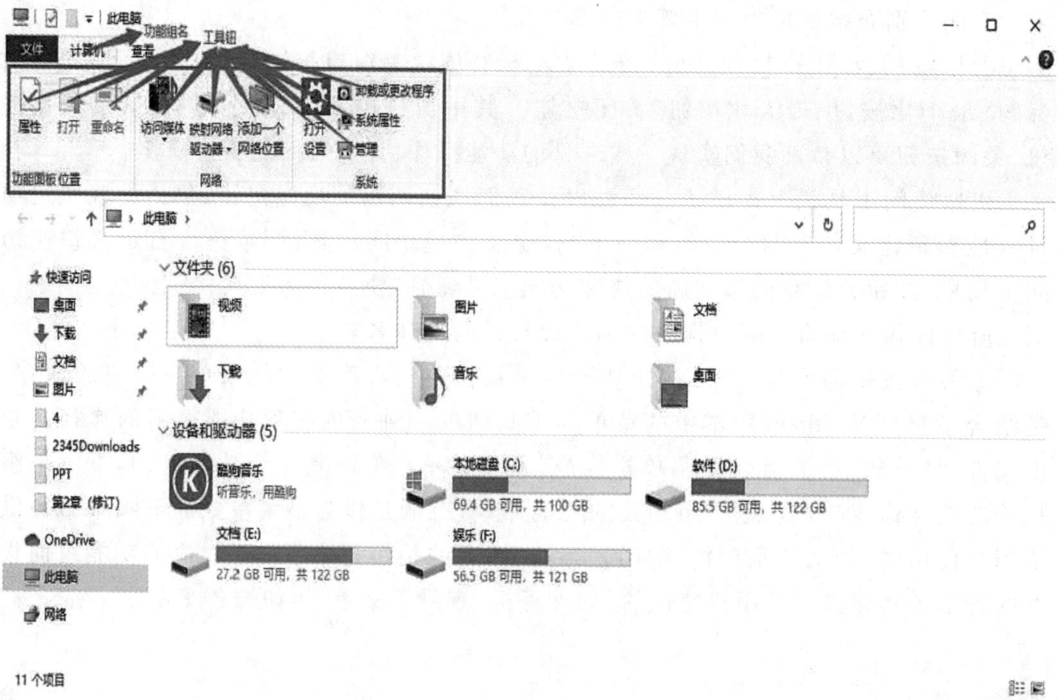

图 2-29 (此电脑)资源管理器中的“计算机”功能(选项)组面板

③窗口工作区：打开“此电脑”的窗口工作区分两个部分，左边是用于快速访问“此电脑”的一个导航区，而右边是具体显示当前“此电脑”中存放的文件和文件夹内容的。在导航区单击某一个文件或文件夹，右边区域即会显示该选中文件(文件夹)的内容。

④状态栏：用于显示当前窗口所包含项目的个数和项目的显示(排列)方式的。

使用资源管理器将“此电脑”打开后还有一些个性化的组成部分，它们是：

①地址栏：用于显示当前窗口文件在系统中的位置。

②搜索栏：用于快速搜索计算机中的文件。

2. 窗口操作

二维码 2-9

窗口操作是对应用程序窗口进行的有关操作，它包括前面已介绍过的启动应用程序、同时打开该应用程序的窗口和后面的若干种窗口操作。在 Windows 10 中允许我们同时启动、运行多个应用程序。下面介绍对已打开窗口的若干操作。

单击窗口控制钮或使用【Alt+空格】组合键可以打开(或叫弹出)窗口操作菜单(如图 2-30 所示)，允许我们对窗口进行各种所需的操作，包括“还原”、“移动”、(改变)“大小”、“最小化”、“最大化”、“关闭”等，其中灰色显示的“还原”为当前不可用的菜单项，该按钮只在窗口已最大化时才可用，从图 2-28 中我们还可以看到其中的“关闭”当前窗口除可用弹出的菜单“关闭”外，还可用快捷键【Alt+F4】来进行关闭，另外我们也可以用双击窗口控制钮来关闭窗口。

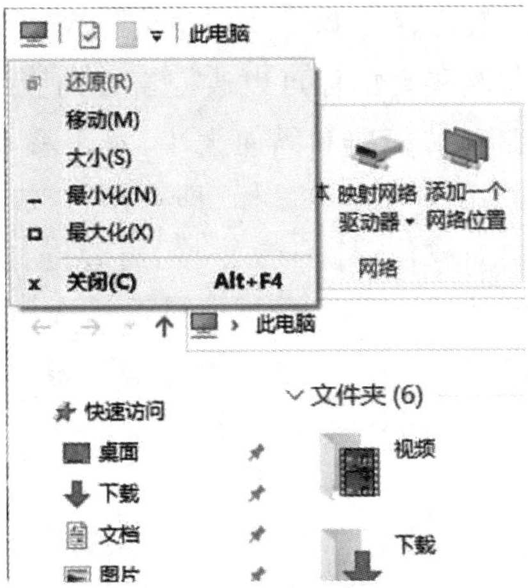

图 2-30 单击窗口控制钮的窗口操作菜单

(1)最小化、最大化和还原窗口

在进行窗口操作时,有时需要将窗口变为最小化状态或最大化状态或对已最大化或最小化的窗口进行还原。这时我们可以分别使用最小化、最大化或还原按钮。具体操作方法见表2-1。

表 2-1 窗口操作

操作	具体操作
最大化窗口	单击需要最大化的目标窗口右上角的最大化按钮,或者双击标题栏都可将窗口切换至最大化。
最小化窗口	单机窗口右上角的最小化按钮,窗口将被最小化到任务栏上。
还原窗口	窗口最大化后,窗口右上角的最大化按钮变成还原按钮,用鼠标单击还原按钮,即可最大化还原成原始大小。

用户也可以通过单击“窗口控制钮”或使用【Alt+空格】组合键可以打开(或叫弹出)窗口操作菜单,然后在菜单中选择“最小化”、“最大化”或“还原”二级菜单项来完成相关的操作,或在键盘上输入相应的字母(如“最小化”输入字母N)来快速完成相应的操作。

(2)移动窗口

用户有时需要将窗口移动到屏幕上的另一个位置。其方法有二:一是用鼠标单击窗口的标题栏,并按住鼠标左键不放,然后移动鼠标,窗口即会随之移动,至合适的位置后释放鼠标即可;二是使用前面介绍过的单击“窗口控制钮”或使用【Alt+空格】组合键打开(或叫弹出)窗口操作菜单(如图2-30所示),再选择“移动”菜单项(可通过鼠标选择或键盘上的M键),待鼠标指针变为四向箭头之后可通过键盘上的方向键或通过鼠标拖动窗口标题来进行移动。

(3)改变窗口大小

有时用户需要改变窗口的大小,如缩小全屏幕的窗口而不是将窗口最小化。这时，也可以有两种方法：第一种方法是移动鼠标指针至窗口的边框处，当指针变成双箭头时，按住鼠标左键不放，此时移动鼠标可以改变窗口的大小，至合适大小时松开鼠标即可。如果需要同时改变窗口的横向和纵向大小，可以移动指针至窗口的右下角（其他角上也行），当指针变为双箭头时拖动鼠标，即可同时改变窗口横向和纵向的大小；第二种方法是单击窗口控制钮或使用【Alt＋空格】组合键打开（或叫弹出）窗口操作菜单（如图2-30所示），再选择"大小"菜单项（可通过鼠标选择或键盘上的M键），待鼠标指针变为四向箭头之后，再通过键盘上的方向键或鼠标移至边框或四角的位置来进行窗口大小的改变。

（4）切换窗口

虽然用户打开了多个窗口，但当前工作的前台窗口却只有一个，有时用户需要在不同窗口之间任意切换，同时进行不同的操作。切换窗口可以有两种方法：

一是在"任务栏"处单击代表窗口的图标按钮，即可将后台窗口切换为前台窗口。

二是使用【Alt＋Tab】组合键。该方法是同时按下该组合键，此时屏幕上会出现一个对话框，其中会平铺显示系统当前正在运行的所有程序并且有一个方框在这些程序间切换。当切换至某一应用程序时我们把【Tab】键松开，则这一个程序被切换为当前程序。

（5）关闭窗口

关闭窗口在前面"窗口控制钮"部分的介绍中曾说到过有三种方法，实际上还有两种方法，即是在标题栏上单击"关闭"按钮和使用"文件"菜单中的"退出"命令，现将五种方法汇总如下：

一是在标题栏上单击"关闭"按钮。

二是双击窗口左上角的控制菜单按钮。

三是单击控制菜单按钮，在弹出的控制菜单中选择"关闭"命令。

四是使用【Alt＋F4】组合键。

五是使用"文件"→"退出"菜单命令。

如果所要关闭的窗口处于最小化状态，可以右键单击任务栏中的程序图标，在弹出的快捷菜单中选择"关闭窗口"命令，如图2-31所示。

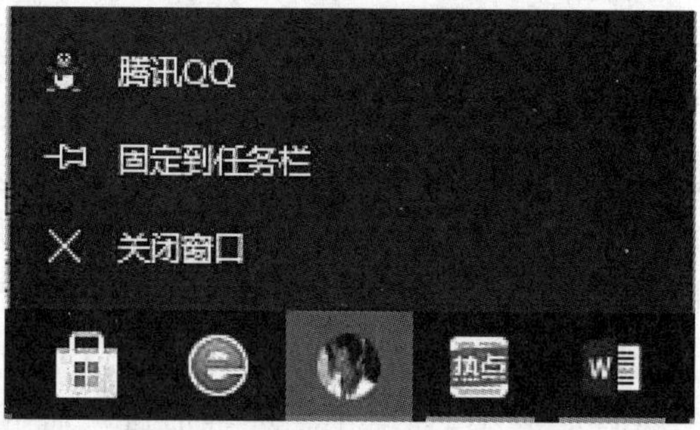

图2-31　关闭最小化的应用程序

2.3.3 Windows 10的菜单操作

这里的“菜单”区别于开始菜单，是指应用程序提供的供用户调用的功能命令的列表，用户通过它可以完成应用程序中具体某项功能的调用、帮助用户完成某项操作。Windows 10中的菜单包括窗口菜单和右键菜单两大类。

1.使用窗口菜单

在前面窗口组成的中已经跟大家介绍过，在Windows 10的窗口组成中经常会有一些菜单栏来提供给用户实现一些相关的功能操作命令的调用，如“此电脑”打开后的“文件”菜单栏下有“打开新窗口”、“打开 Windows PowerShell”、“更改文件夹和搜索选项”、“帮助”、“关闭”等菜单项。通过选择这些菜单项，可以分别对应的不同功能操作。在Windows 10选择菜单的主要方法有“鼠标选择”和“键盘选择”两种：

(1)鼠标选择

首先，单击菜单栏名称，弹出其中各菜单项的列表。然后，移动鼠标指向具体菜单项，找到需要的菜单项(命令)后，单击该菜单项(命令)，即可执行对应的功能。有些菜单项可能有更下级的子菜单项，在鼠标指针移动至其上面后会弹出下级子菜单列表，允许我们再在下级子菜单列表中选择调用其中的某一个。

(2)键盘选择

首先，按【Alt】键或【F10】键，此时菜单将被激活。然后，用键盘上的水平方向键选择菜单栏，确定后回车弹出其菜单项，再按上下方向键选择其中的菜单项，选中按回车键来实现对该菜单项的调用。也可以在窗口菜单激活后，使用各个菜单栏后括号里的字母，如“文件”菜单的(F)来弹出其下级菜单，再按具体下级菜单后的字母；如(N)来调用打开一个新的窗口。

2.使用右键菜单

右键菜单是用鼠标指针指向目标对象后单击鼠标右键时所弹出的菜单，它随着所指对象的不同而有所变化，菜单中通常包含与被单击目标有关的各种操作命令。在对目标进行操作时，又不知道从何处选择功能，这时最好使用右键快捷菜单。右键快捷菜单中有与被单击对象相关的命令，因此能够迅速地找到用户需要的命令。图2-32是桌面空白位置单击右键弹出的菜单。

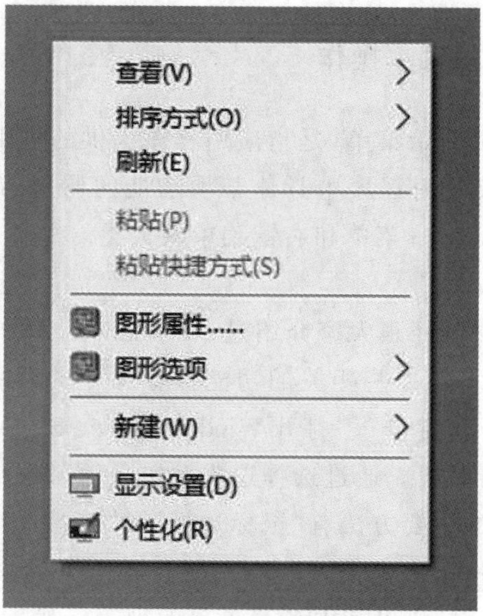

图2-32 桌面(空白)右键菜单

2.4 Windows 10的文件管理

2.4.1 文件系统相关概念

在Windows 10操作系统中,有三个很重要的概念,即文件、文件夹和目录路径。

1. 文件

文件是指以一个确定的名字保存在计算机外部存储设备中的一组相关数据(可能是可见的文档字符类数据或不可见的二进制数据)的集合。掌握文件概念应注意以下三点。

二维码 2-10

一是文件是有名字的,完整的文件名由主名和扩展名构成,主名和扩展名之间用"."分隔。文件主名一般由用户进行命名,命名时应根据尽量反映文件的内容的原则来确定,而文件的扩展名则是用来说明该文件的类型,它一般由创建该文件的应用程序自动给出的,用户不能随便更改,否则可能会导致该文件不能正确地被打开。不同类型文件的扩展名不相同,它们应由不同的应用程序创建或打开,如扩展名为doc只能用Word软件创建或打开。

表2-2中列出了一些常用的文件扩展名及它们代表的文件类型。

表2-2 常用的文件扩展名及它们代表的文件类型

扩展名	文件类型	扩展名	文件类型	扩展名	文件类型
com	命令文件	txt	记事本文档	asm	汇编语言源程序
exe	执行文件	doc/docx	Word文档	obj	目标程序

续表

扩展名	文件类型	扩展名	文件类型	扩展名	文件类型
bat	批处理文件	xls/xlsx	Excel工作簿	c	C源程序
tmp	临时文件	ppt/pptx	PowerPoint幻灯片	java	JAVA源程序
sys	系统文件	pdf	pdf文档	php	PHP源程序
dll	动态链接库文件	bmp	位图文件	asp	Asp源程序
ini	初始化配置文件	jpg	压缩格式图像文件	htm/html	静态网页文件
bak	备份文件	wav	微软的声音文件	css	样式表文件
rar	RAR压缩文件	wmv	微软的视频文件	js	Javascript脚本
zip	ZIP压缩文件	avi	音视频交错格式文件	xml	结构性标记电子文件
gho/iso	镜像文件	mpg	压缩算法视频文件	json	轻量级的数据交换格式

二是文件是保存在计算机外存上的，它们可以永久地存放，在需要时可以被应用程序打开调入内存对其进行编辑修改。

三是文件是有内容的，其内容即是所保存的一组相关数据，这一组相关数据可能是可见的文档字符类数据或是不可见的二进制数据，不可见的二进制数据包括可执行程序文件或是其他一些不可见的数据文件。

2. 文件夹与目录路径

文件夹是计算机硬盘上划分（开辟）出来的用来保存同类或相关文件的一个个的区域。

通常整个的物理硬盘会被逻辑地分成几个区，分别叫C盘、D盘、E盘……它们的盘符标记分别为“C:”、“D:”、“E:”……这些逻辑分区本身就是硬盘上的一个个的文件夹，分别记“C:\”、“D:\”、“E:\”……，它们分别称为C盘、D盘、E盘……的根目录（或叫根文件夹）。

在这些根目录（根文件夹）里面可进一步划分出一个个的更小的存储区域，如C盘根目录（根文件夹）下再分成三个区域，它们即是根目录（根文件夹）的三个子目录（子文件夹），各个子目录（子文件夹）为了区分开来，需要对它们进行命名，它们的命名跟前面讲过的文件的命名一样，只是通常文件夹的命名不要扩展名（当然也不需要扩展名前面的“.”），如C盘根目录（根文件夹）下的三个子目录（子文件夹）分别可以命名为DOS、WINDOWS、USERS。

在子目录（子文件夹）的下面还可以继续有二级子目录，甚至二级子目录的下面还可以继续有三级子目录……

文件可以存放在根目录（子文件夹）或任意一级子目录（子文件夹）里面。为说明文件在磁盘上的具体位置，这里要给大家引入文件的“目录路径”的概念及实际中常用的两种路径表示方法。

所谓“目录路径”是指从电脑上某个磁盘分区(如C盘)根目录或当前工作目录到达指定的某个文件需要逐级经过的各个目录构成的一个表示文件具体位置的路径,之所以把这种路径叫目录路径,是因为保存具体文件的各级文件夹从根文件夹开始逐次包含下一级文件夹,就像书中的目录一样,下面有并列着的若干一级标题、各一级标题又包含着若干二级标题……具体的文章内容总是在某个标题之下。这里的根目录之前已经介绍过是指未经细分为若干区域的整个逻辑盘,通常用盘符和“\”表示,如“C:\”,而当前目录是指用户当前已经进入的某个磁盘目录,如C盘上USERS目录。对于具体的其个文件而言,要表示它在磁盘上的位置可以有两种表示方法:一种是从根目录出发到达该文件的路径,这种路径我们叫绝对路径;另一种是从当前目录出发到达该文件的路径,这种路径我们叫相对路径。磁盘上的所有文件、文件夹,构成了从根目录出发,由多个路径上的文件夹(乃至最后的文件)作为分支(最后的文件是该分支上的叶子)的一棵倒立的树,所以我们把这种由文件、文件夹构成的目录结构叫作树形目录结构。下面图2-33是电脑C盘上的文件、文件夹形成的树形目录结构。

图2-33 文件的树形目录结构

对于图2-33的“Administrator”目录,用绝对路径来表示它在磁盘上的位置是“C:\Users\Administrator”,而在当前目录为“C:\Users”时,“Administrator”目录的相对路径表示应该是“.\Administrator”,这里“.”表示当前目录“C:\Users”。

在相对路径表示时,我们还可以用“..”表示当前目录的上级目录,比如,当前目录是“C:\Users”,但我们要描述跟它同级的目录“C:\Temp”时,由于路径描述时只在上下级之间存在路径,在同级的目录间是没有直达的路径的,所以从“C:\Users”到“C:\Temp”,需要先从“C:\Users”回到它的上级目录“C:\”(同时也是“C:\Temp”的上级目录),然后再从“C:\”进入到“C:\Temp”,因此“C:\Temp”的相对路径表示应该是“..\Temp”,这里“..”表示当前目录“C:\Users”的上级目录。

2.4.2 Windows 10的资源管理器

在Windows 10中,文件的管理是由资源管理器来帮助我们进行的。所谓资源管理器就是电脑上用来帮助我们进行文件、设备等资源的管理的一个软件,它是Windows 10内置提供给我们的。

1.资源管理器的打开方法与窗口组成

打开资源管理器有下面三种常用的方法:

①双击桌面上的“此电脑”图标;

②单击任务栏上的“文件资源管理器”按钮;

③通过“开始菜单”中的“此电脑”或“文件资源管理器”来打开资源管理器。

使用“此电脑”或“文件资源管理器”打开资源管理器后的窗口组成大致是一样的,都包括标题栏、菜单按钮功能区、窗口工作区、状态行及地址栏、搜索栏等,详见2.3.2中应用程序窗口组成(以资源管理器打开此电脑为例),但窗口导航窗格和窗口工作区的显示内容有所不同。

使用“此电脑”打开时左侧的导航窗格时,计算机资源分为“快速访问”、“OneDrive”、“此电脑”、“网络”4个类别,当前定位显示在工作区的是“此电脑”,而工作区则会显示“此电脑”中的“设备和驱动器”及“文件夹”,如图2-25所示。而使用“文件资源管理器”打开时左侧的导航窗格时,计算机资源同样分为“快速访问”、“OneDrive”、“此电脑”、“网络”4个类别,但当前定位的是“快速访问”,工作区则主要显示常用的文件夹及最近使用的文件以便进行快速访问,如图2-34所示。

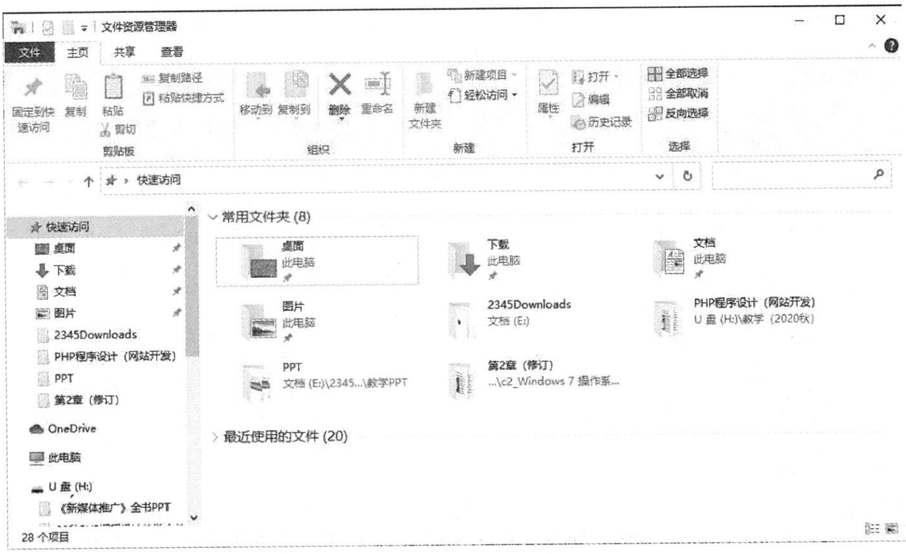

图2-34 文件资源管理器窗口

在Windows 10导航空格中,快速访问区提供了一些对下载文件、图片、文档及最近打开的若干文件(夹)的快速访问链接,通过这些链接可以快速打开我的文档、图片等内容,而不需要通过保存文件的位置去查找。

2.文件的快速定位与搜索查找(地址栏与搜索栏的使用)

(1)文件的快速定位

通过在资源管理器中的地址栏输入要访问的文件(或文件夹)绝对路径地址或相对路径地址,可以快速找到该文件将其在窗口工作区右边显示出来。如在地址栏输入"C:\Users"(图2-35所示)后回车或单击地址栏右边的箭头按钮可在窗口工作区右边显示出"C:\Users"目录下的文件或文件夹的情况(图2-36所示)。

二维码2-11

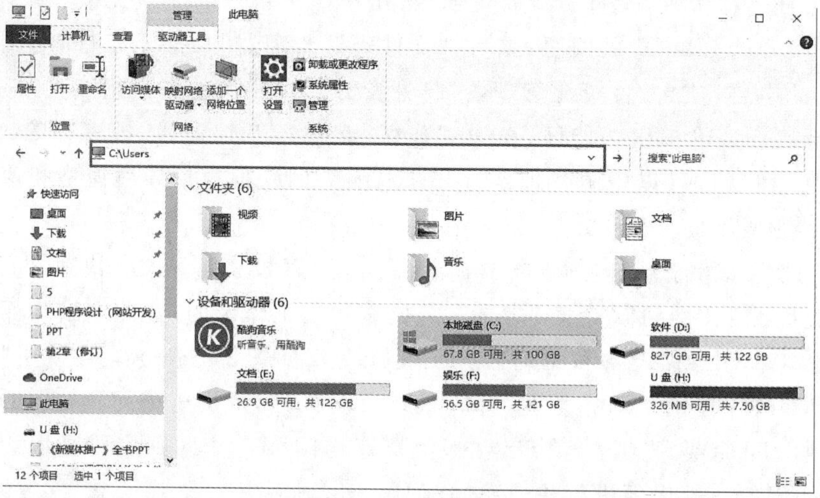

图2-35 资源管理器地址输入栏输入绝对地址

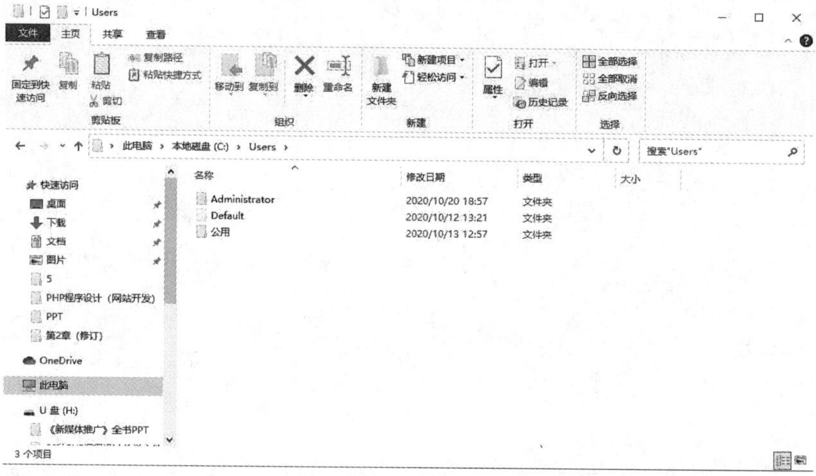

图2-36 资源管理器地址输入栏输入绝对地址"C:\Users"后快速打开的文件夹

若当前已打开“C:\Users”,在此情况下,在地址栏输入相对地址“..\temp”可快速打开“C:\Temp”文件夹。

(2)文件的搜索查找

若不知道要打开的文件或文件夹的具体路径,可通过在资源管理器的搜索栏输入该文件或文件夹的文件名或文件夹名,此时可快速地在当前目录(文件夹)下查找所需的文件,找到后会在窗口工作区右边显示出来。

2.4.3 Windows 10的文件操作

1.选择文件(或文件夹)

选通过导航空格或快速定位或搜索查找进入要在其中选择文件(或文件夹)的某一个文件夹,然后可使用以下的一些方法去选择需要的单个或多个文件(文件夹):

①选择单个文件或文件夹:使用鼠标直接单击文件或文件夹图标即可将其选择,被选择的文件或文件夹的周围将呈蓝色透明状显示。

②选择多个相邻的文件或文件夹:在窗口空白处按住鼠标左键不放,并拖动鼠标框选需要选择的多个对象,再释放鼠标即可。

③选择多个连续的文件或文件夹:用鼠标选择第一个选择对象,按住【Shift】键不放,再单击最后一个选择对象,可选择两个对象中间的所有对象。

④选择多个不连续的文件或文件夹:按住【Ctrl】键不放,再依次单击所要选择的文件或文件夹,可选择多个不连续的文件或文件夹。

⑤选择所有文件或文件夹:直接按【Ctrl+A】组合键,或选择资源管理器“主页”功能中的“全部选择”命令,可以选择当前窗口中的所有文件或文件夹。

2.新建文件(文件夹)

可以利用右键单击桌面或任一个文件夹中空白处,在弹出右键菜单后选择“新建”菜单命令(如图2-37所示),之后在其下级菜单中选择具体要新建的文件类型,如WORD文档等,也可以在“新建”后选择文件夹,便于在其中保存别的文件或文件夹。新建的文件或文件夹开始是未命名的状态(如图2-38、图2-39所示),需要我们输入一个新的文件名或文件夹名,输入完后回车即可完成文件或文件夹的新建。

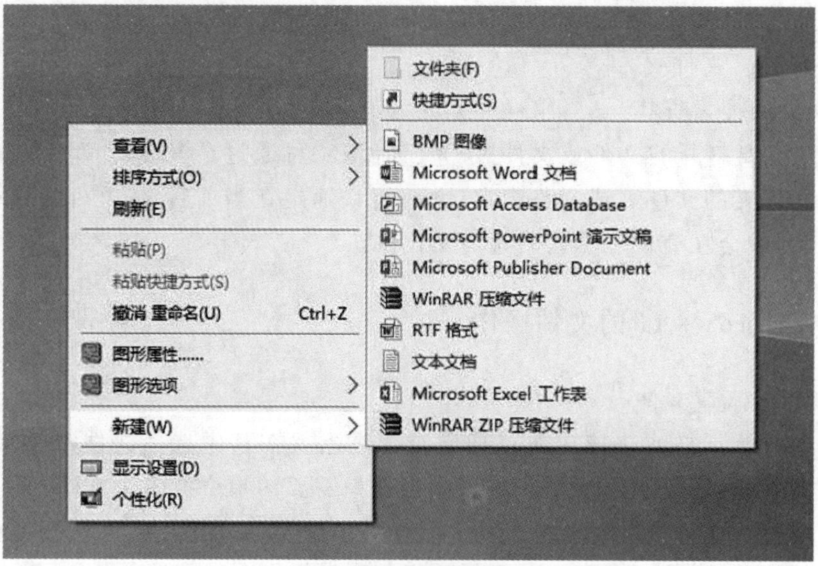

图 2-37 桌面右键菜单中选择新建后的子菜单

图 2-38 桌面右键菜单中选择新建 WORD 文档后

图 2-39 桌面右键菜单中选择新建文件夹后

3. 重命名文件(文件夹)

重命名文件(文件夹)有以下两种方法:

方法一:在选中的文件(文件夹)上单击鼠标右键弹出右键菜单后选择重命名,该文件名即变为可编辑状态,输入新文件名回车即可。

方法二:单击文档图标中文件名处,该文件名即变为可编辑状态,输入新文件名回车即可。

4. 移动文件(文件夹)

移动文件是将文件或文件夹移动到另一个文件夹中,一般有四种方法:

方法一：选中要移动的文件（文件夹），在其上单击鼠标右键弹出右键菜单后选择“剪切”，然后找到并打开要移动到的文件夹，在其中空白处单击鼠标右键弹出右键菜单后选择“粘贴”。

方法二：选中要移动的文件（文件夹），单击资源管理器功能“主页”上提供的剪切按钮，然后找到并打开要移动到的文件夹，单击资源管理器功能“主页”上提供的粘贴按钮。

方法三：选中要移动的文件（文件夹），按下命令组合键【Ctrl+X】，然后找到并打开要移动到的文件夹，按下命令组合键【Ctrl+V】。

方法四：选中要移动的文件（文件夹），按下鼠标左键不放，拖动到要移动到的文件夹松开即可完成文件（文件夹）的移动。注意源文件夹和目标文件夹应是不同的文件夹。

5.复制文件（文件夹）

复制文件（文件夹）是将文件或文件夹复制到另一个文件夹中，一般也有四种方法：

方法一：选中要复制的文件（文件夹），在其上单击鼠标右键弹出右键菜单后选择“复制”，然后找到并打开要复制到的文件夹，在其中空白处单击鼠标右键弹出右键菜单后选择“粘贴”。

方法二：选中要复制的文件（文件夹），单击资源管理器功能“主页”上提供的复制按钮，然后找到并打开要复制到的文件夹，单击资源管理器功能“主页”上提供的粘贴按钮。

方法三：选中要复制的文件（文件夹），按下命令组合键【Ctrl+C】，然后找到并打开要移动到的文件夹，按下命令组合键【Ctrl+V】。

方法四：选中要复制的文件（文件夹），按住【Ctrl】键的同时按下鼠标左键拖动到要复制到的目标文件夹松开，即可完成文件（文件夹）的复制。复制时源文件夹和目标文件夹可以是相同的文件夹，此时复制出来的文件（文件夹）会在原文件（文件夹）的后面加上“-副本”来区分。

6.删除文件（文件夹）

删除一些没有用的文件或文件夹，可以减少磁盘上的多余文件，释放磁盘空间，同时也便于管理。一般可以采用以下方法来进行删除：

方法一：选中要删除的文件（文件夹），在其上单击鼠标右键弹出右键菜单后选择“删除”，即可完成该文件或文件夹的删除。

方法二：选中要删除的文件（文件夹），单击资源管理器功能“主页”上提供的“删除”按钮，即可完成该文件或文件夹的删除；

方法三：选中要删除的文件（文件夹），直接按【Del】键。

方法四：直接将要删除的文件（文件夹）拖动至回收站。

应注意上述几种方法删除的文件或文件夹实际上都是移动到“回收站”中,若之后发现是误删除,还可以打开“回收站”通过还原操作将其还原。

7.设置文件(文件夹)属性

在 Windows 10 中,我们可以根据需要对文件(文件夹)设置只读或隐藏属性,设置只读属性的文件(文件夹)不能对其进行编辑修改,只允许读取其中的内容,设置隐藏属性的文件(文件夹)通常在查看文件的时候是不显示出来的。设置文件(文件夹)属性的方法可以有两种:

一是选中要设置属性的文件或文件夹后,单击资源管理器功能“主页”上提供的“属性”下拉按钮中的“属性”按钮,进入属性设置对话框,如图 2-40 所示。

二是使用鼠标右键单击该文件(文件夹),在弹出的右键菜单中选择属性进入属性设置对话框,如图 2-41 所示。

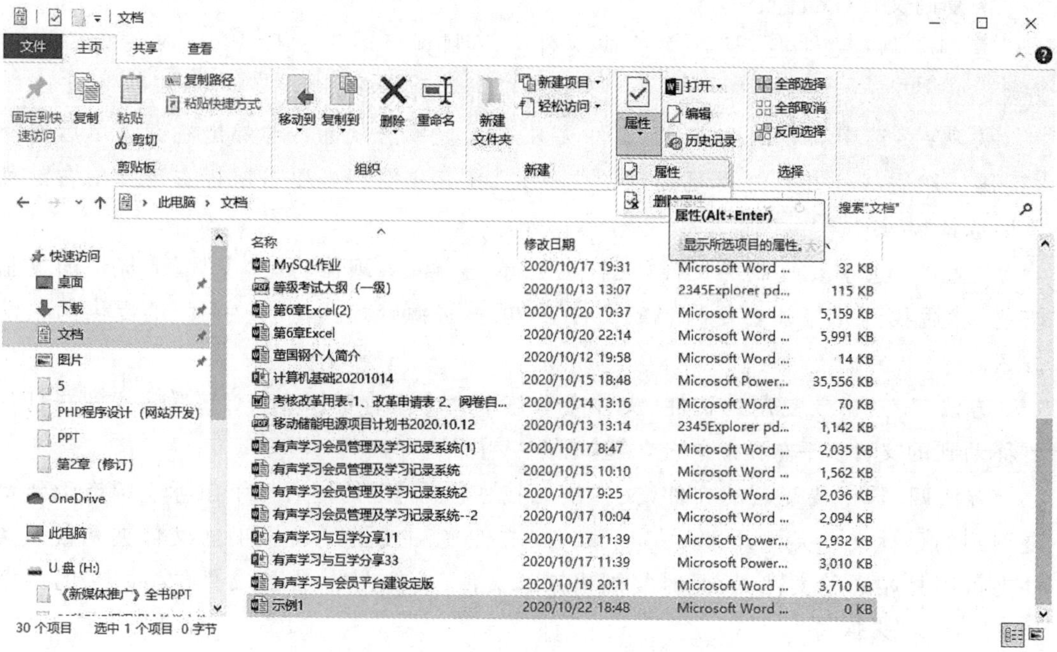

图 2-40 通过工具钮进入文件属性设置

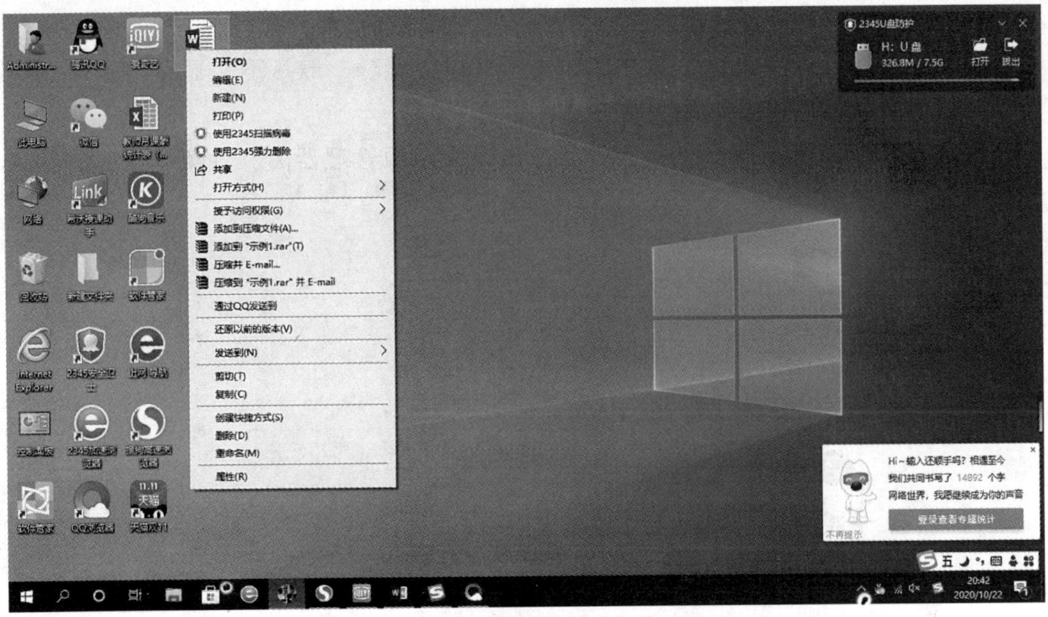

图 2-41　通过右键菜单进入文件属性设置

在属性设置对话框中就可以设置文件或文件夹的属性了，如图 2-42 所示。

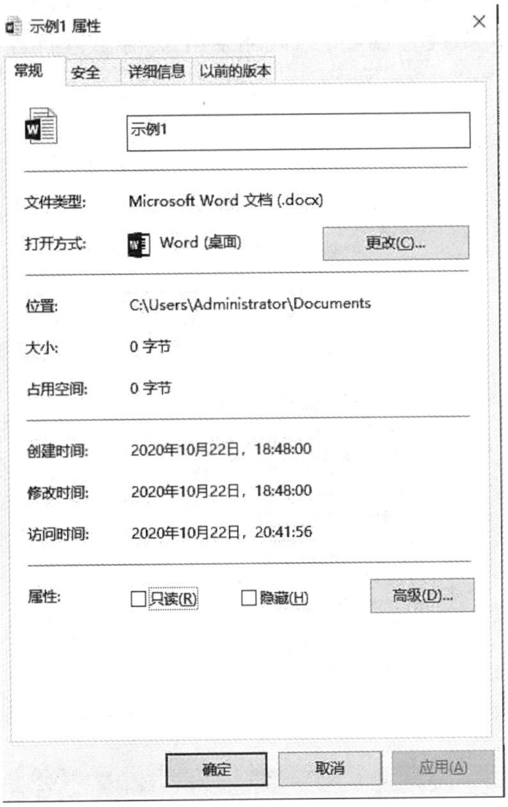

图 2-42　文件属性设置对话框

8.更改文件夹和搜索选项

前面说到过设置隐藏属性的文件和文件夹在查看时一般是不能显示出来的,但若我们需要显示出来则需要更改文件夹和搜索选项。

在Windows 10里更改文件夹和搜索选项是在资源管理器的文件菜单下,如图2-43所示。

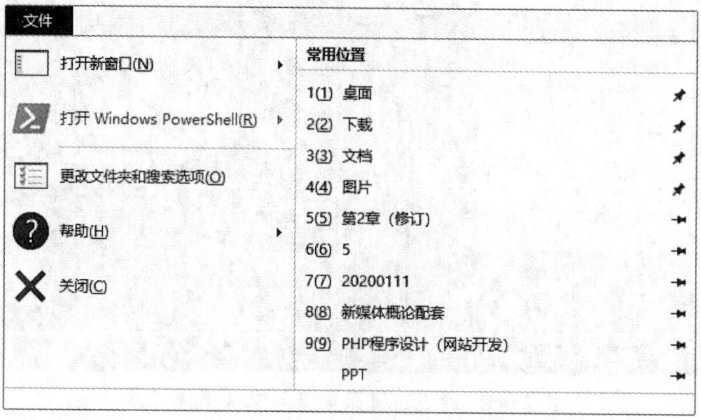

图2-43 更改文件夹和搜索选项

打开"更改文件夹和搜索选项"对话框切换到"查看"选项卡,之后在高级设置区可通过滚动条拖动去查找要设置的项目,找到后在其前面进行点选或勾选即可完成有关的设置,如图2-44所示。

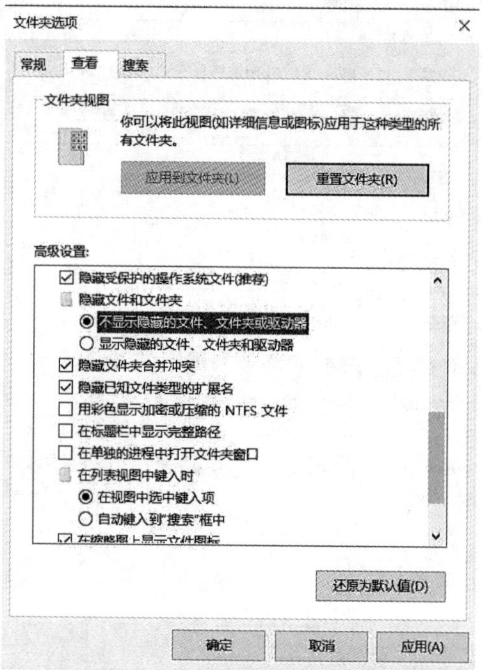

图2-44 "文件夹选项"设置对话框

如选中“显示隐藏的文件、文件夹和驱动器”复选框，可将隐藏的文件、文件夹和驱动器显示出来。

选中“隐藏已知文件类型的扩展名”复选框，可将已知文件类型的扩展名隐藏起来。

显示隐藏的文件、文件夹和驱动器及显示已知文件类型的扩展名也可以在资源管理器的“查看”功能页上直接去勾选或取消勾选有关的项目，如图2-45所示。

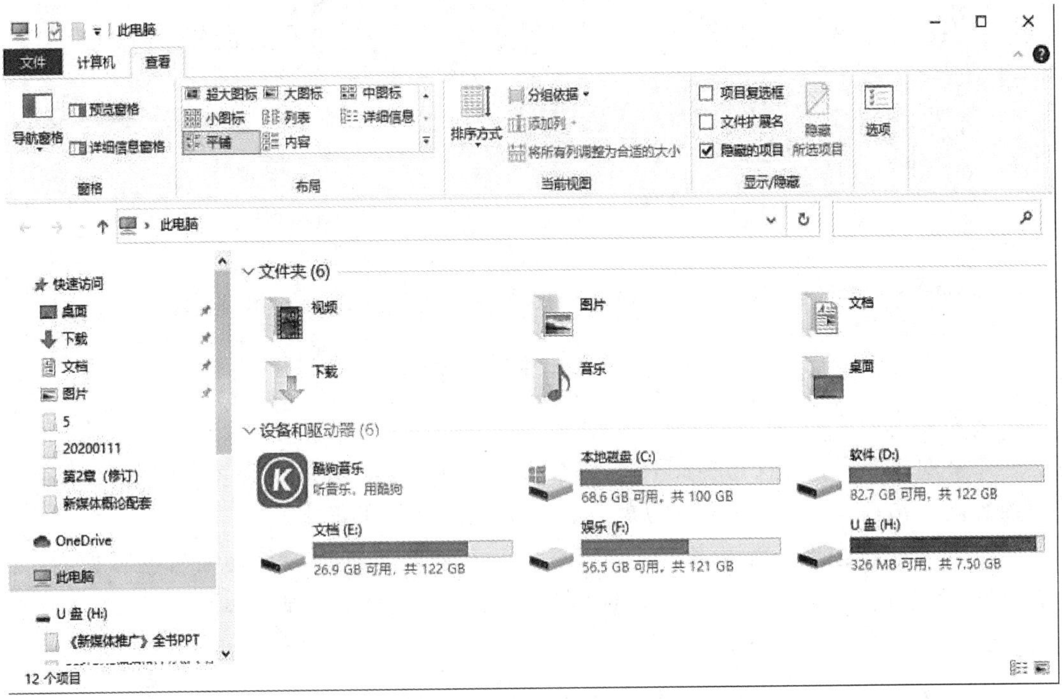

图2-45 “查看”功能页上直接设置显示与隐藏

2.4.4 Windows 10的回收站

1.还原回收站中的文件

二维码 2-12

在桌面上双击“回收站”图标，打开“回收站”对话框，可以发现之前被删除的文件，如果需要撤销某个之前被删除的文件（文件夹），可以在选择该文件（文件夹）后，单击上方回收站工具面板中的“还原选定的项目”即可将文件还原到删除前的位置；要还原所有回收站中的项目，可单击上方回收站工具面板中的“还原所有项目”，如图2-46所示。

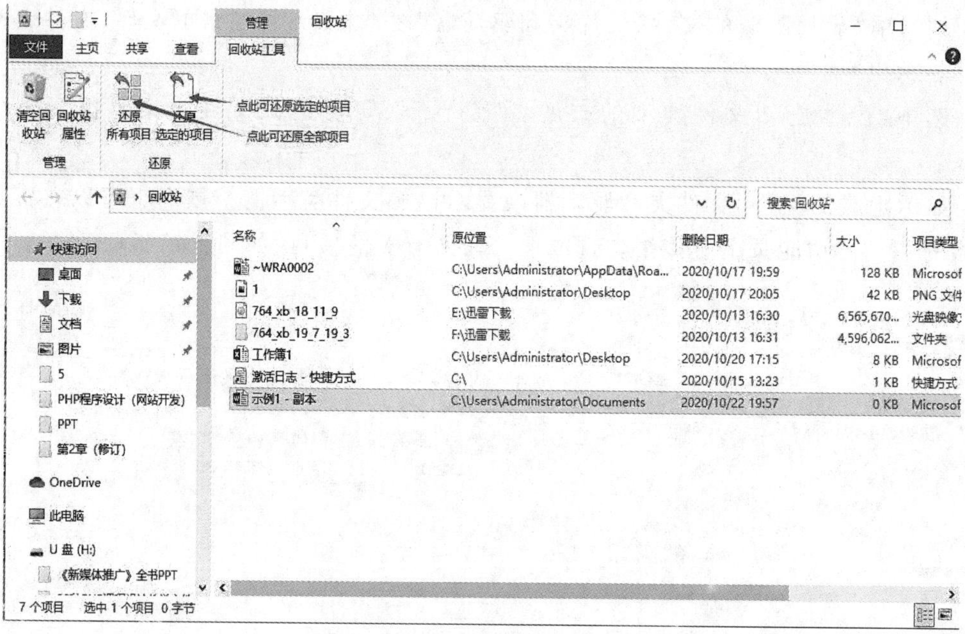

图 2-46 还原(恢复)删除的文件

2.清空回收站

在桌面上打开"回收站"窗口,直接在工具栏上单击"清空回收站"按钮,回收站中的内容就会被清空,所有的文件也就真正从磁盘上删除了。

如果只是想将回收站内容清空,而不考虑检查是否有些文件还要暂时保留,则不必打开"回收站",可在桌面上右击"回收站"图标,在弹出的快捷菜单中选择"清空回收站"命令即可,如图 2-47 所示。

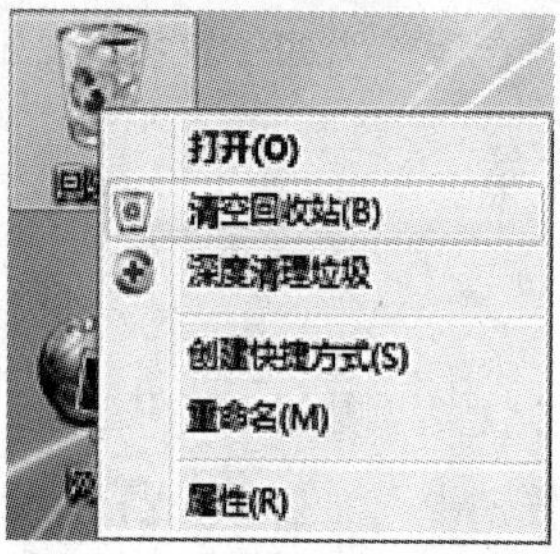

图 2-47 选择"清空回收站"命令

弹出确认删除操作的对话框,单击"是"按钮,确认删除,如图 2-48 所示。

图 2-48 删除确认对话框

3. 彻底删除指定文件(文件夹)

如果要彻底删除回收站中的指定文件(文件夹),可以在选中文件(文件夹)后,点击鼠标右键,在弹出右键菜单后选择"删除"命令即可,如图2-49所示。

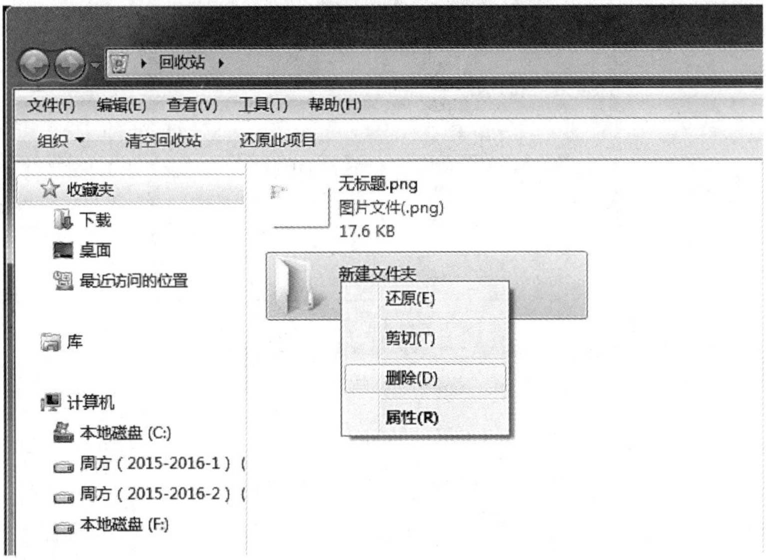

图2-49 彻底删除指定的文件(文件夹)

4. 设置回收站

用户根据需要可以重新配置回收站所占用的磁盘空间的大小及特性,方法如下。

①在桌面上右击"回收站"图标,在弹出的快捷菜单中选择"属性"命令(见图2-50),弹出"回收站属性"对话框。

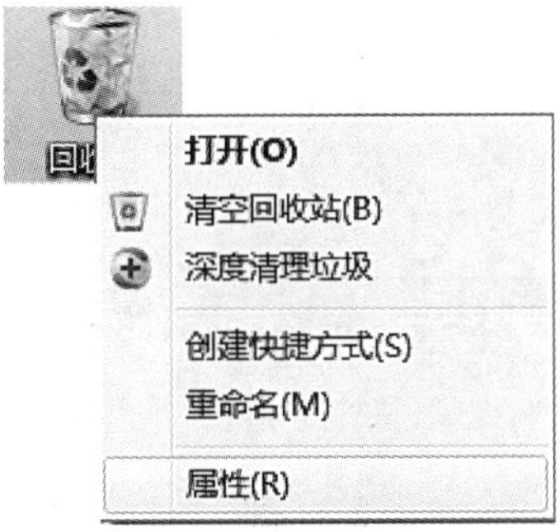

图2-50 回收站"属性"命令

②在打开的"回收站属性"对话框中,可以设置各个磁盘中分配给回收站的空间及回收站的特性,用户可以选中一个磁盘分区,在下面"最大值"文本框内设置用于回收站的空间大小,如图2-51所示。

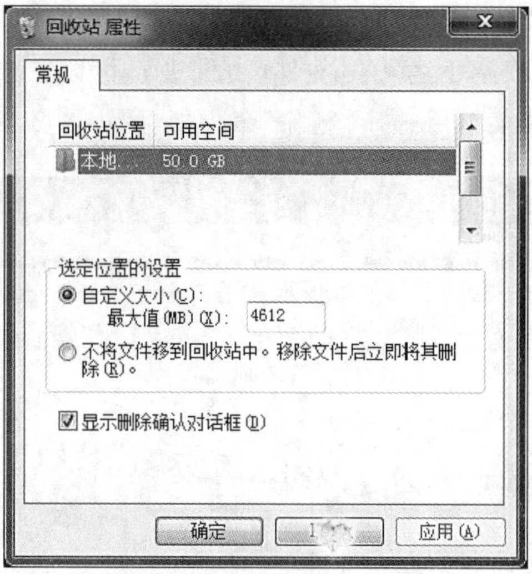

图 2-51　指定回收站的位置和大小

如果用户想在删除文件时,直接将文件删除,而不移至回收站中,可以选中"不将文件移到回收站中。移除文件后立即将其删除"单选按钮。另外,如果取消选中"显示删除确认对话框"复选框,则在进行文件删除时,就不会弹出确认删除提示对话框。

2.5　Windows 10的系统属性与系统设置

在 Windows 10 中,允许我们通过资源管理器的"计算机"功能主页中的"系统"组件区的有关按钮去进行系统属性的查看或系统相关的一些设置或卸载更改程序、管理计算机等操作,如图 2-52 所示。

二维码 2-13

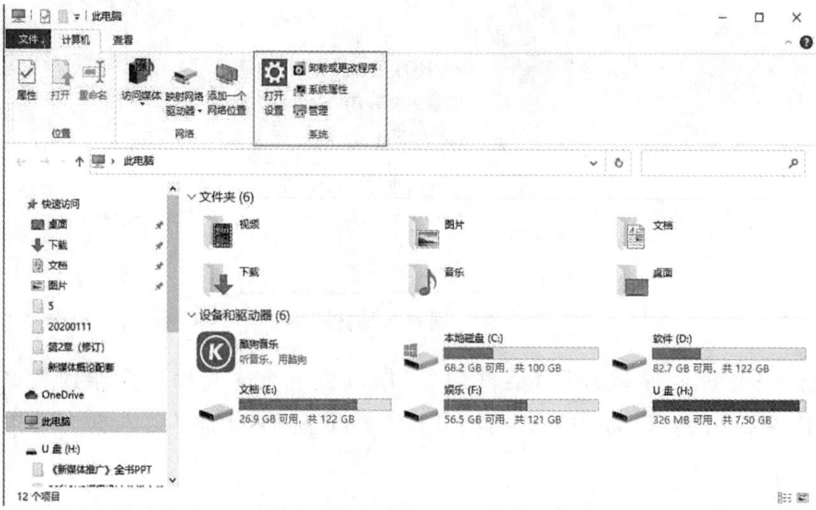

图 2-52　资源管理器的系统属性与系统设置区

1. 系统属性

通过"系统属性"按钮可以去查看系统的一些相关属性,并进行一些原有设置的更改。如图2-53是单击"系统属性"按钮进去的对话框。

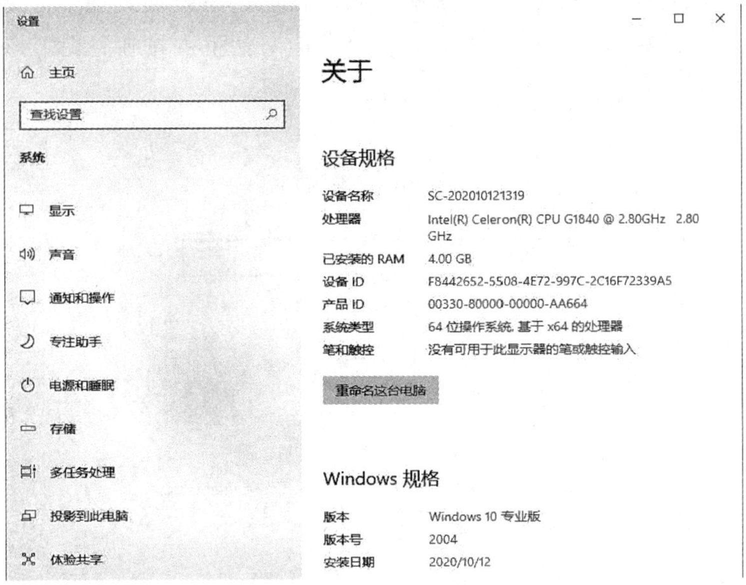

图2-53 系统属性"设置"对话框

可以直接在此"关于"页面点击重命名这台电脑,进入对该电脑的重命名;可以单击左边的"主页"进入系统设置对话框,如图2-54所示;还可以单击左边的"显示"进入显示设置对话框,或单击进入更多的一些其他内容的设置;等等,此处不逐一介绍。

图2-54 通过系统属性进入的系统设置对话框

2.系统设置

除了前面通过系统属性对话框中选择主页可以进入系统设置对话框外,我们还可以直接在资源管理器中"计算机"功能主页中的"系统"组件区点击"打开设置"去打开系统设置对话框。此时打开的系统设置对话框跟通过系统属性进入的系统设置对话框基本上是一样的,只是少了一个返回到上级功能对话框的按钮,如图2-55所示。

图2-55 通过"打开设置"进入的系统设置对话框

思考题2

1.如何同时打开多个连续文件?

2.用两种方法在D盘创建一个名为"菜谱"的文件夹。

3.利用快捷方式向导,在桌面上为文件夹"C:\Program File\"中的某个文件创建名为"写字板"的快捷方式。

4.使用"资源管理器",在C盘根文件夹中新建一个文件夹,并命名为"我的记事本";将D盘所有扩展名为txt的文件复制到该文件夹,简述操作步骤。

5.将桌面上的"回收站"图标换成你喜欢的某个样子,然后再换回来。

微信扫码
获取本章 PPT

第3章　Word 2016文字处理

Word 是微软办公自动化软件 Office 中的文字处理软件。它继承了 Windows 友好的图形界面,可方便地进行文字、图形、图像和数据处理,制作具有专业水准的文档。

本章主要介绍 Word 2016 的特点、功能和 Word 2016 的基础操作,包括:如何创建 Word 文档,如何对文字进行编辑排版,如何设置文字格式;学会怎样在 Word 中制作表格及对表格进行各种操作;掌握怎样在 Word 文档中插入各种对象,创建图文并茂的文档。

3.1　Word 2016概述

3.1.1　Word 2016的功能特点

相比 Microsoft Word 2010 和 Word 2013,Word 2016 增加了许多新功能,如协同工作功能、搜索框功能、云模块与 Word 融为一体等。Word 2016 仍然使用了 Word 2010 的各种功能区。Word 2016 的主要功能及特点如下:

1. 直观的操作界面

Word 软件界面友好,提供了丰富多彩的工具,利用鼠标就可以完成选择、排版等操作。

2. 多媒体混排

用 Word 软件可以编辑文字、图形、图像、声音、动画,还可以插入其他软件制作的信息,也可以用 Word 软件提供的绘图工具进行图形制作,编辑艺术字、数学公式,能够满足用户对各种文档的处理要求。

3. 强大的制表功能

Word 软件提供了强大的制表功能,不仅可以自动制表,也可以手动制表。Word 的表格线自动保护,表格中的数据可以自动计算,表格还可以进行各种修饰。在 Word 中,还可以直接插入电子表格。用 Word 软件制作表格,既轻松又美观,既快捷又方便。

4. 自动功能

Word 软件提供了拼写和语法检查功能,提高了英文文章编辑的正确性,如果发现语法错误或拼写错误,Word 软件还提供修正的建议。当用 Word 软件编辑好文档后,Word 可以帮助用户自动编写摘要,为用户节省了大量的时间。

5.协同工作功能

Office 2016新加入了协同工作的功能,只要通过共享功能选项发出邀请,就可以让其他使用者一同编辑文件,而且每个使用者编辑过的地方,也会出现提示,让所有人都可以看到哪些段落被编辑过。对于需要合作编辑的文档,这项功能非常方便。

6.搜索框功能

打开Word 2016,在界面右上方,可以看到一个搜索框,在搜索框中输入想要搜索的内容,搜索框会给出相关命令,这些都是标准的Office命令,直接单击即可执行该命令。对于使用Office不熟练的用户来说,将会方便很多。

7.云模块与Word融为一体

Word 2016中云模块已经很好地与Word融为一体。用户可以指定云作为默认存储路径,也可以继续使用本地硬盘储存。Word 2016为用户打造了一个开放的文档处理平台,通过手机、iPad或是其他客户端,用户即可随时存取云端上的文件。

3.1.2 Word 2016的启动和退出

1.Word 2016的启动

Word 2016的启动有很多种方法,其中常用的有以下几种:

①“开始”菜单→“程序”→“Microsoft Office”→“Microsoft Word 2016”。

②若桌面上有Microsoft Word 2016快捷图标,双击它即可启动。

③双击任意一个Word 2016文档,可以启动Word 2016。

2.Word 2016的退出

Word 2016的常用退出方法有以下几种:

①选择“文件”→“退出”命令。

②单击Word 2016窗口右上角的“关闭”按钮。

③按【Alt+F4】组合键。

④单击Word 2016窗口左上角的控制菜单图标,在打开的下拉列表中选择“关闭”选项。

3.1.3 Word 2016的工作界面

Word 2016的工作界面主要由“文件”按钮、标题栏、功能区、标尺、滚动条、状态栏、视图切换区、比例缩放区和文档编辑区组成,如图3-1所示。

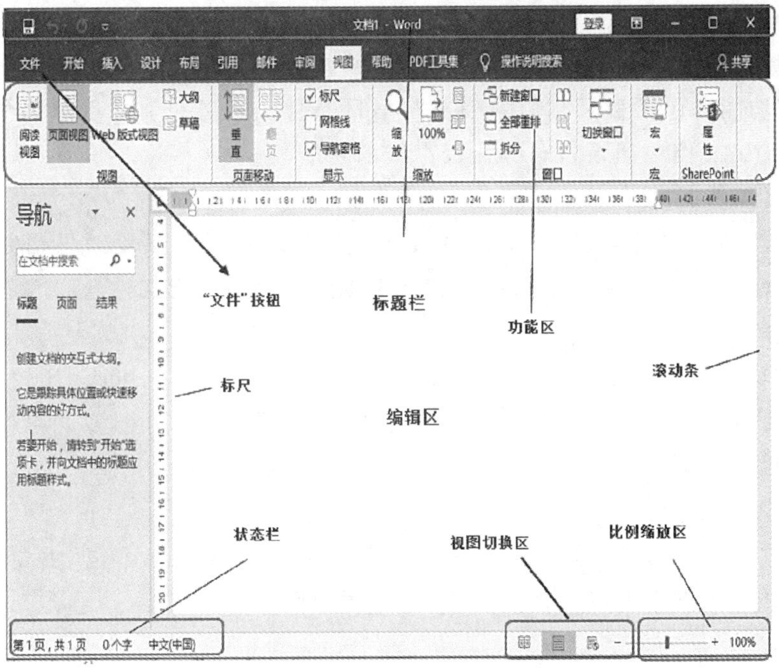

图3-1 Word 2016工作界面

1."文件"按钮

单击"文件"按钮,可以在弹出的下拉菜单中选择相应的菜单项进行新建文档、保存文档、打印文档以及设置选项等操作。

2. 标题栏

标题栏显示了当前编辑文档的名称,由快速访问工具栏按钮和文档标题等组成,其中包括最小化、最大化、关闭按钮。快速访问工具栏是一个可自定义的工具栏,用户可以单击"快速访问工具栏"右侧的下拉箭头,在弹出的下拉列表中添加一些使用频率较高的工具按钮,以方便使用。

3. 功能区

功能区主要有选项卡、组和命令按钮等组成,单击选项卡标签可以切换到相应的选项卡中,单击相应组中的按钮完成所需的操作。

(1)"开始"功能区

"开始"功能区中包括剪贴板、字体、段落、样式和编辑五个组,该功能区主要用于帮助用户对 Word 2016 文档进行文字编辑和格式设置,是用户最常用的功能区。

(2)"插入"功能区

"插入"功能区包括页、表格、插图、链接、页眉和页脚、文本、符号和特殊符号几个组,主要用于在 Word 2016 文档中插入各种元素。

(3)"页面布局"功能区

"页面布局"功能区包括主题、页面设置、稿纸、页面背景、段落、排列几个组,用于帮助用户设置Word 2016文档页面样式。

(4)“引用”功能区

“引用”功能区包括目录、脚注、引文与书目、题注、索引和引文目录几个组,用于实现在Word 2016文档中插入目录等比较高级的功能。

(5)“邮件”功能区

“邮件”功能区包括创建、开始邮件合并、编写和插入域、预览结果和完成几个组,该功能区的作用比较专一,专门用于在Word 2016文档中进行邮件合并方面的操作。

(6)“审阅”功能区

“审阅”功能区包括校对、语言、中文简繁转换、批注、修订、更改、比较和保护几个组,主要用于对Word 2016文档进行校对和修订等操作,适用于多人协作处理Word 2016长文档。

(7)“视图”功能区

“视图”功能区包括文档视图、显示、显示比例、窗口和宏几个组,主要用于帮助用户设置Word 2016操作窗口的视图类型,以方便操作。

4. 标尺

标尺分为水平标尺和垂直标尺,分别位于文档编辑区的上方和左侧。用户可以使用标尺对文档的段落缩进、制表位、页面边界和栏宽等信息进行设置。

5. 滚动条

滚动条分为垂直滚动条和水平滚动条,分别位于文档编辑区的右侧和下方。当文档内容过长时,用户可以拖动滚动条查看文档中的全部内容。

6. 文档编辑区

文档编辑区是用户进行文本输入、编辑以及查阅文档的区域,该区域中闪烁的黑色短线被称为“光标”,即当前输入文字的位置。

7. 状态与视图栏

状态栏位于工作界面的最下方,主要用于显示当前文档的状态信息,包括当前页码、字数以及所用的语言等信息。视图栏可设置文档的显示比例,也可以调节百分比,数值框等。

3.2 文档的基本操作

在使用Word 2016编辑文档之前,必须掌握文档的一些基本操作,主要包括新建、保存、打开和关闭文档。只有熟悉了这些基本操作后,才能更好地使用Word 2016。

二维码 3-1

3.2.1 新建文档

在Word 2016中如图3-2所示,可以创建空白文档、根据模板创建新的文档、根据现有文档创建新文档，甚至可以是一些具有特殊功能的文档，如书法字帖。

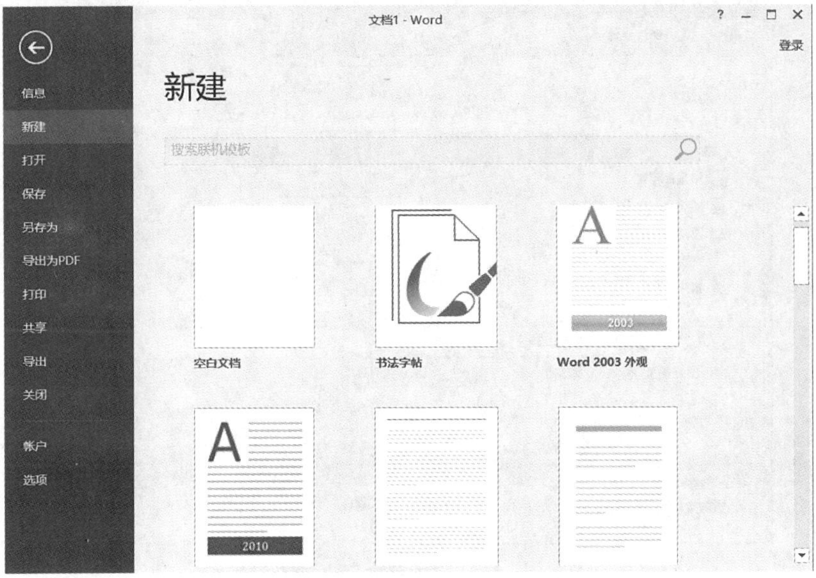

图 3-2 “新建”对话框

3.2.2 保存文档

对于新建的文档，只有将其保存起来，才可以再次对其进行查看或编辑修改。而且，在编辑文档的过程中，要养成随时保存文档的习惯，可以避免因电脑故障而丢失信息。保存文档分为保存新建的文档、保存已保存过的文档、另存 Word 2016 文档和自动保存文档等 4 种方式。

1. 保存新建文档

单击“文件”按钮，然后从弹出的下拉菜单中选择“保存”选项，随即弹出“另存为”对话框，从中设置文档的保存位置和保存名称，如图 3-3 所示。设置完毕单击“保存”按钮即可。

2. 保存已有的文档

用户对已经保存过的文档进行了编辑之后，可以使用以下 3 种方法进行保存。

①单击“文件”按钮，在弹出的下拉菜单中选择“保存”菜单项。

②单击“快速访问工具栏”中的保存按钮。

③按下【Ctrl+S】组合键。

3. 另存文档

用户对打开的文档进行编辑后，如果想保持原文档的内容不变，可以将编辑后的文档另存为一个文档或其他类型的文件。单击“文件”按钮，然后从弹出的下拉菜单中选择“另存为”菜单项，从中设置文档的保存位置和保存名称，如图 3-3 所示。设置完毕单击“保存”按钮即可。

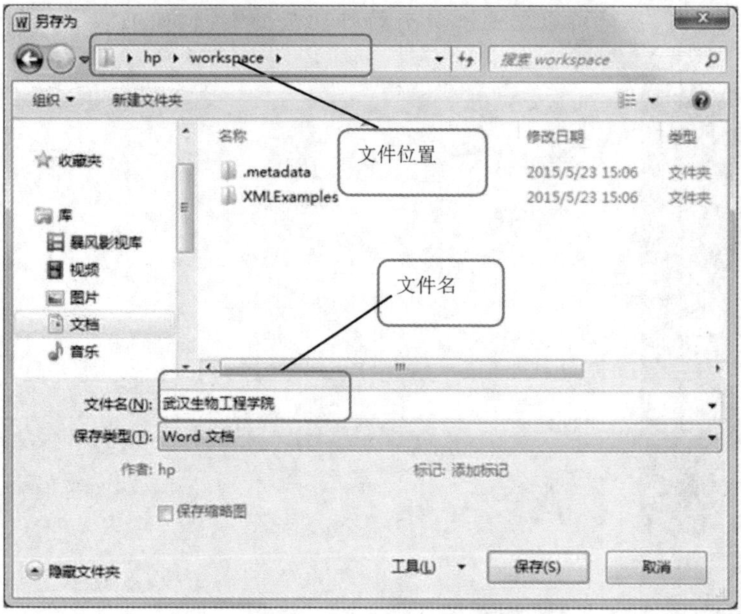

图 3-3 “另存为”对话框

4. 自动保存文档

在编辑 Word 2016 文档时,有时会遇到电脑突然断电的情况,等再次打开电脑后,辛辛苦苦编辑的内容,就会不知去向,当然可以进行文件恢复,但大多数是不可能完全恢复。其实 Word 2016 默认情况下每隔 10 分钟自动保存一次文件,用户可以根据实际情况自己设置自动保存时间间隔,单击“文件”按钮→“选项”命令,如图 3-4 所示。

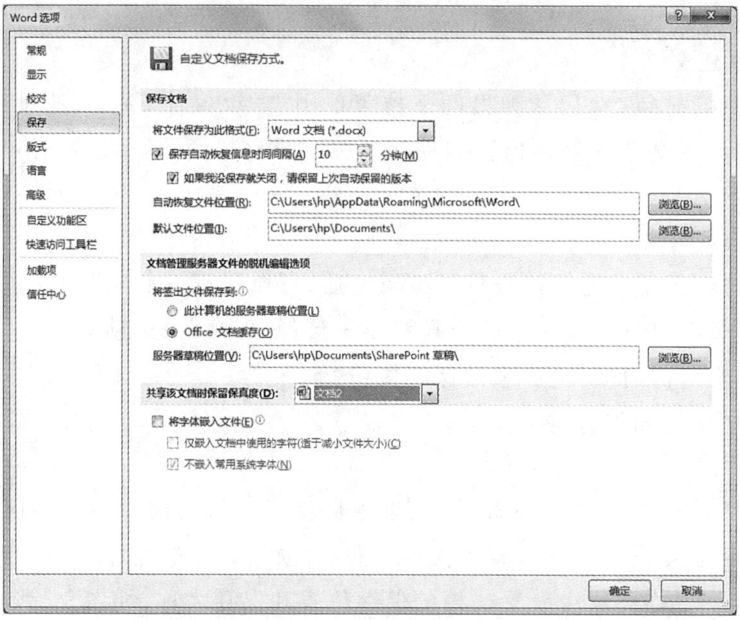

图 3-4 “选项”对话框

3.2.3 打开和关闭文档

1.打开文档

打开文档是Word 2016的一项最基本的操作。打开文档的常用方法有:一种是双击文件图标直接打开,另一种是通过“打开”对话框进行打开。

2.关闭文档

当用户不需要再使用文档时,应将其关闭。关闭文档的方法非常简单,常用的关闭文档的方法如下:

①单击标题栏右侧的“关闭”按钮 。

②单击“文件”按钮,从弹出的界面中选择“关闭”命令,关闭当前文档,选择“退出”命令,关闭当前文档并退出Word 2016程序。

③按【Alt+F4】组合键,结束任务。

3.2.4 文档的视图方式

所谓视图,就是文档的显示方式。Word 2016提供了多种视图方式,包括页面视图、阅读版式视图、Web版式视图、大纲视图和草稿等。用户可根据自己的需要设置不同的视图方式,以方便对文档的查看,如图3-5所示。

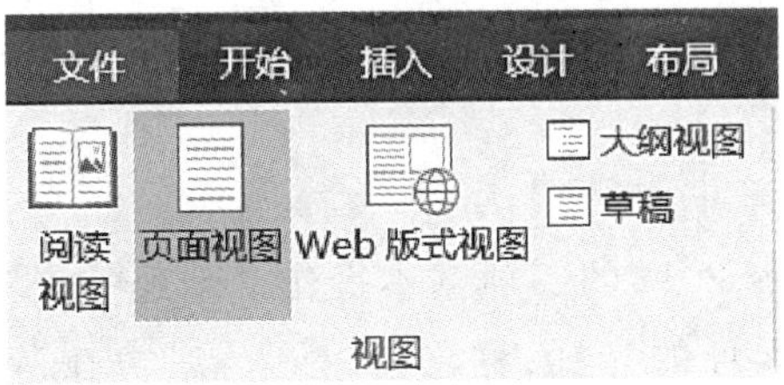

图3-5 “文档视图”组

1.页面视图

页面视图是使文档就像在稿纸上一样,在此方式下所看到的内容和最后打印出来的结果几乎完全一样。要对文档对象进行各种操作,要添加页眉、页脚和页脚等附加内容,都应在页面视图方式下进行。

2.阅读版式视图

在该视图模式下,可在屏幕上分为左右两页显示文档内容,使文档阅读起来清晰、直观。进入“阅读版式”后,单击右上角的“关闭”按钮,即可返回之前的视图。

3.Web版式视图

Web版式视图是以网页的形式来显示文档中的内容,文档内容不再是一个页面,而是一个整体的Web页面。Web版式具有专门的Web页编辑功能,在Web版式下得到的效果就像是在浏览器中显示的一样。如果使用Word 2016编辑网页,就要在Web版式视图下进行,因为只有在该视图下才能完整显示编辑网页的效果。

4.大纲视图

大纲视图方式比较适合较多层次的文档,在大纲视图中用户不仅能查看文档的结构,还可以通过拖动标题来移动、复制和重新组织文本。此时,大纲视图还可通过折叠文档来查看主要标题,或者展开文档以查看所有标题和正文。首先将光标放在需要折叠的级别前,然后在“大纲”选项卡中单击“折叠”按钮,单击一次折叠一级。若要重新显示文本,可单击“展开”按钮。

5.草稿视图

草稿视图是Word 2016中的一种视图方式,草稿视图取消了页面边距、分栏、页眉页脚和图片等元素,仅显示标题和正文,是最节省计算机系统硬件资源的视图方式。当然现在计算机系统的硬件配置都比较高,基本上不存在由于硬件配置偏低而使Word 2016运行遇到障碍的问题。

3.3 文本的基本编辑

在了解了文档的基本操作以后,还需要掌握文本的基本编辑方法,这样才能胜任工作和学习的需要。下面将介绍文本的常用操作,如输入文本、选取文本、复制、移动和删除文本等。

3.3.1 输入文本

文档输入内容是Word 2016的一项基本操作。新建一个Word 2016文档后,在文档的开始位置将出现一个闪烁的光标,称之为“插入点”。在Word 2016中输入的任何文本都会在插入点处出现。定位了插入点的位置后,即可在文档中输入英文、中文、符号、日期和时间等内容。

1.输入英文

在英文状态下通过键盘可以直接输入英文、数字及标点符号。

2.输入中文

一般情况下,系统会自带一些基本的输入法,如微软拼音、智能ABC等。这些中文输入法都是比较通用的,用户可以使用默认的输入法切换方式,例如,打开/关闭输入法控制条、组合键【Ctrl+空格】、切换输入法的【Ctrl+Shift】组合键等。选择一种中文输入法后,即可在插入点处开始输入中文文本了。

3.输入符号

在输入文本的过程中,有时需要插入一些特殊符号,例如希腊字母、商标符号、图形符号和数字符号等,而这些特殊符号通过键盘是无法输入的。这时,可以通过Word 2016

提供的插入符号功能来实现符号的输入。要在文档中插入符号，可先将插入点定位在要插入符号的位置，打开“插入”选项卡，在“符号”组中单击“符号”下拉按钮，在弹出的菜单中选择相应的符号即可，如图3-6所示。

图3-6 “符号”菜单

或者在“符号”下拉菜单中选择“其他符号”命令，即可打开“符号”对话框，在其中选择要插入的符号，单击“插入”按钮，同样也可以插入符号，如图3-7所示。

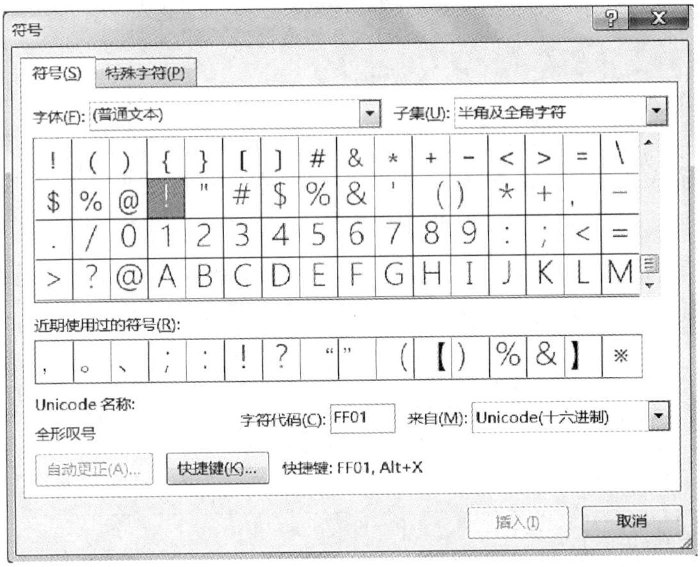

图3-7 “符号”对话框

4.输入日期和时间

使用Word 2016编辑文档时，可以使用“插入”选项卡中的“日期和时间”组来输入当前日期和时间。在输入日期类的格式文本时，Word 2016会自动显示默认格式的当前日期，按【Enter】键即可完成当前日期的输入，如图3-8所示。

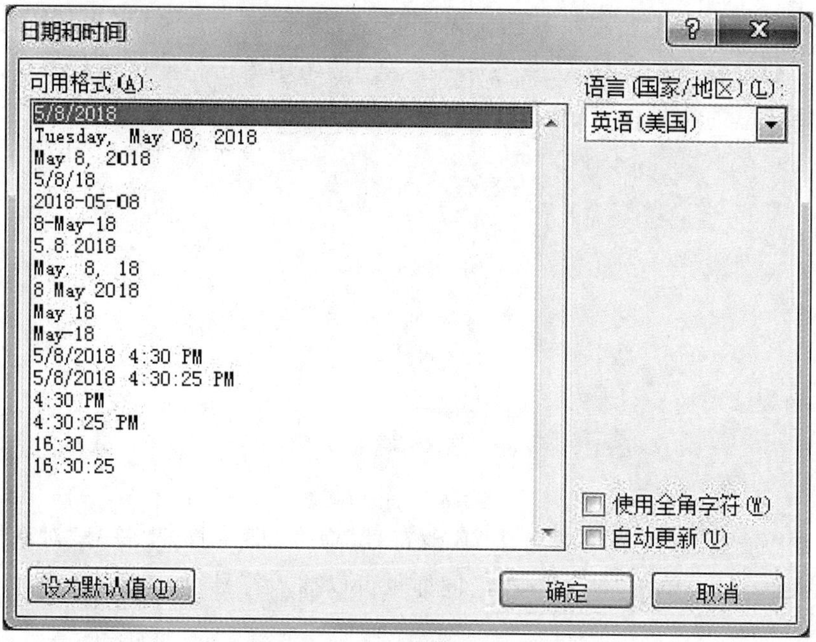

图 3-8 "日期和时间"对话框

3.3.2 选取文本

在文档中输入内容后,还要对其进行编辑,编辑文本时先要选取文本。使用鼠标可以轻松地改变插入点的位置,因此使用鼠标选择文本十分方便。使用键盘选择文本时,需先将插入点移动到要选择的文本的开始位置,然后按键盘上相应的快捷键即可。常用的组合键及其功能如表 3-1 所示。

表 3-1 组合键及其功能

组合键	功能
【Shift+→】	右侧的一个字符
【Shift+←】	左侧的一个字符
【Ctrl+Shift+←】	单词开始
【Shift+End】	行尾
【Shift+Home】	行首
【Shift+↓】	下一行
【Shift+↑】	上一行

续表

组合键	功能
【Ctrl+Shift+↓】	段尾
【Ctrl+Shift+↑】	段首
【Shift+Page Down】	下一屏
【Shift+Page Up】	上一屏
【Ctrl+Shift+Home】	文档开始处
【Ctrl+Shift+End】	文档结尾处
【Ctrl+A】	包含整篇文档

3.3.3 复制、移动和删除文本

在编辑文本时，经常需要重复输入文本，可以使用移动或复制文本的方法进行操作。此外，也经常需要对多余或错误的文本进行删除操作，从而加快文档的输入和编辑速度。

1. 移动文本

移动文本可以将文本从一个位置移动到另一个位置中。

2. 复制文本

复制文本与移动文本的区别在于：复制文本是将文本从一个位置移动到另一个位置，而原来位置的文本仍然存在。复制文本可以快速完成一段文本的重复输入，从而大大提高了工作效率。辅助方法可以单击鼠标右键进行选择，也可以按快捷组合键【Ctrl+C】后，再按【Ctrl+V】复制。

3. 删除文本

如果文档中重复输入了文本，或者需要去掉不需要的文本，可以选中需要删除的文本，按【Delete】键或者【Backspace】键，即可删除文本。

3.3.4 查找与替换文本

在Word 2016文档中不仅可以搜索指定的文本，还可以将搜索到的文本内容替换成所要修改的内容或格式。如在输入完一篇较长的文档后，检查中发现把一个重要的字或词全部输入错了，如果逐个修改，会花大量的时间和精力。这时使用查找与替换的功能就能很快解决这个问题。选择“开始”选项卡，单击“查找替换”选项在弹出的菜单选择“高级查找”菜单，打开对话框设置查找内容。单击“更多”，打开“特殊格式”可以使用通配符进行查找，打开“格式”可设置新的替换格式，如图3-9所示。

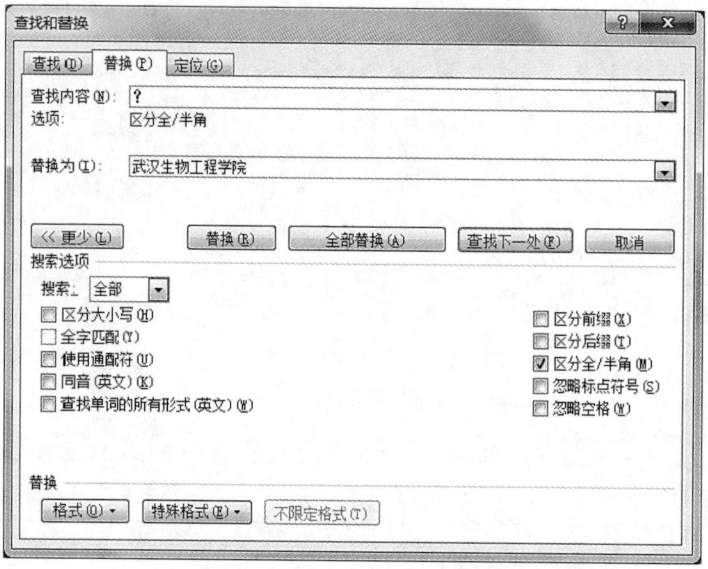

图 3-9 “查找与替换”对话框

3.3.5 撤销与恢复操作

在编辑文档时,Word 2016 会自动记录最近执行的操作,因此当操作错误时,可以通过撤销功能将错误操作撤销,快捷组合键【Ctrl+Z】。如果误撤销了某些操作,还可以恢复。

3.4 文档的基本排版

3.4.1 设置字体格式

在 Word 2016 文档中输入的文本默认字体为宋体,默认字号为五号,为了使文档更加美观、条理更加清晰,通常需要对文本进行格式化操作。“开始”选项卡中的“字体”组可以设置字符的类型、大小、颜色等效果,如图 3-10 所示。

二维码 3-2

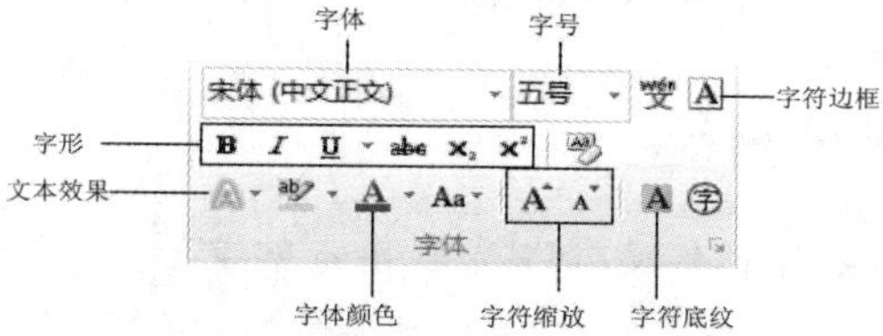

图 3-10 “字体”组

也可以在“字体”对话框设置,打开“开始”选项卡,单击“字体”对话框启动器,打开“字体”对话框的“字体”选项卡,如图 3-11 所示。在该选项卡中可对文本的字体、字号、颜色、是否添加下划线等设置。

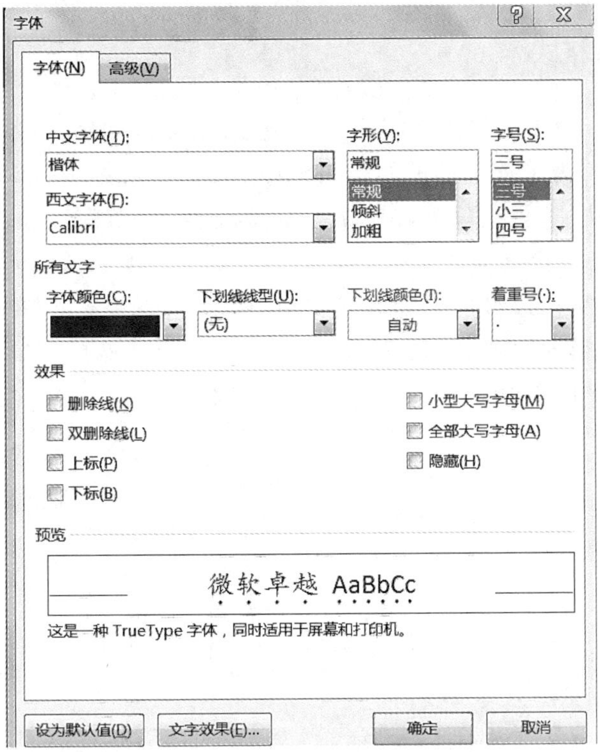

图3-11　“字体”对话框

在“高级”选项卡中可以设置文字的缩放比例、文字间距和相对位置等参数，如图3-12。单击该选项卡的“文字效果”可以设置其他样式的字体。

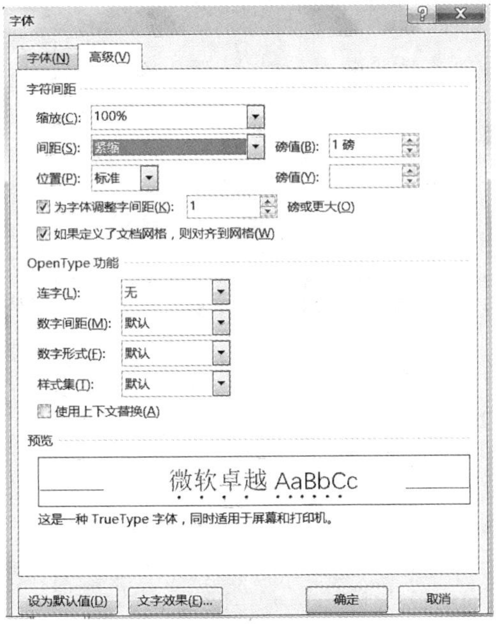

图3-12　字体高级选项卡

二维码3-3

3.4.2 设置段落格式

段落是构成整个文档的骨架,它由正文、图表和图形等加上一个段落标记构成。为了使文档的结构更清晰、层次更分明,Word 2016 提供了段落格式设置功能,包括段落对齐方式、段落缩进、段落间距等。

二维码 3-4

1.设置段落对齐方式

段落对齐是指文档边缘的对齐方式,包括两端对齐、居中对齐、左对齐、右对齐和分散对齐。设置段落对齐方式时,先选定要对齐的段落,然后可以通过单击"开始"选项卡的"段落"功能组(或浮动工具栏)中的相应按钮来实现,如图 3-13 所示。

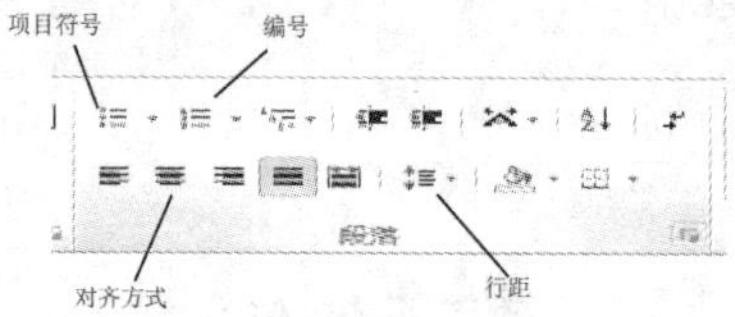

图 3-13 "段落"组

也可以通过"段落"对话框来实现,如图 3-14 所示。使用"段落"功能组是最快捷方便的,也是最常使用的方法。

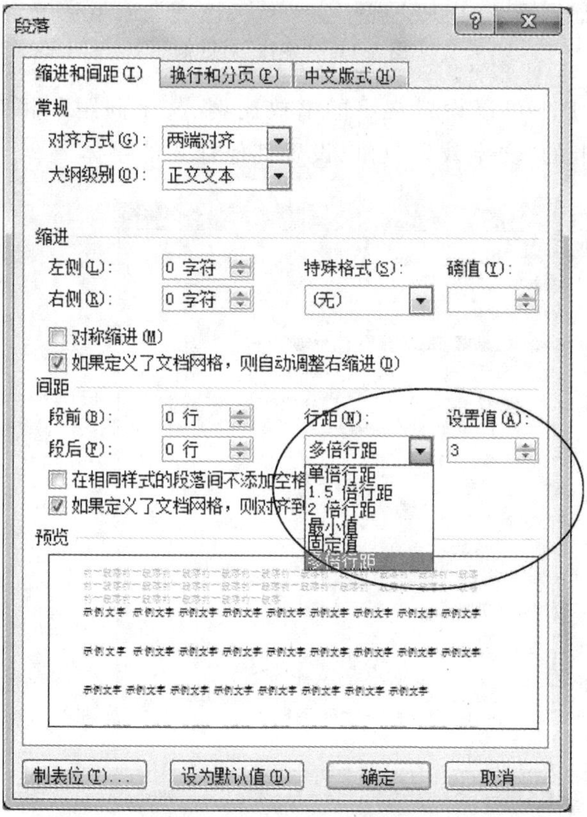

图 3-14 "段落"对话框

2.设置段落缩进

段落缩进是指设置段落中的文本与页边距之间的距离，如图3-15所示。

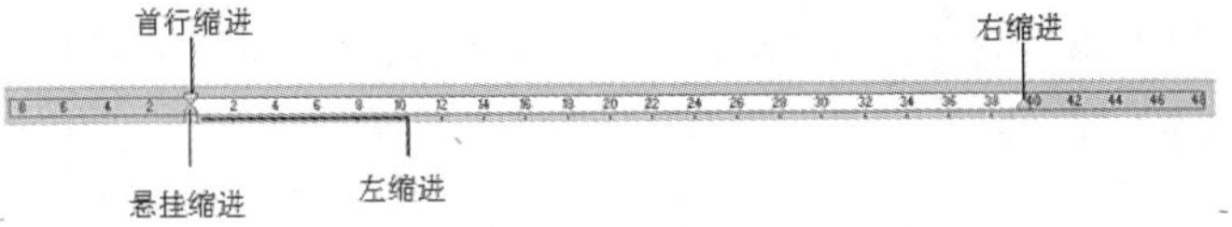

图3-15 标尺

3.设置段落间距

段落间距的设置包括文档行间距与段间距的设置。所谓行间距是指段落中行与行之间的距离；所谓段间距就是指前后相邻的段落之间的距离。Word 2016默认的行间距值是单倍行距，用户可以根据需要重新对其进行设置。在“段落”对话框中，打开“缩进和间距”选项卡，在“行距”下拉列表框中选择相应选项，并在“设置值”微调框中输入数值即可，如图3-14所示。

二维码 3-5

3.4.3 设置项目符号和编号

使用项目符号和编号列表，可以对文档中并列的项目进行组织，或者将内容的顺序进行编号，以使这些项目的层次结构更加清晰、更有条理。Word 2016提供了多种标准的项目符号和编号，并且允许用户自定义项目符号和编号。

二维码 3-6

1.添加项目符号和编号

Word 2016提供了自动添加项目符号和编号的功能。在以“1.”、“(1)”、“a”等字符开始的段落中按【Enter】键，下一段开始将会自动出现“2.”、“(2)”、“b”等字符。另外，也可以在输入文本之后，选中要添加项目符号或编号的段落，打开“开始”选项卡，在“段落”组中单击“项目符号”按钮，将自动在每段前面添加项目符号，如图3-16所示；单击“编号”按钮将以“1.”、“2.”、“3.”的形式编号。

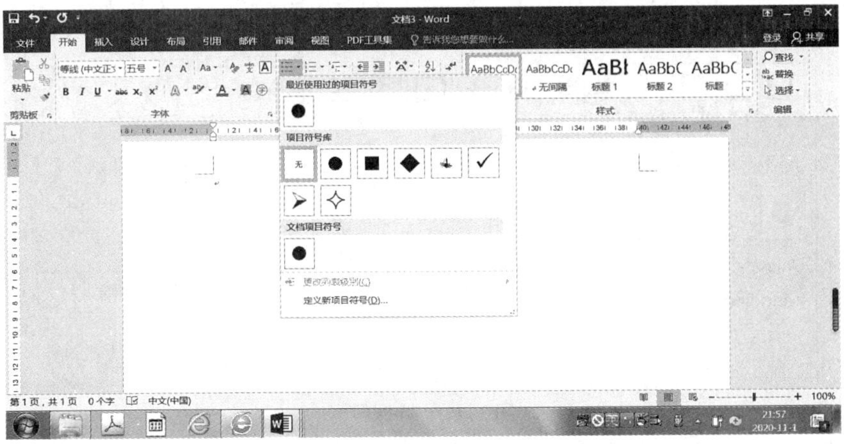

图3-16 项目符号

2. 自定义项目符号和编号

在使用项目符号和编号功能时,用户除了可以使用系统自带的项目符号和编号样式外,还可以对项目符号和编号进行自定义设置。

在“段落”组中单击“项目符号”按钮选择“新定义项目符号”选项(如图 3-17),可以定义特殊符号,如图 3-18 所示。

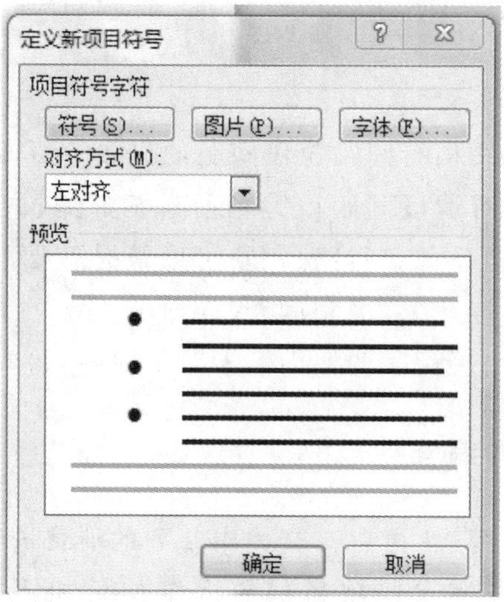

图 3-17　项目符号格式

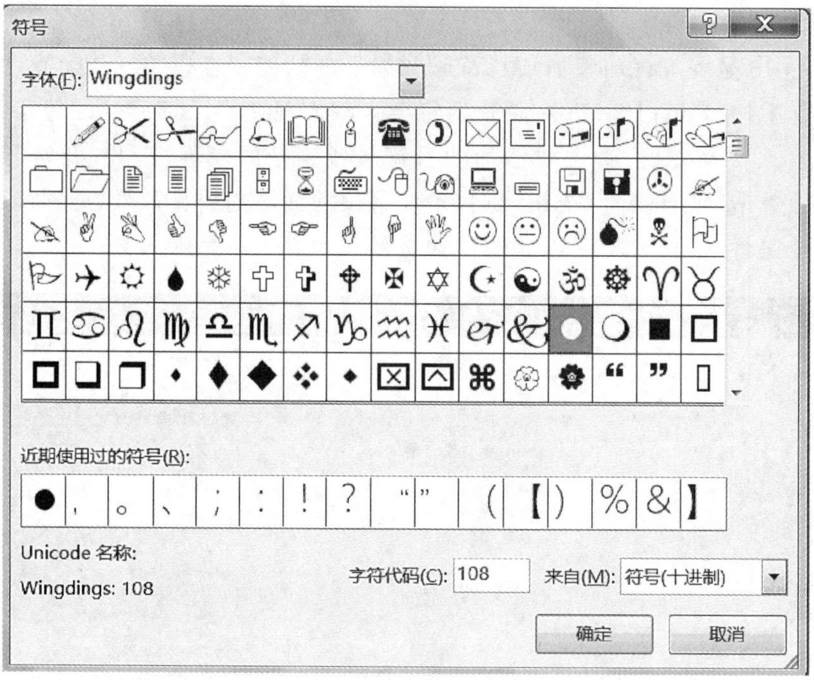

图 3-18　特殊符号

单击“编号”按钮选择“新定义编号格式”设置新编号格式,如图 3-19 所示。

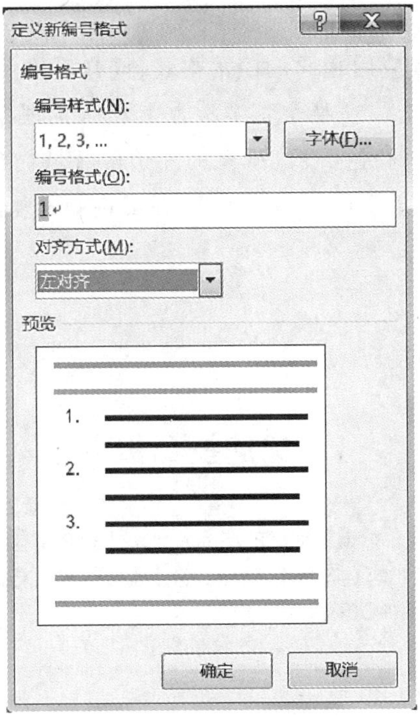

图3-19 编号格式

3.删除项目符号和编号

要删除项目符号,可以在“开始”选项卡中单击“段落”组中的“项目符号”下拉按钮,从弹出的“项目符号库”列表框中选择“无”选项即可,如图3-16所示;要删除编号,可以在“开始”选项卡中单击“编号”下拉按钮,从弹出的“编号库”列表框中选择“无”选项即可。

3.4.4 使用格式刷

1.应用文本格式

使用“格式刷”功能,可以快速地将制定的文本、段落格式复制到目标文本、段落上。应用文本格式在文档中不同的位置应用相同的文本格式,可以使用“格式刷”工具快速复制格式,方法很简单,选中要复制其格式的文本,在“开始”选项卡的“剪切板”组中单击“格式刷”按钮,如图3-20所示。当鼠标指针变为“刷子”形状时,拖动鼠标选中目标文本即可。双击“格式刷”按钮,可以刷多个目标文本。

图3-20 格式刷

2. 应用段落格式

要在文档中不同的位置应用相同的段落格式,同样可以使用“格式刷”工具快速复制格式,方法很简单,将光标定位在某个将要复制其格式的段落任意位置,选中段落。单击“格式刷”,移动鼠标指针到目标段落所在的左边距区域内,当鼠标指定变成刷子形状时按下鼠标左键不放,在垂直方向上进行拖动,即可将格式复制给选中的若干个段落。

3.4.5 综合案例

案例:制作样文如图 3-21 所示。

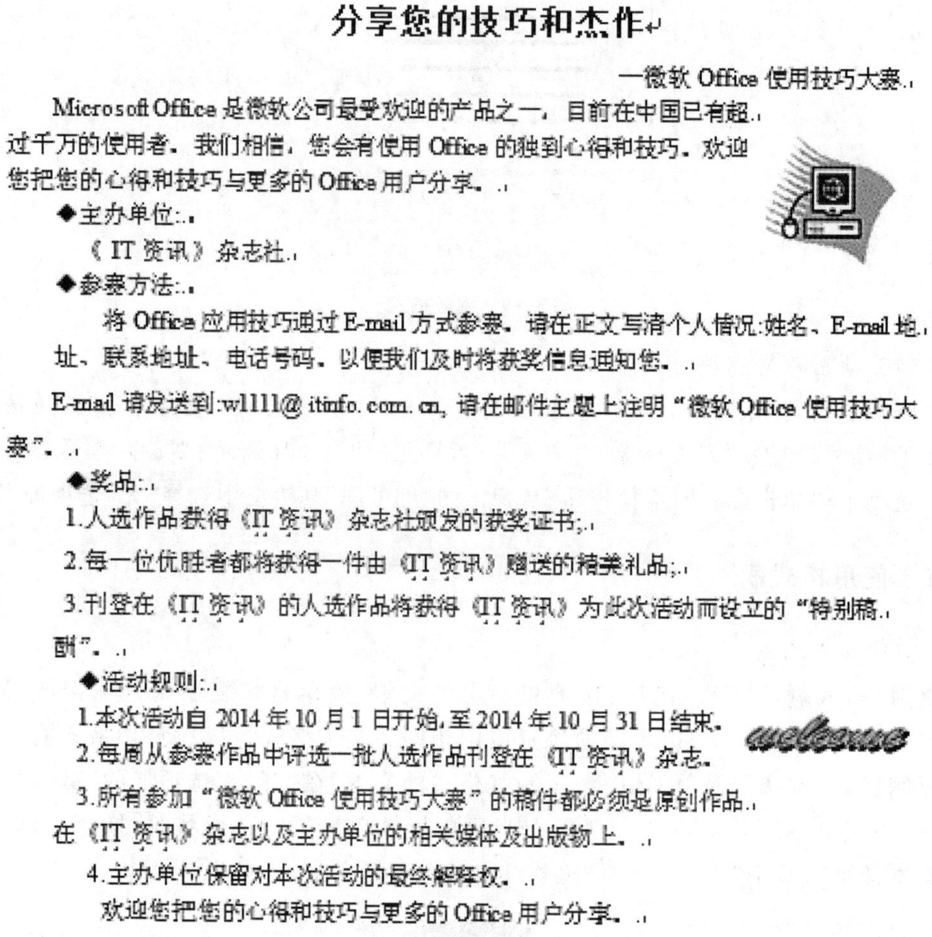

分享您的技巧和杰作

—微软 Office 使用技巧大赛

Microsoft Office 是微软公司最受欢迎的产品之一,目前在中国已有超过千万的使用者。我们相信,您会有使用 Office 的独到心得和技巧。欢迎您把您的心得和技巧与更多的 Office 用户分享。

◆主办单位:

《IT 资讯》杂志社

◆参赛方法:

将 Office 应用技巧通过 E-mail 方式参赛。请在正文写清个人情况:姓名、E-mail 地址、联系地址、电话号码,以便我们及时将获奖信息通知您。

E-mail 请发送到:wl111@itinfo.com.cn,请在邮件主题上注明“微软 Office 使用技巧大赛”。

◆奖品:

1.入选作品获得《IT 资讯》杂志社颁发的获奖证书;

2.每一位优胜者都将获得一件由《IT 资讯》赠送的精美礼品;

3.刊登在《IT 资讯》的入选作品将获得《IT 资讯》为此次活动而设立的“特别稿酬”。

◆活动规则:

1.本次活动自 2014 年 10 月 1 日开始,至 2014 年 10 月 31 日结束。

2.每周从参赛作品中评选一批入选作品刊登在《IT 资讯》杂志。

3.所有参加“微软 Office 使用技巧大赛”的稿件都必须是原创作品。在《IT 资讯》杂志以及主办单位的相关媒体及出版物上。

4.主办单位保留对本次活动的最终解释权。

欢迎您把您的心得和技巧与更多的 Office 用户分享。

图 3-21 样文

操 作 步 骤

1. 新建文档

新建空白文档,选择一种熟悉的输入法,在文本编辑区录入文本。

2.保存文件

通过“文件”菜单的“保存”命令或常用工具栏的保存按钮，将文档以“微软Office使用技巧大赛1.docx”为文件名保存。

3.编排文档格式

①将正文第一、二自然段合并为一段。将插入点定位在第一段结尾，在键盘上按【Delete】键。或者将插入点定位在第二段首，按键盘的【Backspace】键。

②将最后一个自然段拆分为两段。将插入点定位在“E-mail请发送……”之前。按【Enter】(回车)键。

③设置字体格式。在文本区插入主标题“分享您的技巧和杰作”作为第一行。将主标题设定为红色楷体三号字，加粗，居中。在文本区插入副标题“——微软Office使用技巧大赛”作为第二行。将副标题设置为隶书小四号字。加了项目符号“◆”的段落字体设置为黑体小四号。

4.设置段落格式

①正文每段首行缩进2个字符。“格式”→“段落”→“缩进与间距”选项卡中“缩进”的“特殊格式”选择“首行缩进”，度量值选择“2字符”。

②将正文第二、四、七、十一自然段的段前间距设置为0.5行。将插入点定位在要设置段落中的任意处，选择“格式”→“段落”→“缩进与间距”选项卡中“间距”的“段前”设置为“0.5行”，将第一自然段的段后间距设置为“10磅。”

③设置第一段的行间距为1.5倍行距；第五段的行间距为1.2倍行距；第六段的行间距为“固定值”18磅。将插入点定位在要设置段落中的任意处，选择“格式”→“段落”→“缩进与间距”选项卡中“间距”的“行距”，按要求进行相应设置。

5.文本的操作

①文本的移动。将“奖品”和“活动规则”这两部分的内容调换次序，如样文。

②文本的复制。将第一段中的最后一句“欢迎您把您的心得和技巧与更多的Office用户分享。”复制作为文章的最后一段。

6.查找与替换

将正文中所有“《IT资讯》”的字体设置为仿宋、加粗，字体颜色设置为蓝色，并加着重号。通过“开始”功能区→“查找”→“高级查找”，在查找内容中输入：《IT资讯》，“不限定格式”→“替换为”：《IT资讯》；选中《IT资讯》→在“开始”功能区的“字体”分组中单击“字体”下拉三角按钮，设置字体为仿宋，加粗，颜色设置为蓝色，加着重点“·”。

7.插入特殊符号和项目符号

①在最后一段段首插入笑脸符号“☺”。选择“插入”功能区→“符号”分组，单击“符号”按钮，在“符号”对话框中的“字体”框中选择“Wingdings”即可找到所需笑脸符号。

②“主办单位”、“参赛方法”、“奖品”、“活动规则”前面插入项目符号◆。在“插入”功能区→“段落”分组中单击“项目符号”按钮。分别在“奖品”和“活动规则”中的内容插入编号，在“插入”功能区→“段落”分组中单击“编号”按钮，如图3-21样文。

3.5 Word 2016表格操作

表格是日常工作中一项非常有用的表达方式。在编辑文档时,为了更形象地说明问题,常常需要在文档中创建各种各样的表格,例如:课程表、学生成绩表、个人简历表、商品数据表和财务报表等。本章主要介绍Word 2016提供的强大和便捷的表格制作、编辑功能。通过这些功能,不仅可以快速创建各种各样的表格,还可以方便地修改表格、移动表格位置或调整表格大小等,甚至可以对表格中的数据进行计算和排序等。

3.5.1 创建表格

Word 2016中提供了多种创建表格的方法,不仅可以通过按钮或对话框完成对表格的创建,还可以根据内置样式快速插入表格。如果表格比较简单,还可以直接拖动鼠标来绘制表格。

二维码 3-7

1. 使用"表格"按钮创建表格

将光标定位在需要插入表格的位置,然后打开"插入"选项卡,单击"表格"组中的"表格"按钮,在弹出的菜单中会出现如图3-22所示的网格框中,拖动鼠标确定要创建表格的行数和列数,然后单击鼠标就可以完成一个规则表格的创建。

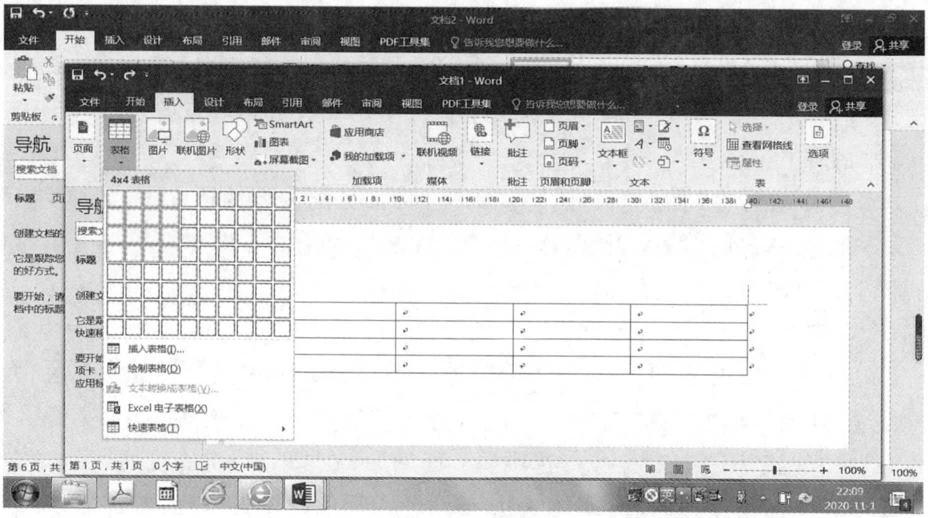

图 3-22 创建表格

2. 使用"插入表格"对话框创建表格

使用"插入表格"对话框创建表格时,可以在建立表格的同时精确设置表格的大小。打开"插入"选项卡,在"表格"组中单击"表格"按钮,在弹出的菜单中选择"插入表格"命令,打开"插入表格"对话框,在"列数"和"行数"微调框中可以指定表格的列数和行数。如图3-23所示的就是插入5列2行表格。

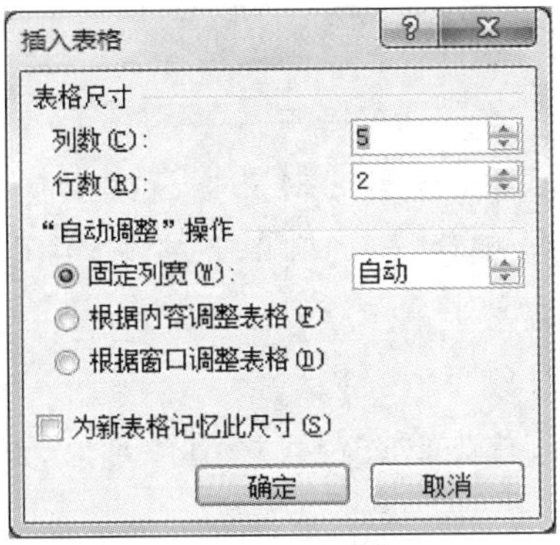

图3-23 "插入表格"对话框

3.手动绘制表格

在实际的应用中,行与行之间以及列与列之间都是等距的规则表格很少,在很多情况下,还需要创建各种栏宽、行高都不等的不规则表格。通过Word 2016中的绘制表格功能,可以创建不规则的行列数表格,以及绘制一些带有斜线表头的表格。打开"插入"选项卡,在"表格"组中单击"表格"按钮,从弹出的菜单中选择"绘制表格"命令,此时鼠标指针变为"铅笔"形状,按住鼠标左键不放并拖动鼠标,会出现一个表格的虚框,待达到合适大小后,释放鼠标即可生成表格的边框。

4.插入带有格式的表格

为了快速制作出美观的表格,Word 2016提供了许多内置表格样式,使用它们可以快速地创建具有特定样式的表格。打开"插入"选项卡,在"表格"组中单击"表格"按钮,在弹出的菜单中选择"快速表格"命令的子命令,此时即可插入带有格式的表格,如图3-24所示。这时表格创建好了,无须自己设置,只要在其中修改数据即可。

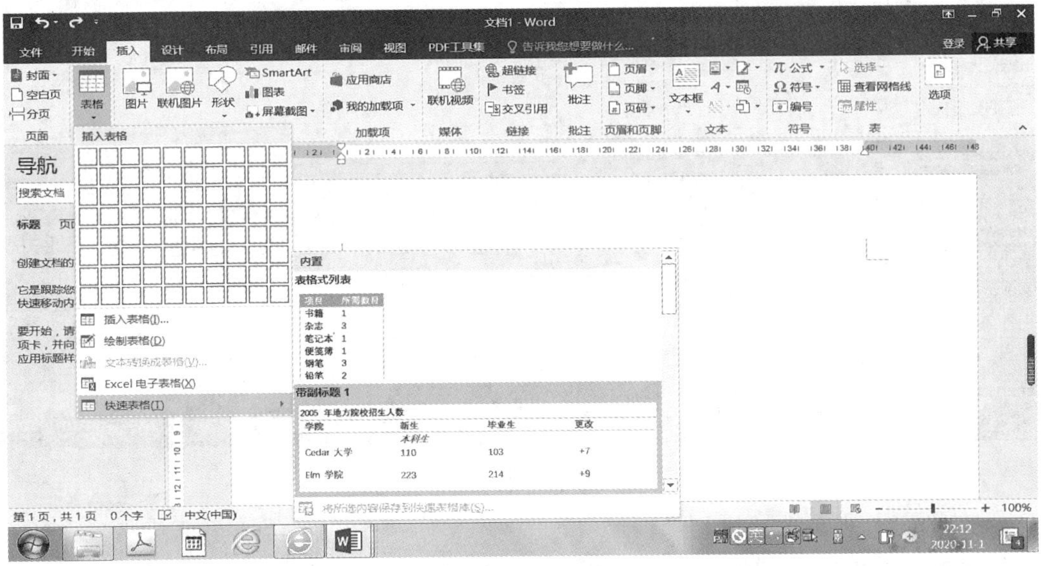

图3-24 快速表格

3.5.2 表格编辑

二维码 3-8

表格创建完成后,还需要对其进行编辑操作,如在表格中选定对象,插入行、列和单元格,删除行、列和单元格,合并与拆分单元格,添加文本等,以满足不同用户的需要。

1.选定表格对象

对表格进行格式化之前,首先要选定表格编辑对象,然后才能对表格进行操作。

2.插入行、列和单元格

在创建好表格后,经常会因为情况变化或其他原因需要插入一些新的行、列或单元格。打开“表格工具”选择“布局”选项卡,可选择插入行的位置,如图 3-25 所示;或者在表格中的任一单元格内右击,在弹出的菜单中选择“插入”菜单,如图 3-26 所示。

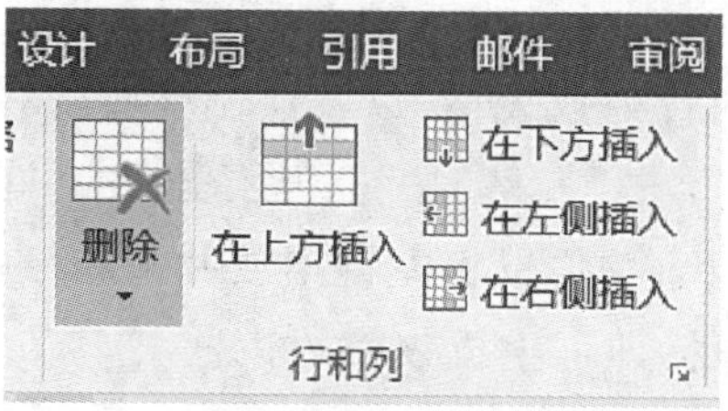

图 3-25 表格布局

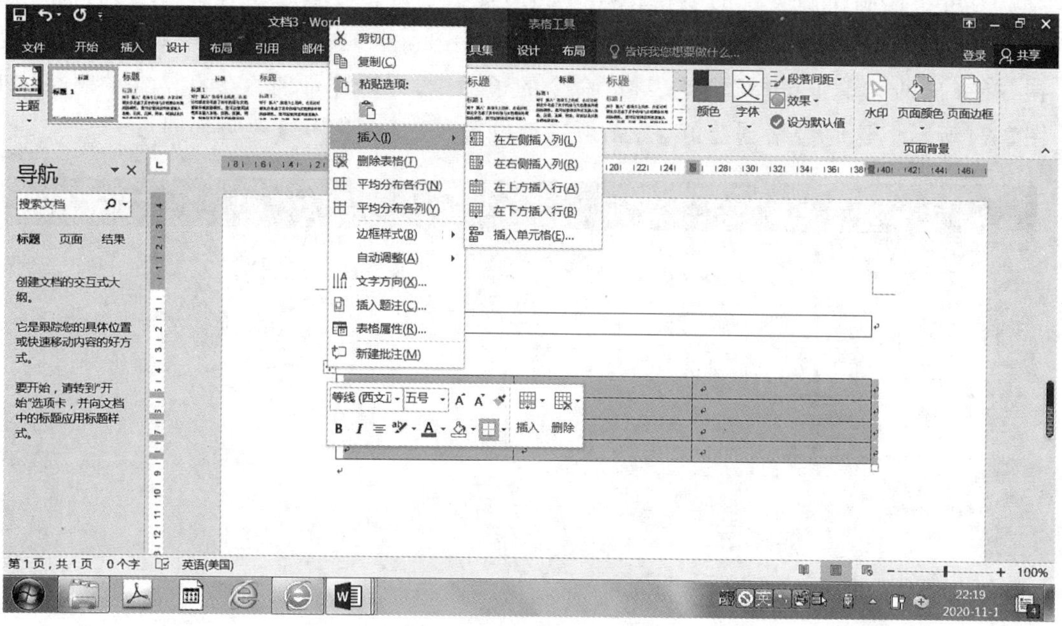

图 3-26 快捷“插入”菜单

3.删除行、列和单元格

在创建表格后,经常会遇到表格的行、列和单元格多余的情况。在 Word 2016 中可以很方便地完成行、列和单元格的删除操作,使表格更加紧凑美观。单击“布局”选项卡中的“删除”按钮选择删除方式,如图3-27所示;或者在表格中的任一单元格内右击,在弹出的菜单中选择“删除单元格”命令,如图3-28所示。

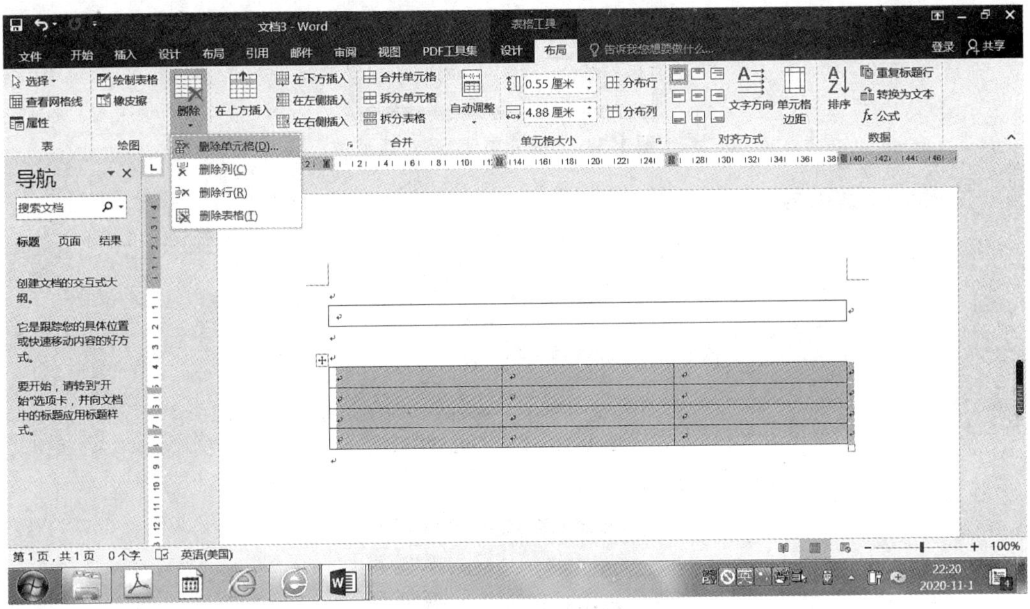

图3-27 “删除”命令

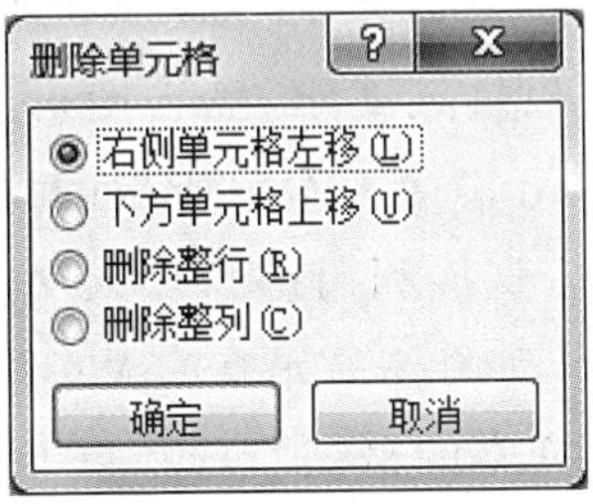

图3-28 “删除单元格”对话框

4.合并与拆分单元格

在Word 2016中,允许将相邻的两个或多个单元格合并成一个单元格,也可以把一个单元格拆分为多个单元格,达到增加行数和列数的目的。单击“表格工具”中的“布局”选项卡中的“合并单元格”和“拆分单元格”按钮即可,如图3-29所示;或者右击选中的单元格区域,在弹出的联级菜单中选择,如图3-30所示。

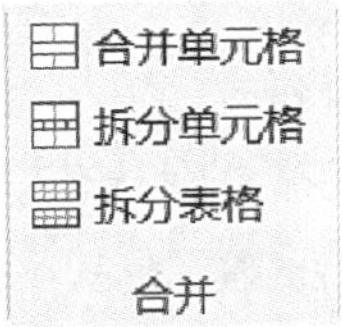

图3-29 表格合并

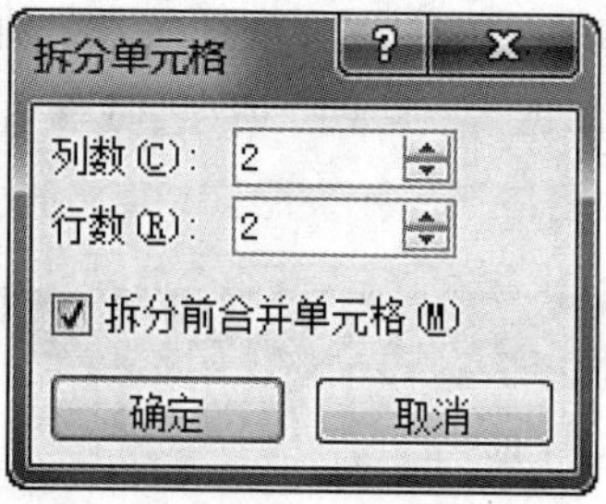

图 3-30 “拆分单元格”对话框

5. 添加表格内容

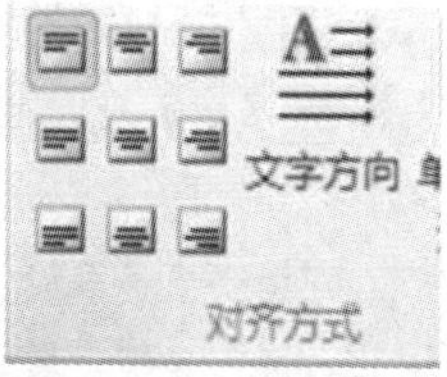

图 3-31 “对齐方式”组

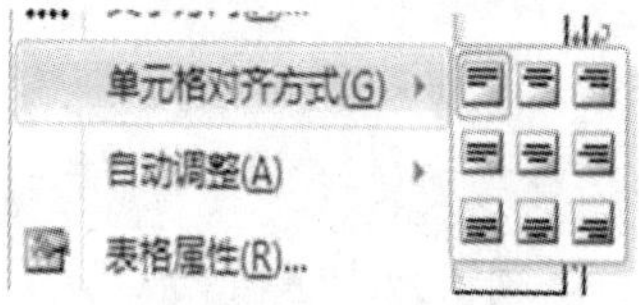

图 3-32 “单元格对齐方式”快捷菜单

在表格的各个单元格中可以输入文字、插入图形，也可以对各单元格中的内容进行剪切和粘贴等操作，这和Word正文文本中所做的操作基本相同。用户只需将插入点定位在表格的单元格中，然后直接利用键盘输入文本即可。在文本的输入过程中，Word 2016会根据文本的多少自动调整单元格的大小。此外，用户也可以使用Word文本格式的设置方法设置表格中文本的格式。选择单元格区域或整个表格，打开表格工具的“布局”选项卡，在“对齐方式”组中单击相应的按钮即可设置文本对齐方式，如图3-31所示；或者右击选中的单元格区域或整个表格，使用快捷方式，如图3-32所示。

3.5.3 设置表格格式

在创建表格并添加完内容后，通常还需对其进行一定的修饰操作，如调整表格的行高和列宽、设置表格边框和底纹、套用单元格样式、套用表格样式等，使其更加美观。

二维码 3-9

1. 调整表格的行高和列宽

创建表格时，表格的行高和列宽都是默认值。在实际工作中，如果觉得表格的尺寸不合适，可以随时调整表格的行高和列宽。在Word 2016中，可以使用多种方法调整表格的行高和列宽。在表格工具中选择“布局”选项卡，点击“自动调整”按钮，如图3-33所示。

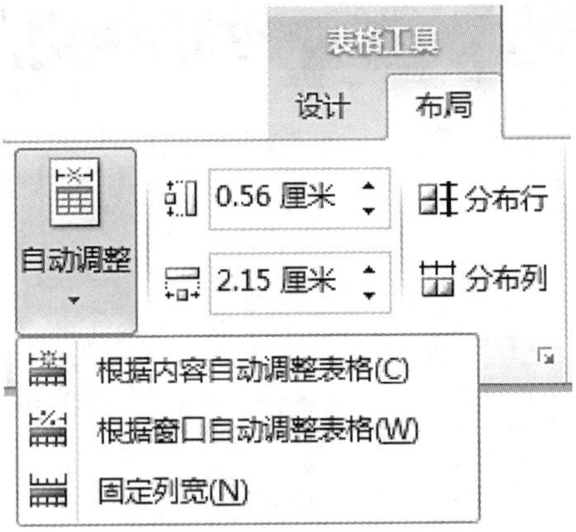

图3-33 表格自动调整

2.设置表格边框和底纹

一般情况下,Word 2016会自动设置表格使用0.5磅的单线边框。如果对表格的样式不满意,则可以重新设置表格的边框和底纹,从而使表格结构更为合理、外观更为美观。打开“表格工具”的“设计”选项卡中的“边框”按钮,如图3-34所示。

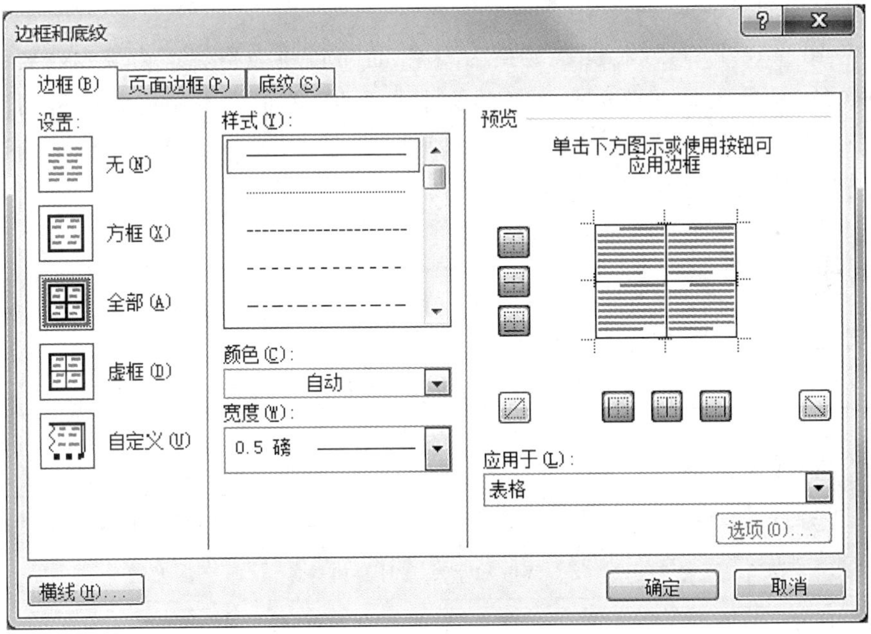

图3-34 “边框与底纹”对话框

3.套用表格样式

Word 2016为用户提供了160多种内置的表格样式,这些内置的表格样式提供了各种现成的边框和底纹设置,使用它们可以快速为表格自动套用样式。打开“表格工具”的“设计”选项卡,在“表格样式”组中,单击“其他”按钮,在弹出的下拉列表中选择需要的外观样式,即可为表格套用样式,如图3-35所示。

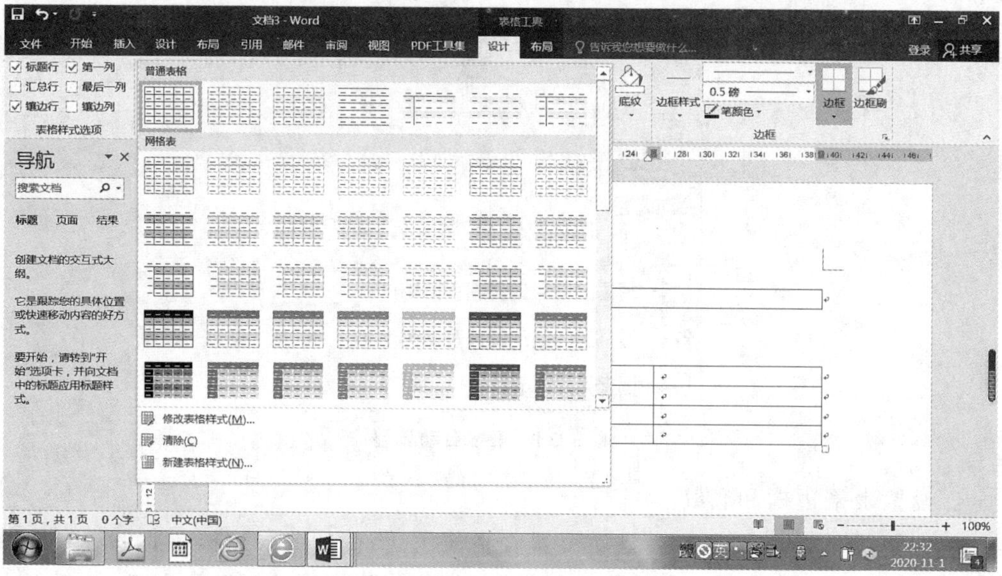

图 3-35　表格样式

3.5.4　将文本转换成表格

在 Word 2016 中，可以将文本转换为表格，也可以将表格转换为文本。要把文本转换为表格时，应首先将需要进行转换的文本格式化，即把文本中的每一行用段落标记隔开，每一列用分隔符(如逗号、空格、制表符等)分开，否则系统将不能正确识别表格的行列分隔，从而导致不能正确转换。

3.5.5　综合案例

案例：制作课程表，如表 3-2 所示。

表 3-2　2020 级计算机科学与技术专业 1 班课程表

星期 时间		星期一	星期二	星期三	星期四	星期五
上午	1—2节	C语言程序设计	组成原理	数据库	C语言程序设计	计算机导论
	3—4节	大学英语	离散数学	计算机导论	离散数学	高等数学
11:40—14:16		午休时间				
下午	5—6节	组成原理	数据库	C语言程序设计	组成原理	高等数学
	7—8节	课外活动	大学英语	数据库	课外活动	放假
17:50—19:20		晚饭时间				
晚上	9—16节	晚自习	晚自习	晚自习	晚自习	放假

操作步骤

①打开“插入”功能区，选择“表格”→“插入表格”，插入8行7列的表格。

②选择需要合并的单元格，单击鼠标右键，选择“合并单元格”，合并成如样表所示的表格。

③打开“插入”功能区，选择“形状”→“线条”，按住【Shift】键，在第一行第一列沿着对角线画斜线，输入文字，利用空格键进行调整。

④选中整个表格，在“表格工具”→“设计”选择样式为“精巧型1”，将选定格式应用于表3-2。

⑤选中表格，鼠标右击，设置单元格对齐方式水平为垂直居中。

⑥设置表格的第一行、第四行、第七行字体加粗。

扩展练习：制作如图3-36所示的样单。

【送货单样文】

地址：________　　　　**送货单**

收货单位：________　　　　**20年月日**

<table>
<tr><td rowspan="2">货号</td><td rowspan="2">品名</td><td rowspan="2">规格</td><td rowspan="2">单位</td><td rowspan="2">数量</td><td rowspan="2">单价</td><td colspan="7">金　额</td><td rowspan="2">备注
(件数)</td></tr>
<tr><td>万</td><td>千</td><td>百</td><td>十</td><td>元</td><td>角</td><td>分</td></tr>
<tr><td></td><td></td><td></td><td></td><td></td><td></td><td></td><td></td><td></td><td></td><td></td><td></td><td></td><td></td></tr>
<tr><td></td><td></td><td></td><td></td><td></td><td></td><td></td><td></td><td></td><td></td><td></td><td></td><td></td><td></td></tr>
<tr><td></td><td></td><td></td><td></td><td></td><td></td><td></td><td></td><td></td><td></td><td></td><td></td><td></td><td></td></tr>
<tr><td></td><td></td><td></td><td></td><td></td><td></td><td></td><td></td><td></td><td></td><td></td><td></td><td></td><td></td></tr>
<tr><td colspan="13">合计人民币(大写)　万　仟　佰　拾　元　角　分</td><td></td></tr>
<tr><td colspan="6">发货单位：　　电话：
发货人：</td><td colspan="8">发货单位盖章
发货人盖章</td></tr>
</table>

开发票　月　日　　　　**送货人**

图3-36 “送货单”样表

提示

①先设置纸张大小为18.2cm×8cm，上、下、左、右边距分别为0.8cm，0.6cm，1.5cm，1.5cm。

②四周边框为粗实线，“单价”与“金额”之间为双细实线，“千”与“百”、“元”与“角”之间也为双细实线。

③“送货单”三个字为黑体小四号字，并设有双下划线(此下划线可通过“格式”、“字体”、“下划线线型”设置)，其他表格外的文字及“货号”、“品名”、“规格”、“单位”、“数量”、“单价”、“备注(件数)”等文字为小五号字，表格中的其他文字为六号字。

④在对表格进行字符输入时，一定要注意对段落的调整，否则可能会因为纸张太小而不能容纳所有的内容。

⑤通过选定表格,单击右键。选择“单元格对齐方式”、选择“中部居中”,可以设置表格中文字的居中效果,避免文字的位置过高或过低。

3.6 Word 2016图文混排

如果一篇文章通篇只有文字,而没有任何修饰性的内容,在阅读时不仅缺乏吸引力,而且会使读者阅读起来劳累不堪。在文章中适当地插入一些图形和图片,不仅会使文章、报告显得生动有趣,还能帮助读者更直观地理解文章内容。本章主要介绍Word 2016的绘图和图形处理功能,从而实现文档的图文混排。

3.6.1 插入图片

为了使文档更加美观、生动,可以在其中插入图片。在Word 2016中,不仅可以插入系统提供的图片剪贴画,还可以从其他程序或位置导入图片,甚至可以使用屏幕截图功能直接从屏幕中截取画面。

1.插入来自文件的图片

在Word 2016中除了可以插入剪贴画,还可以从磁盘的其他位置中选择要插入的图片文件。这些图片文件可以是Windows的标准BMP位图,也可以是其他应用程序所创建的图片,如CorelDRAW的CDR格式矢量图片、JPEG压缩格式的图片、TIFF格式的图片等。在“插入”中单击“图片”按钮,如图3-37所示。

图3-37 “插入图片”对话框

2. 插入屏幕截图

如果需要在Word文档中使用当前正在编辑的窗口中或网页中的某个图片或者图片的一部分，则可以使用Word 2016提供的“屏幕截图”功能来实现。打开“插入”选项卡，在“插图”组中单击“屏幕截图”按钮，从弹出的菜单中选择“屏幕剪辑”选项，进入屏幕截图状态，拖动鼠标指针截取图片区域即可，如图3-38所示。

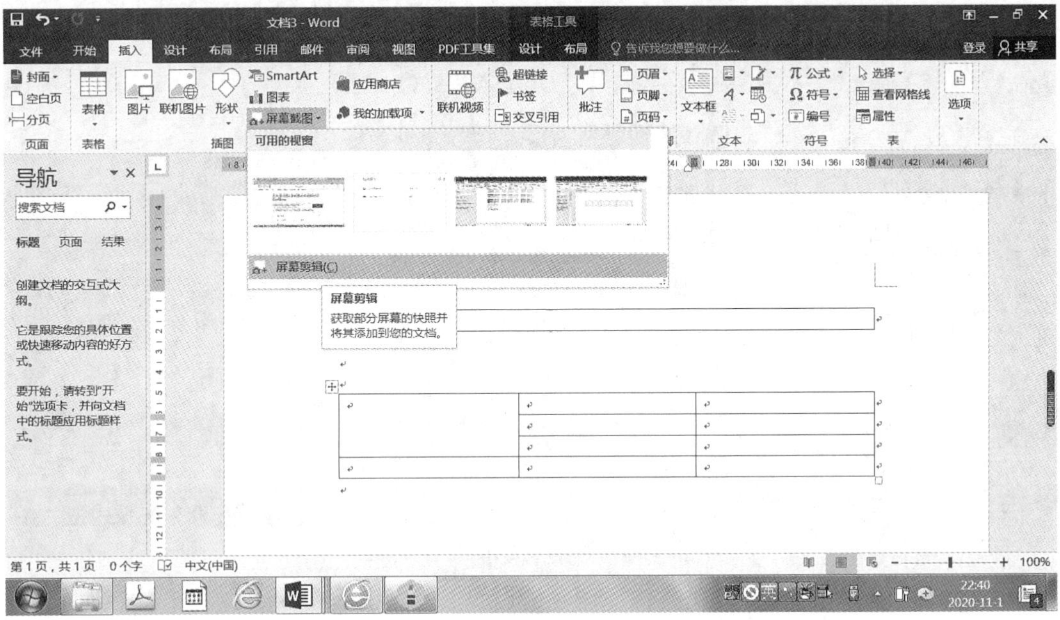

图3-38 屏幕截图

3. 编辑图片

插入图片后，Word 2016会自动打开“图片工具”的“格式”选项卡，如图3-39所示。使用相应功能工具按钮，可以设置图片颜色、大小、版式和样式等，让图片看起来更美观漂亮。

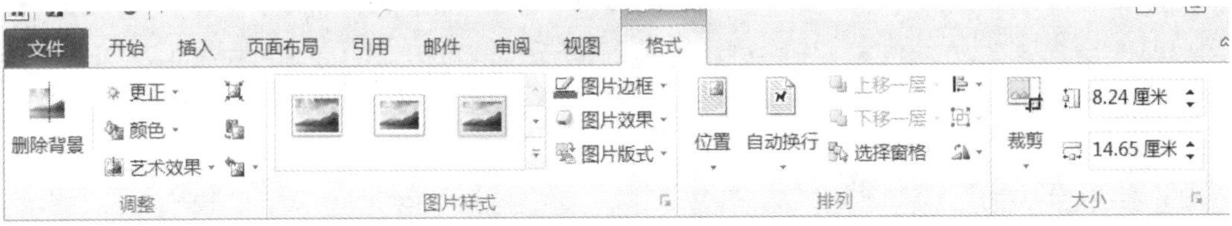

图3-39 编辑图片

3.6.2 使用艺术字

流行报刊上常常会看到各种各样的艺术字，这些艺术字给文章增添了强烈的视觉冲击效果。Word 2016提供了艺术字功能，可以把文档的标题以及需要特别突出的地方用艺术字显示出来，使文章更加生动、醒目。

1.插入艺术字

在Word 2016中可以按预定义的形状来创建艺术字。打开“插入”选项卡,在“文本”组中单击“艺术字”按钮,在打开艺术字列表框中选择样式即可,如图3-40所示。

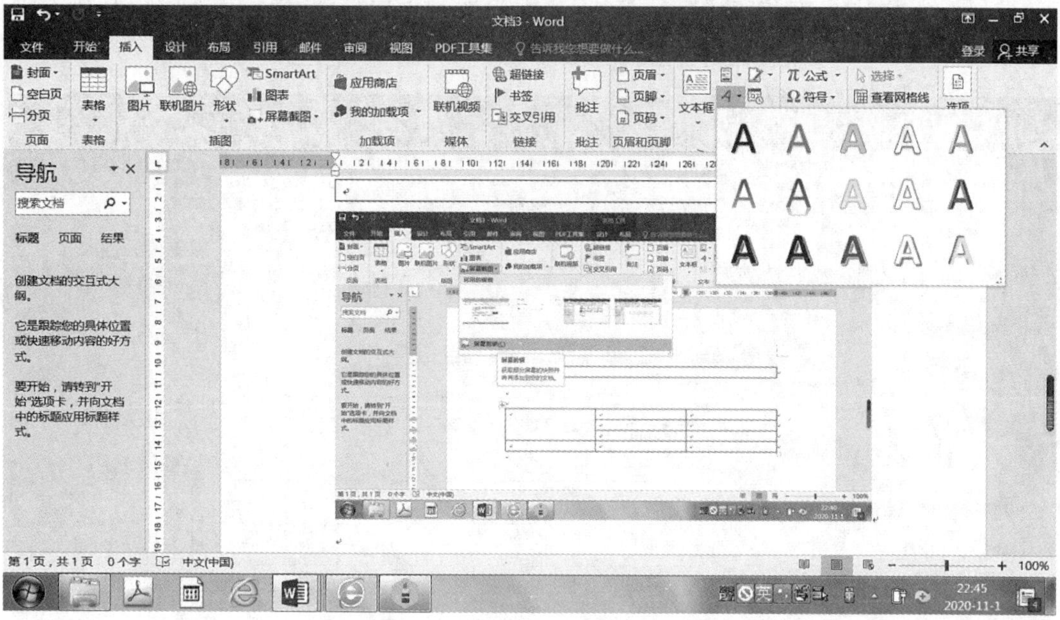

图3-40 艺术字

2.编辑艺术字

选中艺术字,系统自动会打开“绘图工具”的“格式”选项卡,如图3-41所示。使用该选项卡中的相应功能按钮,可以设置艺术字的样式、填充效果等属性,还可以对艺术字进行大小调整、旋转或添加阴影、三维效果等操作。

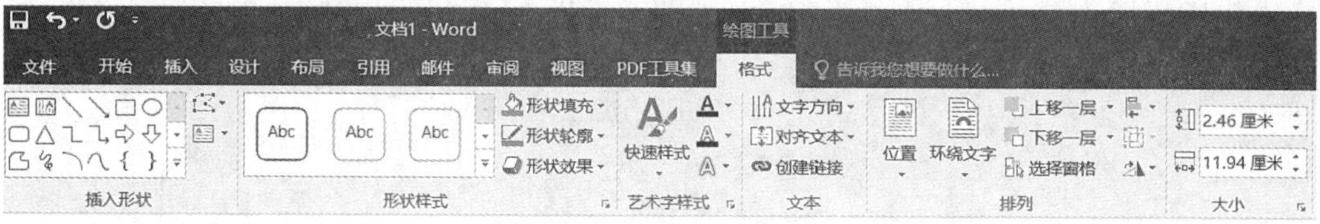

图3-41 绘图工具

3.使用自选图形

Word 2016提供了一套可用的自选图形,包括直线、箭头、流程图、星与旗帜、标注等。在文档中,用户可以使用这些形状灵活地绘制出各种图形,并通过编辑操作,使图形达到更满意的效果。

(1)绘制自选图形

使用Word 2016所提供的功能强大的绘图工具,可以方便地制作各种图形及标志。打开“插入”选项卡,在“插图”组中单击“形状”按钮,在弹出的下拉列表中选择需要绘制的图形，当鼠标指针变为"＋"形状时，按住鼠标左键拖动，即可绘制出相应的形状。

(2)编辑自选图形

为了使自选图形与文档内容更加协调，可以使用"绘图工具"的"格式"选项卡中相应功能工具按钮，对其进行编辑操作，如调整形状大小和位置、设置形状的填充颜色和效果、调整形状的样式等。

3.6.3 使用文本框

文本框是一种图形对象，它作为存放文本或图形的容器，可置于页面中的任何位置，并可随意地调整其大小。在Word 2016中，文本框用来建立特殊的文本，并且可以对其进行一些特殊的处理，如设置边框、颜色、版式格式。

1.插入内置文本框

Word 2016提供了44种内置文本框，例如简单文本框、边线型提要栏和大括号型引述等。通过插入这些内置文本框，可快速制作出优秀的文档。打开"插入"选项卡，在"文本"组中单击"文本框"下拉按钮，从弹出的列表框中选择一种内置的文本框样式，即可快速地将其插入到文档的指定位置，如图3-42所示。

图3-42 文本框

2.绘制文本框

除了可以通过内置的文本框插入文本框外，在Word 2016中还可以根据需要手动绘制横排或竖排文本框,该文本框主要用于插入图片和文本等。打开“插入”选项卡,在“文本”组中单击“文本框”按钮,从弹出的下拉菜单中选择“绘制文本框”或“绘制竖排文本框”命令,此时待鼠标指针变为“+”形状,在文档的适当位置按住左键不放并拖动鼠标到目标位置,释放鼠标,即可绘制出以拖动的起始位置和终止位置为对角顶点的文本框。

3.编辑文本框

绘制文本框后,自动打开如图3-41所示的“绘图工具”的“格式”选项卡,使用该选项卡中的相应功能工具按钮,可以设置文本框的各种效果。

3.6.4 图片布局

一般情况下,在Word中文档插入的图片是单独占一片空间的,根据实际情况可以将图片放置在文字的中间,达到文字的环绕效果。选择“图片工具”的“格式”选项卡中“位置”菜单的“其他布局选项”可设置图片的位置、大小、文字环绕等,如图3-43所示。

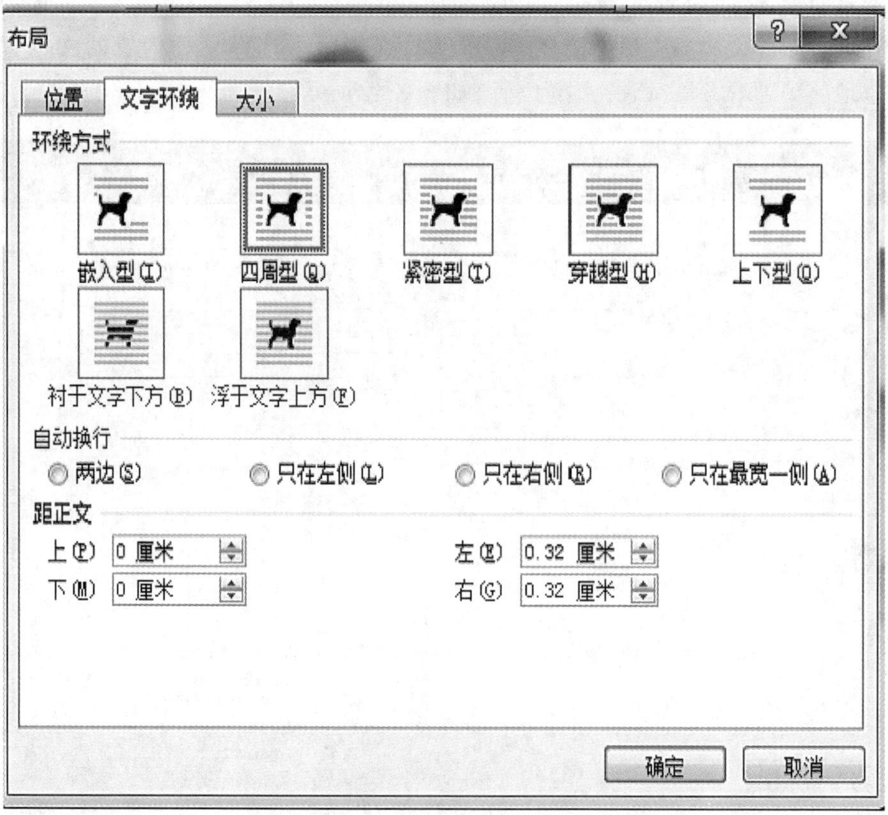

图3-43 “布局”对话框

3.6.5 综合案例

案例一:制作公章,如图3-44所示。

图3-44 公章样稿

操作步骤

①图章轮廓的制作。选择“插入”→“形状”→“椭圆”。

②选择圆按下【Shift】键在文档中拖出一个圆，点击右键，选择设置自选图形格式，设置其属性为“无填充色”，线条宽度为2磅，颜色为红色。

③选中圆形，单击鼠标右键，设置叠放次序为“置于底层”。

④插入如图3-45所示环形艺术字。

图3-45 环形艺术字

⑤输入“美佳电影院”，设置字体、字号，具体设置，如图3-46所示。

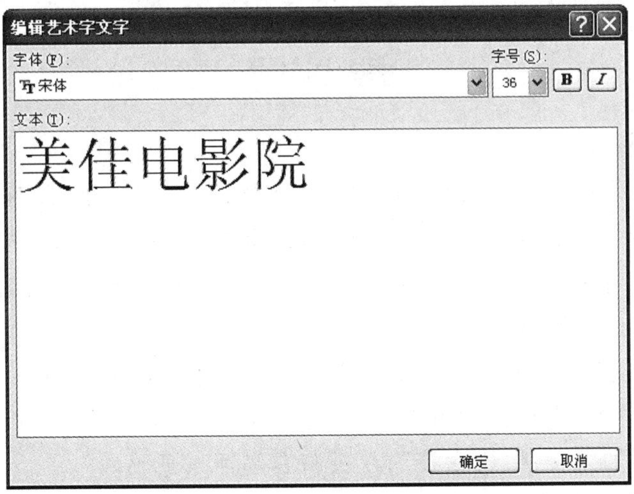

图3-46 “编辑艺术字文字”对话框

⑥利用艺术字周围的8个拖拉按钮把文字拖成圆形,并放在已经画好的圆内,可以用【Ctrl】键和方向键帮助移动到准确的位置,并把艺术字设置成红色。

⑦插入五角星。

在“插入”→“图片”→“自选图形”→“星与旗帜”中选中五角星,然后在文档中画出一个大小适合的五角星,并设置成红色,移动到圆中合适的位置,然后按【Shift】键选中圆、艺术字、五角星,单击鼠标右键,选择“组合”,公章就制作完毕了。

但是,用Word制作电子公章可以用在一般的文档中,但如果是正式的行文,则要求公章具有防伪功能,别人不能仿制,我们可以借助于其他软件来实现,例如《办公之星》。

案例二:使用文本编辑器和公式编辑器,样张如图3-47所示。

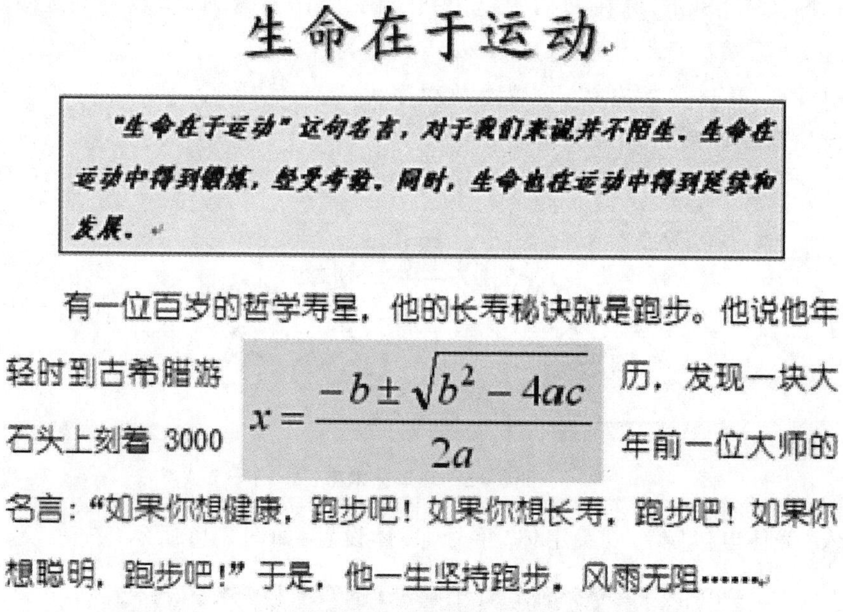

生命在于运动

“生命在于运动”这句名言,对于我们来说并不陌生。生命在运动中得到锻炼,经受考验。同时,生命也在运动中得到延续和发展。

有一位百岁的哲学寿星,他的长寿秘诀就是跑步。他说他年轻时到古希腊游历,发现一块大石头上刻着3000年前一位大师的名言:“如果你想健康,跑步吧!如果你想长寿,跑步吧!如果你想聪明,跑步吧!”于是,他一生坚持跑步,风雨无阻……

$$x=\frac{-b\pm\sqrt{b^2-4ac}}{2a}$$

图3-47　样张

操作要点

①第1段文字用28字号、“楷体_GB2312”字体,“底纹”效果;段落为居中。

②第2段文字用小四字号、“仿宋_GB2312”字体,加粗、倾斜;段落为左、右缩进各3字符,首行缩进1字符,段前、段后间距各0.5行,1.5倍行距,蓝色边框、“浅青绿”色底纹。

③第3段。文字用四号字,“幼圆”字体;段落为首行缩进2字符,单倍行距。

④页面设置。上、下页边距各为3cm,左右页边距各为3.5cm,页眉、页脚各1cm高度;在页眉内居中加入文字“生命篇”,在页脚右侧插入页码。

⑤在文档中输入公式

$$x=\frac{-b\pm\sqrt{b^2-4ac}}{2a}$$。

操作步骤

①新建文档，键入文字。

②设置第一行。

第一步：选中第一行文字，选择“字体“对话框，单击选择对应的字体和字号。

第二步：单击“布局”选项卡，打开如图3-48所示的“页面边框”面板。

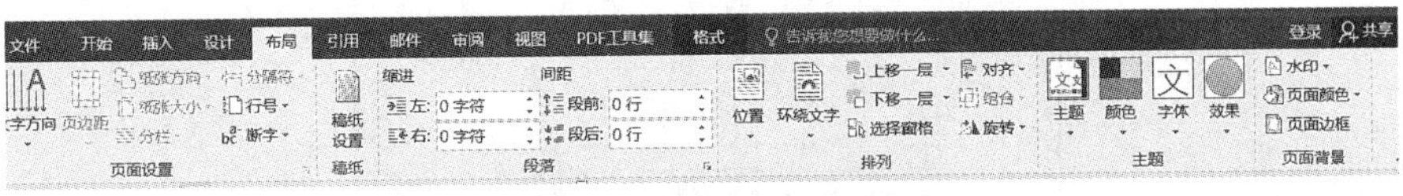

图3-48 “页面边框”面板

第三步：打开如图3-49所示的“边框和底纹”对话框。

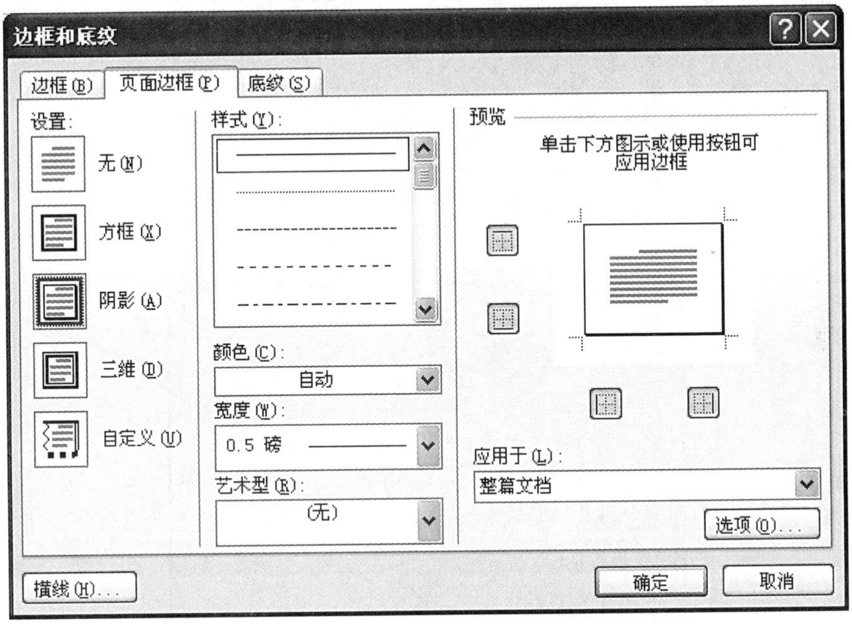

图3-49 “边框和底纹”对话框

第四步：选择“段落”对话框，选择“居中对齐”，将第一行设置成段落居中。

③设置第二段。

第一步：选择第二段文字，参照步骤2设置相应的字体和字号，选择“字形”将文字设置为加粗、倾斜。

第二步：单击“段落”右下角的箭头，打开“段落”对话框，设置段落参数，具体设置如图3-50所示。

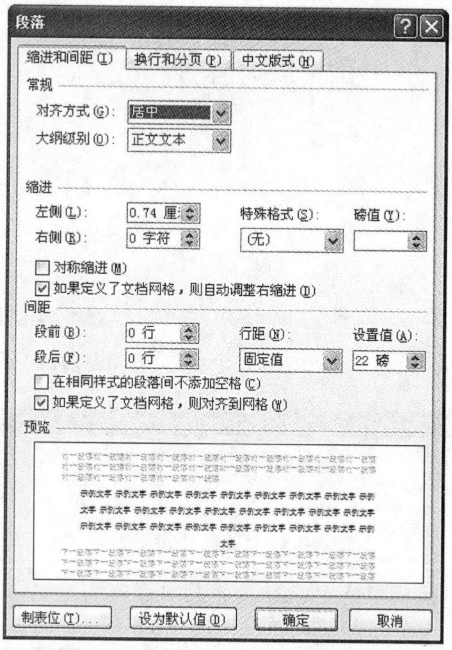

图 3-50 “段落”对话框

④设置第三段。

选择第三段文字,参照步骤1设置文字和段落格式。

⑤设置页面。

第一步:单击“布局”→“页边距”,设置页边距,如图3-51所示。

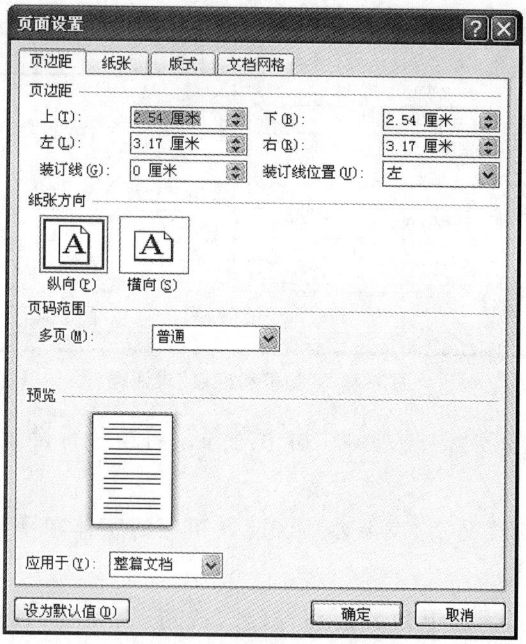

图 3-51 “页面设置”对话框

第二步：在"页面设置"对话框中单击"版式"选项卡，设置页眉页脚参数，如图3-52所示。

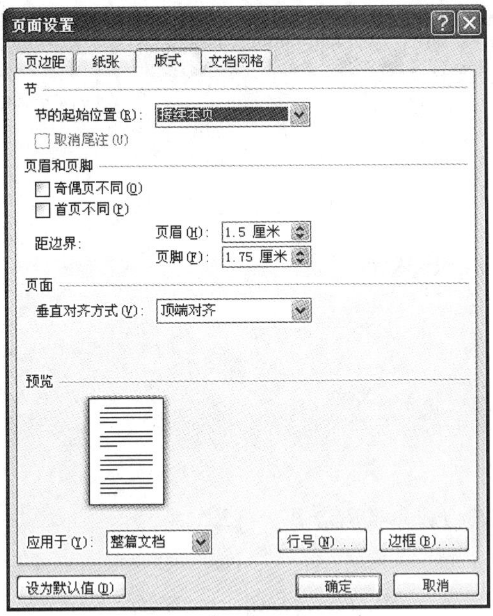

图3-52 "版式"标签

⑥输入公式。

第一步：打开公式编辑器。

单击"插入"→"公式"，打开对话框，如图3-53所示，单击"确定"。

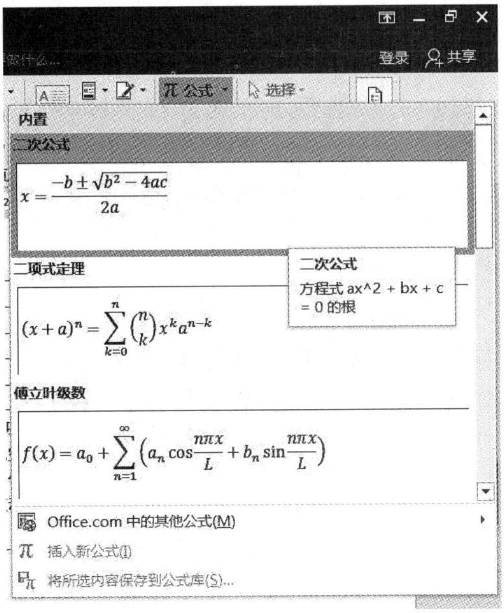

图3-53 "对象"对话框

第二步:输入公式。

开启编辑"公式编辑器"后,打开下图窗口开始输入公式。

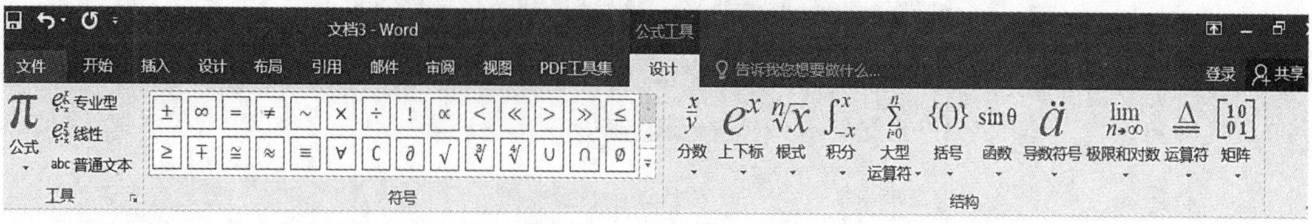

图3-54 公式编辑器

扩展练习:按以上方法输入如下公式:

①$n=\frac{T_{nr}}{T_r+T_{nr}}k$

②$k=X\alpha\sqrt{\sum_{i=1}^{N}p_i(1-p_i)}+\sum_{i=1}^{N}p_i$

③$\sum_{i=1}^{k-1}1_{(xy)i}\mathrm{I}_{(xy)i,j\in k}$

④$\mathrm{Nexthop}=\max_{y\in Nx}\{\alpha E_{\mathrm{resd},y}+\beta B_{\mathrm{buffer},y}+\gamma I_{\mathrm{interference};xy}\}$

3.7 特殊排版方式

一般报刊都需要创建带有特殊效果的文档,需要配合使用一些特殊的排版方式。Word 2016提供了多种特殊的排版方式,例如文字竖排、首字下沉、分栏、拼音指南和带圈字符等。

3.7.1 文字竖排

古人写字都是以从右至左、从上至下方式进行竖排书写,但现代人一般都以从左至右方式书写文字。使用Word 2016的文字竖排功能,可以轻松输入古代诗词,从而达到复古的效果。打开"布局"选项卡,单击"文字方向"按钮选择文字排列方向。

3.7.2 首字下沉

首字下沉是报刊中较为常用的一种文本修饰方式,使用该方式可以很好地改善文档的外观,使文档更美观、更引人注目。设置首字下沉,就是使第一段开头的第一个字放大。放大到的程度用户可以自行设定,占据两行或者三行的位置,而其他字符围绕在它的右下方。

在Word 2016中,首字下沉共有2种不同的方式:一个是普通下沉,另外一个是悬挂下沉。两种方式区别之处就在于:普通下沉方式设置的下沉字符紧靠其他的文字,而悬挂方式设置的字符可以随意地移动其位置。打开"插入"选项卡,在"文本"组中单击“首字下沉”按钮，在弹出的菜单中选择默认的首字下沉样式，如图3-55所示。

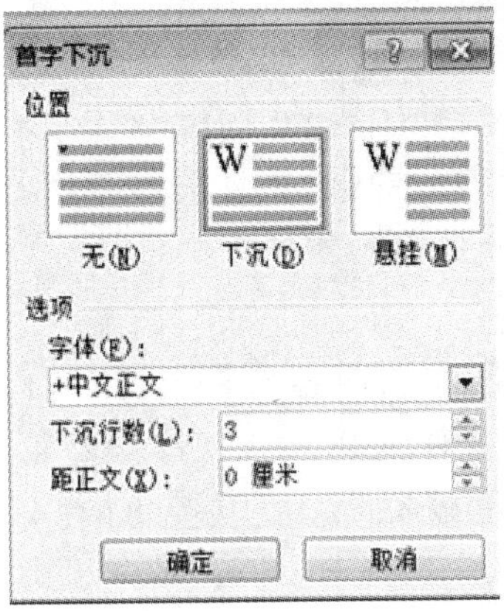

图3-55 “首字下沉”对话框

3.7.3 分栏

分栏是指按实际排版需求将文本分成若干个条块，使版面更为美观。在阅读报刊时，常常会发现许多页面被分成多个栏目。这些栏目有的是等宽的，有的是不等宽的，从而使得整个布局显得错落有致，易于读者阅读。Word 2016具有分栏功能，用户可以把每一栏都视为一节，这样就可以对每一栏文本内容单独进行格式化和版面设计。要为文档设置分栏，可打开“布局”选项卡，在“页面设置”组中单击“分栏”按钮，在弹出的菜单中选择“更多分栏”命令，打开“分栏”对话框，如图3-56。在其中可进行相关分栏设置，如栏数、宽度、间距和分割线等。

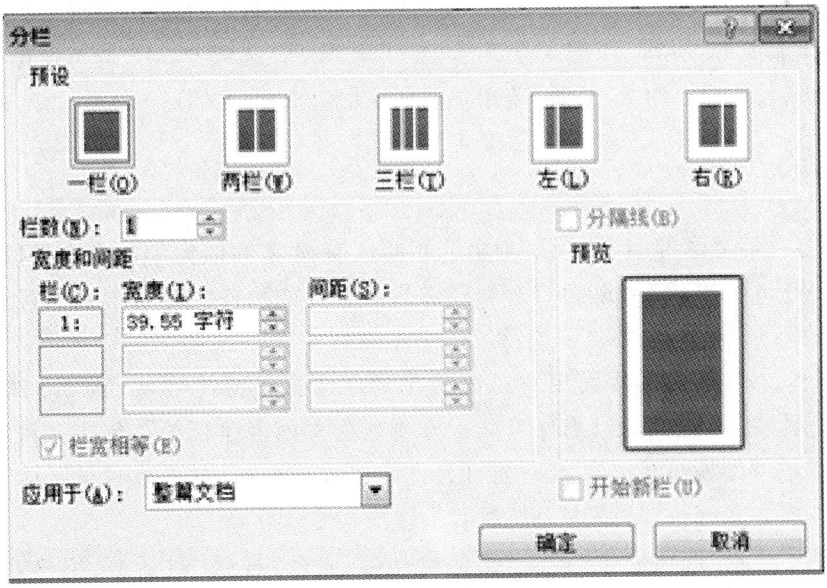

图3-56 “分栏”对话框

3.7.4 插入分页符和分节符

使用正常模板编辑一个文档时，Word 2016将整个文档作为一个大章节来处理，但在一些特殊情况下，例如要求前后两页、一页中两部分之间有特殊格式时，操作起来相当不便。此时可在其中插入分页符或分节符。

1.插入分页符

分页符是分隔相邻页之间文档内容的符号，用来标记一页终止并开始下一页的点。在Word 2016中，可以很方便地插入分页符。要插入分页符，可打开“布局”选项卡，在“页面设置”组中单击“分隔符”按钮，从弹出的“分页符”菜单选项区域中选择相应的命令即可，如图3-57所示。

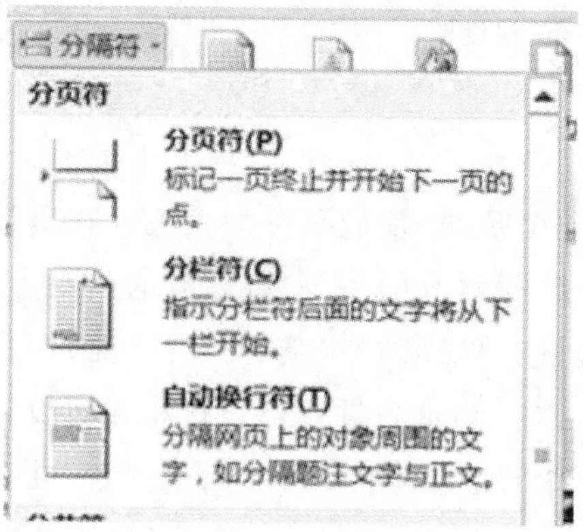

图3-57 分页符

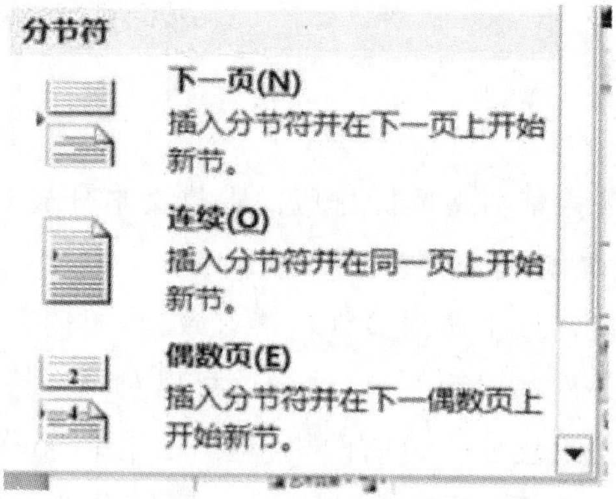

图3-58 “分节符”菜单

2.插入分节符

如果把一个较长的文档分成几节，就可以单独设置每节的格式和版式，从而使文档的排版和编辑更加灵活。要插入分页符，可打开“布局”选项卡，在“页面设置”组中单击“分隔符”按钮，从弹出的“分节符”菜单选项区域中选择相应的命令即可，如图3-58所示。

3.7.5 插入目录

目录与一篇文章的纲要类似，通过它可以了解全文的结构和整个文档所要讨论的内容。在Word 2016中，可以为一个编辑和排版完成的稿件制作出美观的目录。

1.创建目录

二维码3-10

目录可以帮助用户迅速查找到自己感兴趣的信息。Word 2016有自动提取目录的功能，用户可以很方便地为文档创建目录。创建完目录后，用户还可像编辑普通文本一样对其进行样式的设置，如更改目录字体、字号和对齐方式等，让目录更为美观。具体操作步骤：

①打开“开始”选项卡中“样式”组的启动器，打开“样式”对话框，把样式应用到文中的各个章节的标题上，如图3-59所示。

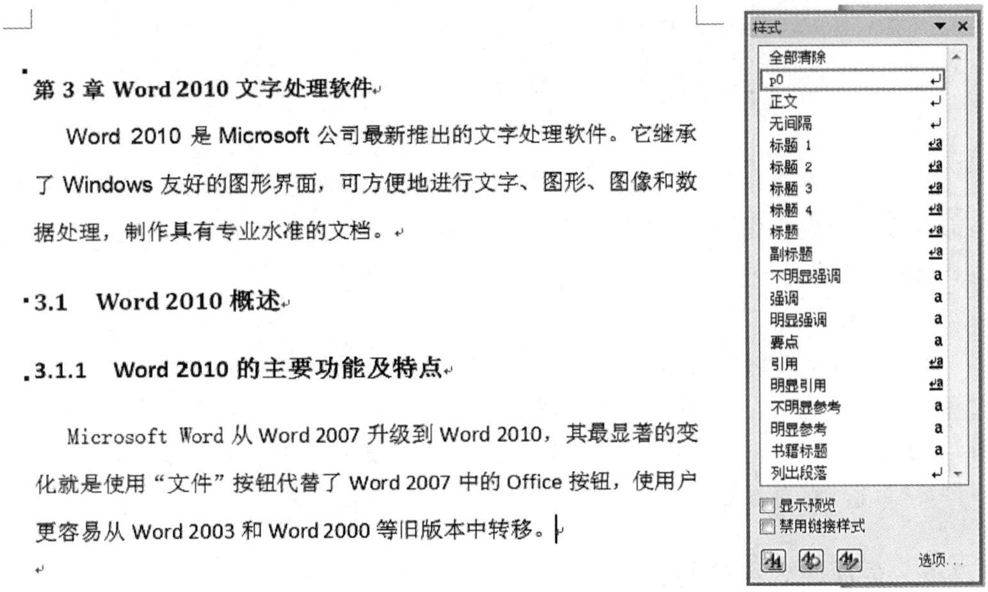

图 3-59　目录实例

②打开“引用”选项卡中的“目录”组中选择点击“目录”选项卡，选择“自定义”命令，如图 3-60 所示，单击“确定”按钮，生成目录，如图 3-61 所示。

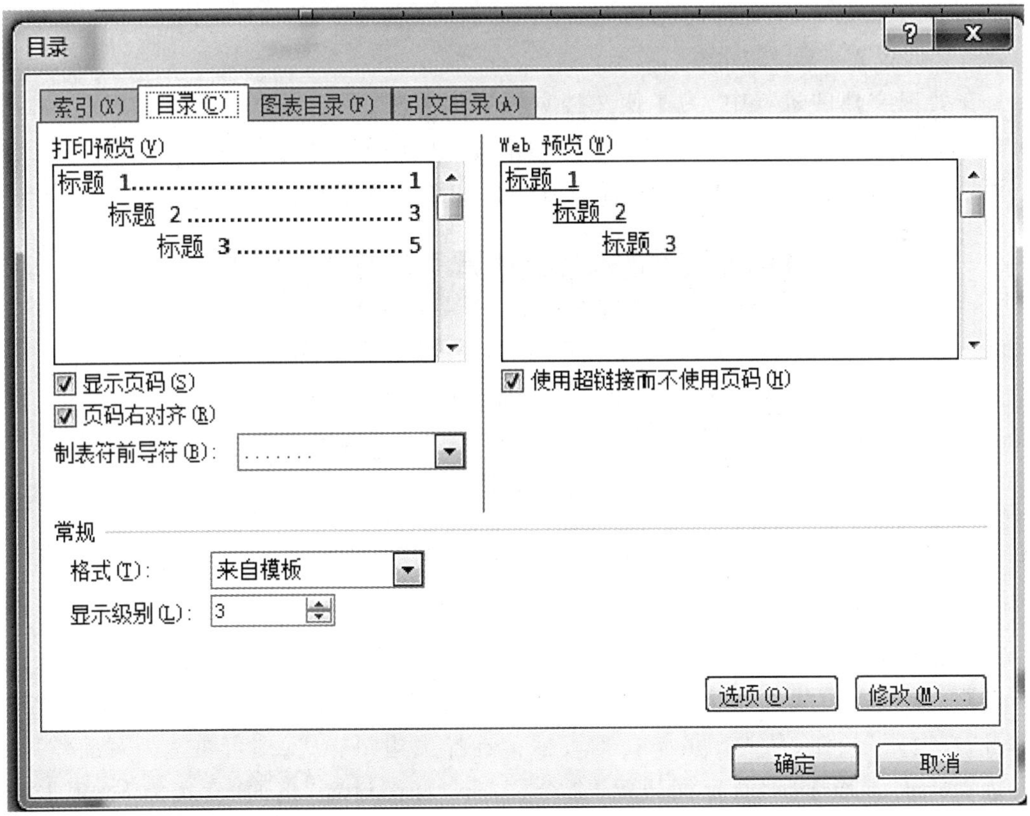

图 3-60　“目录”对话框

第 3 章 Word 2010 文字处理软件 1
3.1 Word 2010 概述 1
3.1.1 Word 2010 的主要功能及特点 1

图 3-61 目录实例效果图

当创建了一个目录后,如果对正文文档中的内容进行编辑修改了,那么标题和页码都有可能发生变化,与原始目录中的页码不一致,此时就需要更新目录,以保证目录中页码的正确性。

2.更新目录

要更新目录,可以先选择整个目录,然后在目录任意处右击,从弹出的快捷菜单中选择"更新域"命令。如果只更新页码,而不想更新已直接应用于目录的格式,可以选中"只更新页码"单选;如果在创建目录以后,对文档作了具体修改,可以选中"更新整个目录"单选,将更新整个目录。

3.7.6 页面版式编排与打印

页面版式的编排影响着文档的整体美观性,Word 2016 页面版式的编排主要包括设置页边距、设置纸张大小、设置页眉和页脚、设置页码、设置页面背景以及打印文档等操作。

1.页面设置

在处理文档的过程中,为了使文档页面更加美观,用户可以根据需求规范文档的页面,如设置页边距、纸张、版式和文档网格等,从而制作出一个要求较为严格的文档版面。打开"布局"选项卡中的"页面设置"组,如图 3-62 所示。

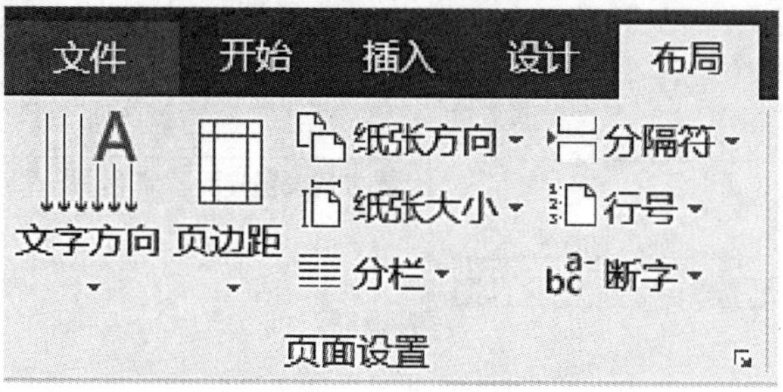

图 3-62 "布局"选项卡

2.设置页边距

页边距就是页面上打印区域之处的空白空间。设置页边距,包括调整上、下、左、右边距,调整装订线的距离和纸张的方向。打开"布局"选项卡,在"页面设置"组中单击"页边距"按钮,从弹出的下拉列表框中选择页边距样式,即可快速为页面应用该页边距样式。若选择"自定义边距"命令,打开"页面设置"组的"页边距"选项卡,如图 3-63 所示,在其中可以精确设置页面边距和装订线距离。

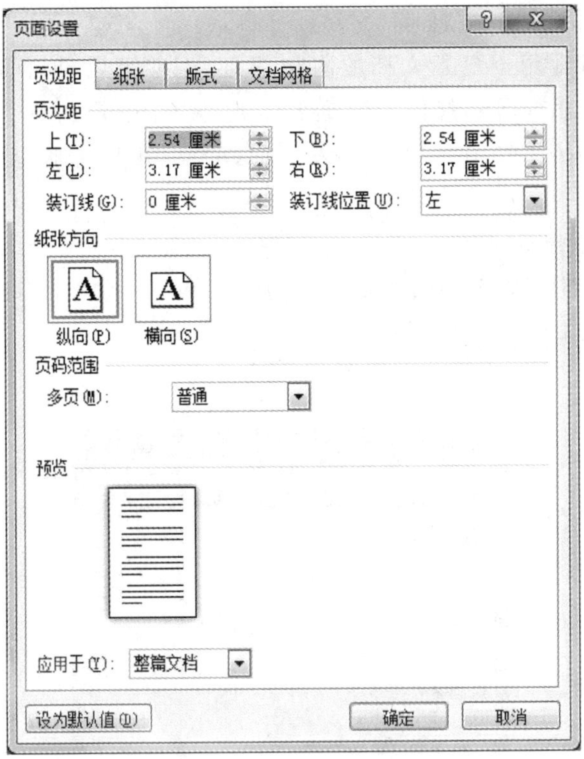

图3-63 页边距设置

3.设置纸张

纸张的设置决定了要打印纸张的大小,默认情况下,Word 2016文档的纸张大小为A4。在制作某些特殊文档(如明信片、名片或贺卡)时,用户可以根据需要调整纸张的大小,从而使文档更具特色。

4.设置文档网格

文档网格用于设置文档中文字排列的方向、每页的行数、每行的字数等内容。打开"页面设置"组的"文档网络"选项卡。

5.设计页眉和页脚

页眉和页脚是文档中每个页面的顶部、底部和两侧页边距(即页面上打印区域之外的空白空间)中的区域。许多文稿,特别是比较正式的文稿都需要设置页眉和页脚。得体的页眉和页脚,会使文稿显得更为规范,也会给读者带来方便。

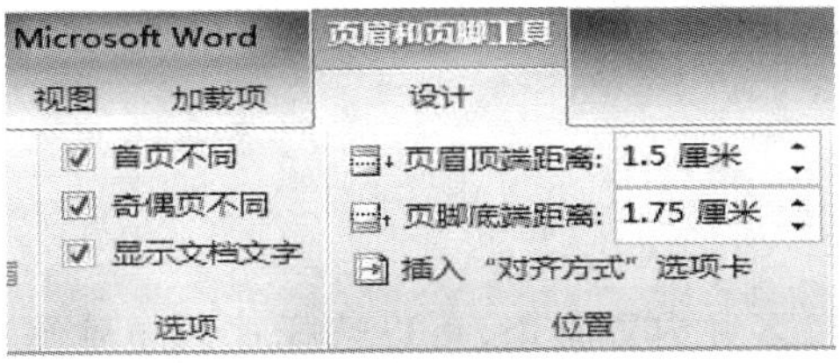

图3-64 "页眉和页脚工具"组

(1)为首页创建页眉和页脚

页眉和页脚通常用于显示文档的附加信息,例如页码、时间和日期、作者名称、单位名称、徽标或章节名称等内容。通常情况下,在书籍的章首页,需要创建独特的页眉和页脚。Word 2016 提供了插入封面功能,用于说明文档的主要内容和特点,如图 3-64 所示。

(2)为奇偶页创建页眉和页脚

书籍中奇偶页的页眉页脚通常是不同的。在 Word 2016 中,可以为文档中的奇偶页设计不同的页眉和页脚。

(3)设置页码

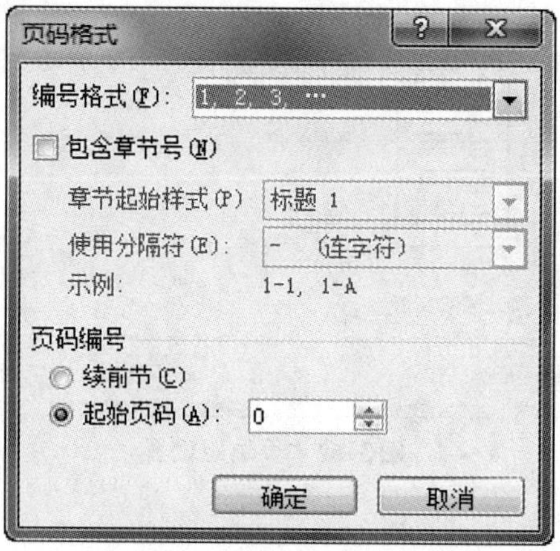

图 3-65 “页码格式”对话框

所谓的页码,就是书籍每一页面上标明次序的号码或其他数字,用于统计书籍的面数,以便于读者阅读和检索。页码一般都被添加在页眉或页脚中,但也不排除其他特殊情况,页码也可以被添加到其他位置。

(1)插入页码

要插入页码,可以打开“插入”选项卡,在“页眉和页脚”组中单击“页码”按钮,从弹出的菜单中选择页码的位置和样式即可,如图 3-65 所示。

(2)设置页码格式

在文档中,如果需要使用不同于默认格式的页码,例如 i 或 a 等,就需要对页码的格式进行设置。打开“插入”选项卡,在“页眉和页脚”组中单击“页码”按钮,在弹出的菜单中选择“设置页码格式”命令,打开“页码格式”对话框,在该对话框中可以进行页码的格式化设置。

6.设置页面背景

(1)使用纯色背景

Word 2016 提供了 70 多种内置颜色,可以选择这些颜色作为文档背景,也可以自定义其他颜色作为背景。要为文档设置背景颜色,可以打开“布局”选项卡,在“页面背景”选项组中，单击“页面颜色”按钮，将打开“页面颜色”子菜单。在“主题颜色”和“标准色”选项区域中，单击其中的任何一个色块，就可以把选择的颜色作为背景。如果对系统提供的颜色不满意，可以选择“其他颜色”命令，打开“颜色”对话框，在“标准”选项卡中，选择六边形中的任意色块，即可将选中的颜色作为页面背景。

(2)设置背景填充效果

使用一种颜色(即纯色)作为背景色，对于一些Web页面而言，显示过于单调乏味。Word 2016还提供了其他多种文档背景填充效果，例如渐变背景效果、纹理背景效果、图案背景效果及图片背景效果等。要设置背景填充效果，可以打开“布局”选项卡，在“页面背景”组中单击“页面颜色”按钮，在弹出的菜单中选择“填充效果”命令，打开“填充效果”对话框，其中包括4个选项卡，如图3-66所示。

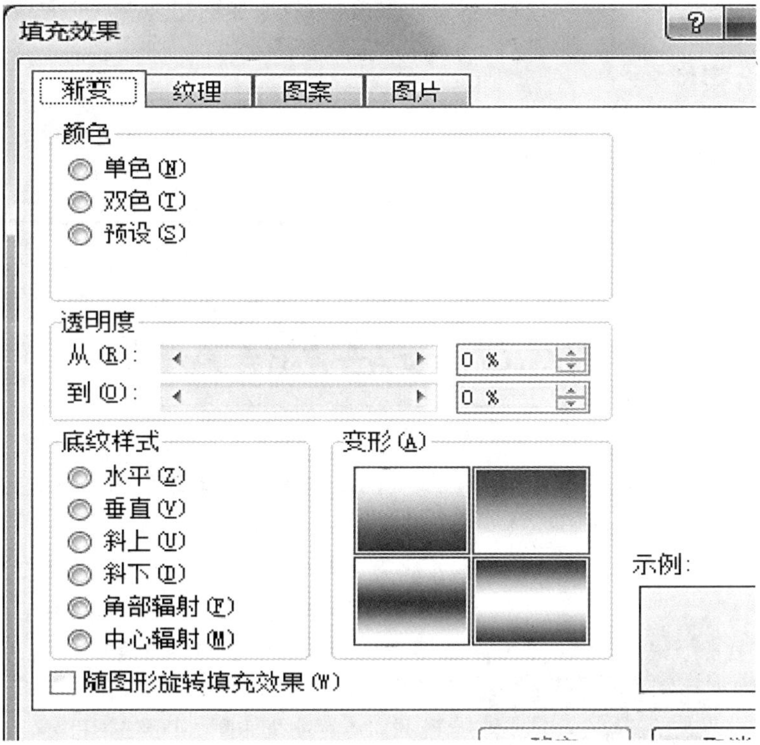

图3-66 背景填充

(3)添加水印

所谓水印，是指印在页面上的一种透明的花纹。水印可以是一幅图画、一个图表或一种艺术字体。当用户在页面上创建水印以后，它在页面上是以灰色显示的，成为正文的背景，起到美化文档的作用。在Word 2016中，不仅可以从水印文本库中插入内置的水印样式，也可以插入一个自定义的水印。打开“布局”选项卡，在“页面背景”组中单击“水印”按钮，在弹出的水印样式列表框中可以选择内置的水印。若选择“自定义水印”命令，打开“水印”对话框，在其中可以自定义水印样式，如图片水印、文字水印等。

7.预览文档

完成文档的制作后,必须先对其进行打印预览,按照用户的不同需求进行修改和调整,然后对打印文档的页面范围、打印份数和纸张大小等参数进行设置,最后将文档打印出来。打印浏览的效果与实际上打印的真实效果非常相近,使用该功能可以避免打印失误和不必要的损失。另外还可以在预览窗格中对文档进行编辑,以得到满意的打印效果。在Word 2016窗口中,单击“文件”按钮,从弹出的菜单中选择“打印”命令,在右侧的预览窗格中可以预览打印效果。

8.打印文档

如果一台打印机与计算机已正常连接,并且安装了所需的驱动程序,就可以在Word 2016中将文档直接输出。在Word 2016文档中,单击“文件”按钮,在弹出的菜单中选择“打印”命令,在窗格中可以设置打印份数、打印机属性、打印页数和双页打印等内容。

3.7.7 综合案例

案例:制作样本如图3-67所示:

台南之旅

YOHO悠活旅行社

南台湾健康之旅

茂林风景区

茂林风景区包括茂林、万山、多纳三个行政区。情人谷位于茂林村的南面，丛山峻岭罗列其中，五座瀑布各景各异。多纳村民风纯朴，村内主要特色为石板所筑之建筑物及山地文物景观，尚有多纳温泉，吊桥景观，雄奇的山峦形势等，是旅游的观光胜地。

三地门原住居民文化园区

山秀水色的三地门，包括水门、三地、北叶三村，不仅一风景取胜，更以排湾族独特试办屋、木雕、民族风情著称。隘寮溪流经三地门桥，呈放射状逸洒，是烤肉、露营的好地方。沿途层峦叠错，溪水萦回，景致可谓气象万千；其间一座韵致典雅的三载宝宫，更在青山的怀抱下益发古色古香。

沿隘寮溪上行，溪水愈清澈，山峦愈显挺拔，隘寮溪在万重山中蜿蜒而出，水面映照着山影，山水雾兰中散落着排湾、鲁凯部落，似人间仙境。隘寮溪沿岸浑然天成的美景，与三地门、好茶、雾台、德文等深具特色的传统山地文化相互辉映，构成此区美丽的景观。

图3-67 样本

操作步骤

1. 字体及文字效果设置

①选定“悠活旅行社”五个汉字，单击“开始”功能区下的“字体”面板。

②打开“字体”对话框。

③单击“中文字体”下拉列表框右边的向下箭头，选择“黑体”。

④单击“字形”下拉列表框右边的向下箭头，选择“倾斜”。

⑤单击“字号”下拉列表框右边的向下箭头，在文本框中直接输入“40”。

⑥单击“字体颜色”下拉列表框右边的向下箭头，选择“紫色”。

⑦设置下划线颜色为深红色。

⑧选定标题中的“南台湾健康之旅”字符串。

⑨选择“格式”→“字体”命令，并切换到“字符间距”选项卡。

⑩在“间距”下拉列表框中选择“加宽”，磅值设置为“3磅”；在“位置”下拉框中选择“提升”，磅值设置为“7磅”，单击“确定”按钮。

2. 分栏设置

①选中待分栏的文字。

②选择“布局”功能区下的“分栏”面板，选中两栏。

3. 设置水印

①设置水印背景。通过“布局”→“水印”，选中“自定义水印”。

②设置水印文字为“保密”；字体为华文楷体；尺寸：48；颜色：深红、半透明；版式：斜式。

4. 统计字数

①“工具”菜单→“字数统计”，查看文档的字数、段落数、行数等信息。

②打开Word 2016文档窗口，切换到“审阅”功能区，在“校对”分组中单击“字数统计”按钮。

思考题3

1. 简述Word 2016的各种视图的特点和作用。
2. 保存文档和另存为文档有什么区别？
3. 在打印文档时，如何使奇数页和偶数页的页眉不同？
4. 如何创建目录？

微信扫码
获取本章 PPT

第4章　Excel 2016电子表格

Excel是微软办公自动化软件Office中用于制作电子表格、进行数据运算和统计分析、完成数据透视和图表化处理的一款软件，它可以方便、灵活地对表中数据进行整理（如排序、筛选）、计算、查询、分类汇总等各种管理操作，还可以对数据进行直观的透视或图表化处理操作。

本章对Excel 2016的基本功能进行了介绍，包括工作簿、工作表和单元格的概念及基本操作，工作表中数据的输入、编辑、修改、格式的设置等操作，以及各种数据处理操作与应用。

4.1　Excel 2016概述

4.1.1　Excel 2016的功能特点

利用Excel 2016，用户可以轻松、快速地制作出企事业单位常用到的考勤表、工资表、员工表以及学校常用到的学生表、成绩表等各类表格。相对之前的版本，Excel 2016具有以下一些功能特色：

1.更多的Office主题

Excel 2016的主题不再是2013版本中单调的灰白色，有更多的主题颜色供我们选择，如图4-1所示。

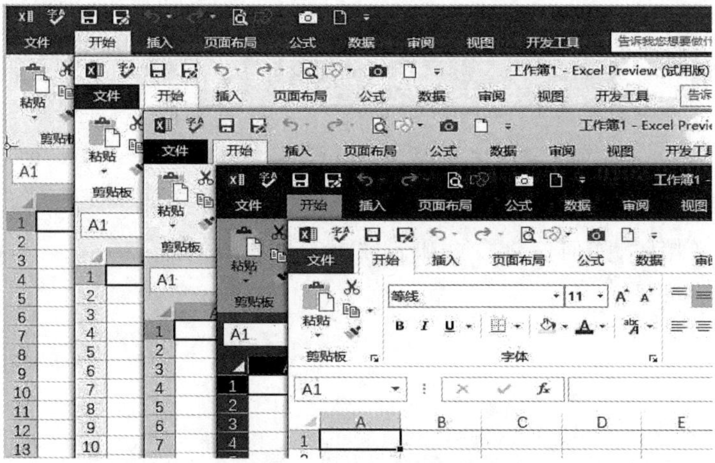

图4-1　Excel 2016更多的主题颜色

2. 新增的 TellMe 功能

通过“告诉我你想做什么”按钮可以快速检索Excel的功能项，用户不用再到菜单栏或选项卡中寻找某个命令的具体位置了，可以直接在输入框里输入关键字，TellMe就能为我们提供相应的操作选项。比如，我们输入“表格”，下拉菜单中会出现插入表格、套用表格格式、获取有关“表格”的帮助等可操作命令，如图4-2所示。

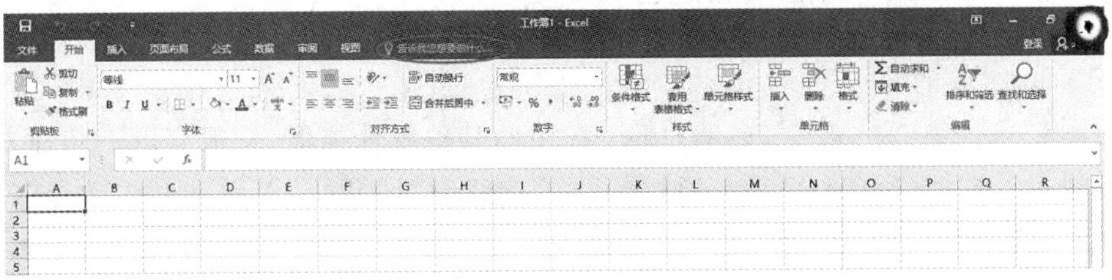

图4-2 Excel 2016的TellMe功能

3. 增加了新的图表

新增了六款全新的图表，包括Waterfall（瀑布流）、Histogram（柱状图）、Pareto、Box&Whisker、Treemap和Sunburst。

4. 提供了内置的PowerQuery功能

在Excel 2010和2013版中，需要单独安装PowerQuery插件，2016版已经内置了这一功能，如图4-3所示。

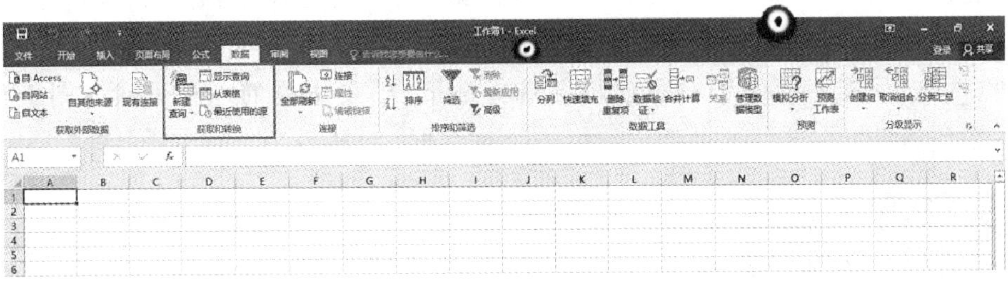

图4-3 Excel 2016的PowerQuery功能

5. 新增加了预测功能

在Excel 2016的数据选项卡中新增了预测功能，可以进行模拟分析和预测工作表，如图4-4所示。

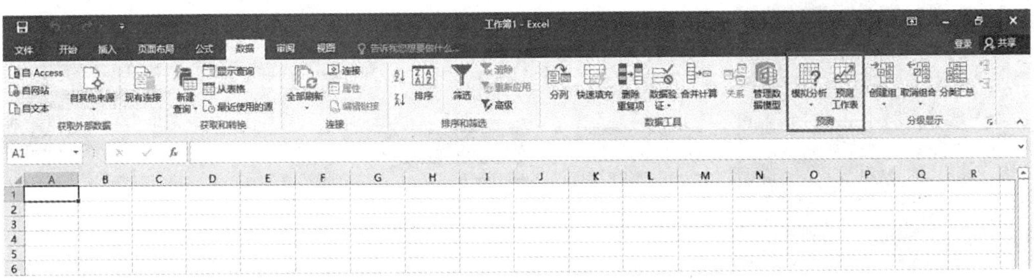

图4-4 Excel 2016的预测功能

6.改进了透视表的功能

在Excel 2016中,透视表字段列表提供搜索功能了,这在数据源字段数量较多时查找某些字段是比较方便的。此外,基于数据模型创建的数据透视表,可以自定义透视表行列标题的内容了,即便与数据源字段名重复也无妨。

4.1.2 Excel 2016的启动和退出

1.Excel 2016的启动

启动Excel 2016的方法与启动Office 2016的其他组件类似,一般有以下几种方法:

①通过"开始"菜单来启动。通过"开始"按钮激活"开始"菜单在其中选择"Excel"菜单项单击即可启动Excel 2016。

②通过桌面快捷图标来启动。若安装Office 2016后,在桌面创建了其组件的快捷图标,可通过双击Excel 2016的快捷图标来启动Excel 2016。

③通过"任务栏"上的快速启动图标。若安装Office 2016后,将Excel 2016应用程序的图标添加到了任务栏上快速启动工具栏区,可通过单击任务栏Excel 2016的快捷图标来启动Excel 2016。

④通过双击桌面或"此电脑"中具体某个磁盘目录路径下的已建好的Excel 2016工作簿文件,也可启动Excel 2016并同时打开该工作簿。

⑤在桌面或某个文件夹中空白位置单击鼠标右键,选择"新建"菜单下的"Microsoft EXCEL工作表"可新建一个工作簿文件。

用户可以根据个人习惯和具体情况选择最适合、最快捷的一种方式。图4-5是使用开始菜单启动Excel 2016时弹出的第一个对话框。

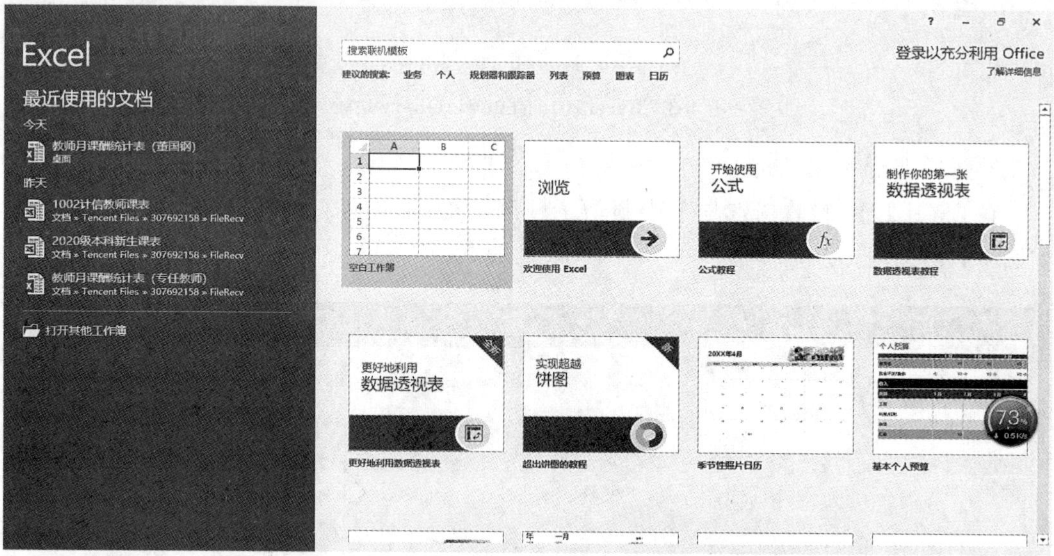

图4-5 启动Excel 2016时的第一个对话框(主界面)

在该对话框的左边，上部显示了"最近使用的文档"，允许我们从中选择要打开进行编辑的EXCEL文档；下部提供了一个"打开其他工作簿"的超链接，允许我们打开一个对话框（如图4-6所示）去"浏览"选择要打开的EXCEL文档（如图4-7所示）。

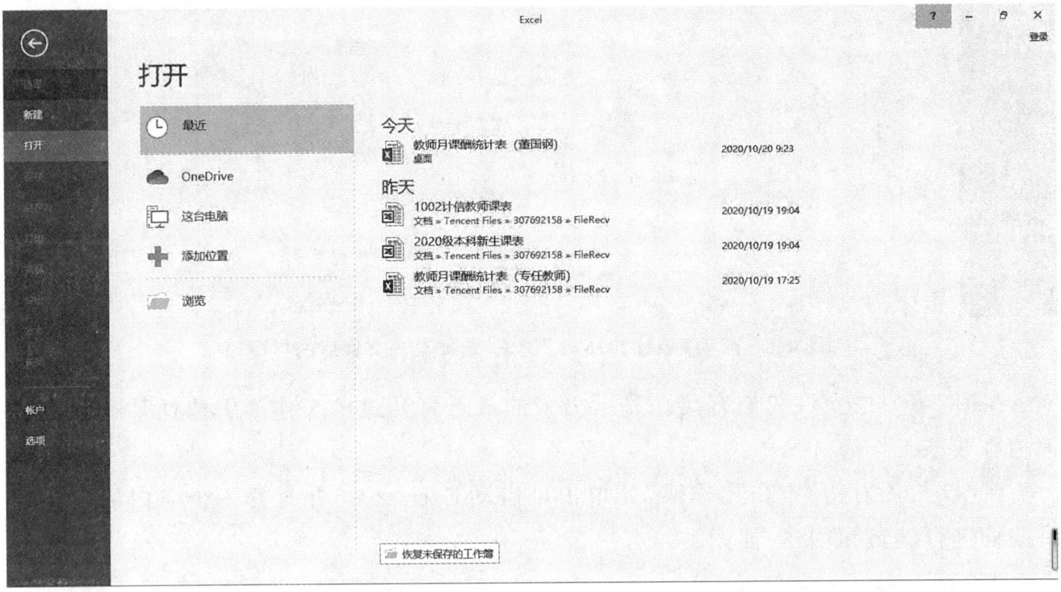

图4-6　启动Excel 2016时选择"打开其他工作簿"后的界面

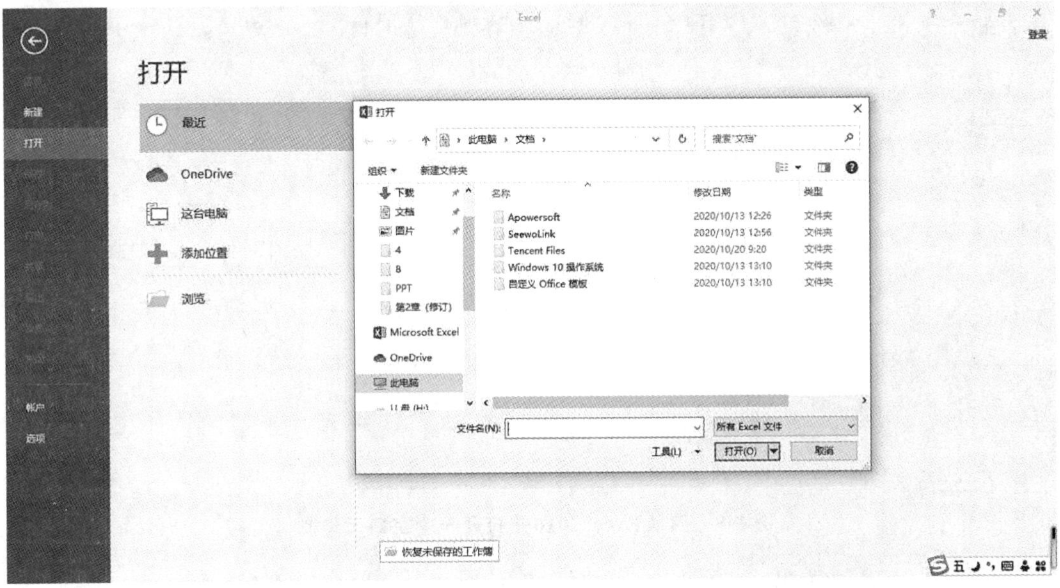

图4-7　启动Excel 2016时选择"打开其他工作簿"并点击"浏览"后的界面

在图4-7中打开的文件浏览对话框中可以切换目录直至找到要打开的文件，该文件被单击选中后其文件名会显示在打开对话框中"文件名"后的文本框里，此时再单击下边的"打开"按钮即可启动Excel 2016并打开该处选中的EXCEL工作簿，如图4-8所示。

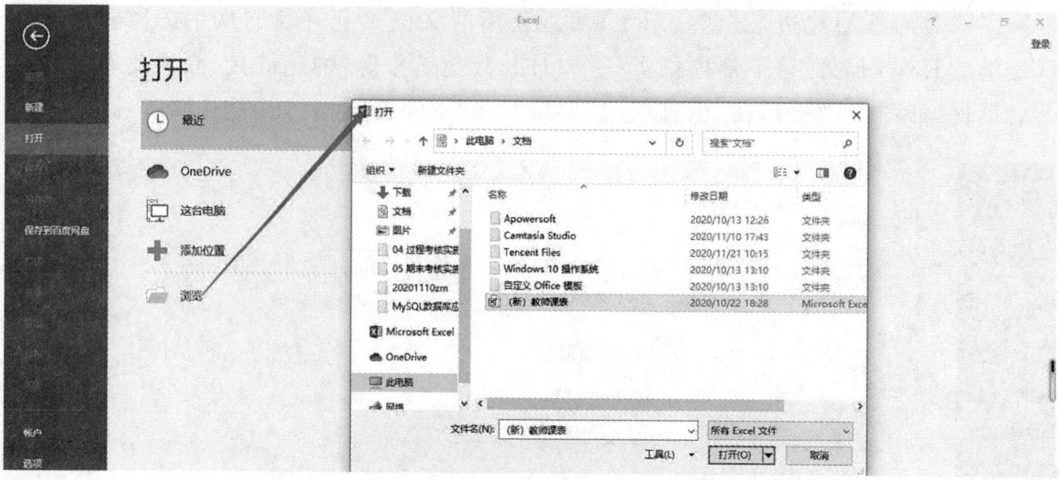

图 4-8 启动 Excel 2016 时"浏览"选择某一文件后的界面

在图 4-6 中也允许我们直接在显示出来的最近打开过的工作簿中选择某一个来快速地打开该工作簿。

在图 4-5 的右边"空白工作簿"处单击可启动 Excel 2016 并打开一个空白的工作簿供我们进行编辑和创建,如图 4-9。

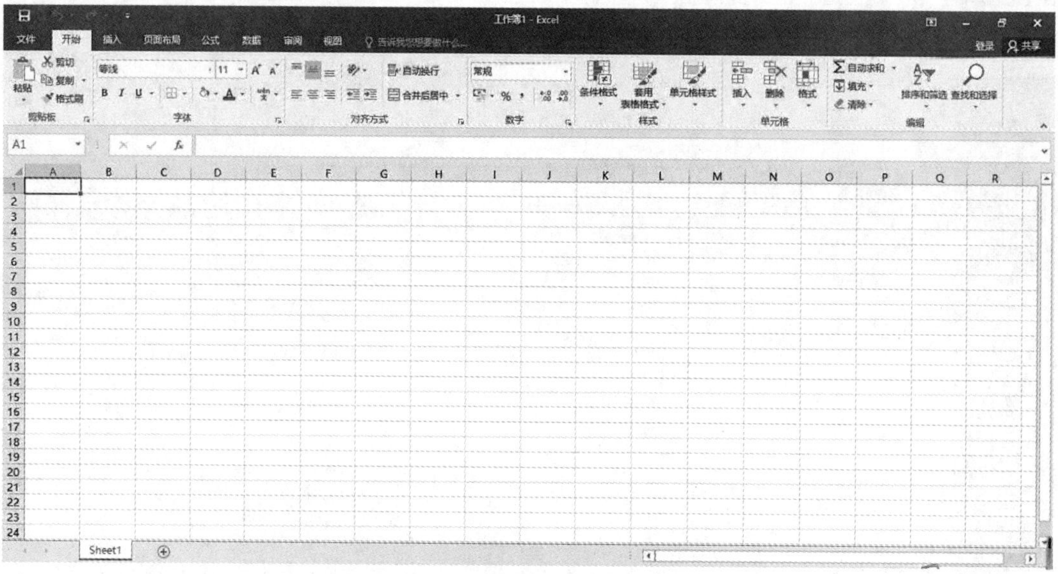

图 4-9 启动 Excel 2016 并打开一个空白工作簿

2.Excel 2016 的退出

退出 Excel 2016 主要有以下几种方法:

①单击 Excel 2016 窗口右上角的"关闭"按钮。

②单击 Excel 2016 窗口控制钮激活窗口操作菜单选择"关闭"项。

③单击 Excel 2016 的"文件"菜单栏下"关闭"菜单项。

④按【Alt+F4】组合键。

⑤在标题栏中的空白区域单击鼠标右键，在弹出的快捷菜单中选择“关闭”命令。

4.1.3 Excel 2016的窗口和视图

1.Excel 2016的窗口组成

启动Excel 2016并新建一个空白的工作簿后的窗口由窗口控制钮、快速访问工具栏、标题栏、功能区显示选项、最小化按钮、最大化按钮、关闭按钮、“文件”菜单、功能选项卡（功能面板）、单元格编辑区、工作表编辑区、状态行等部分组成（打开已有的工作簿后的窗口组成是类似的，只是工作表的编辑区通常是有内容的，而不是空白的），如图4-10所示。

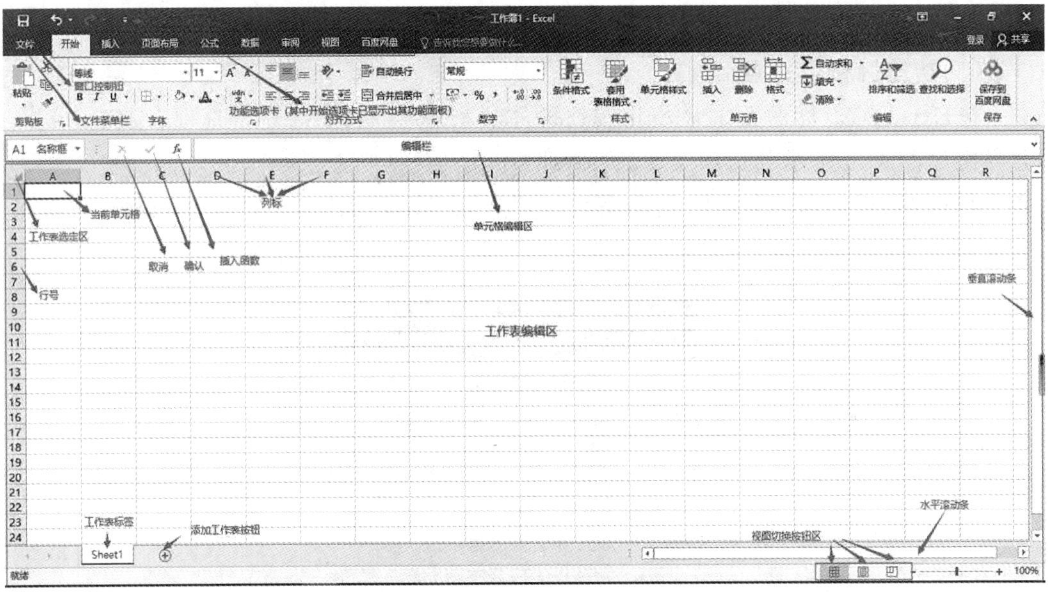

图4-10 Excel 2016的窗口组成

其中窗口控制钮、快速访问工具栏、标题栏、最小化按钮、最大化按钮、关闭按钮、“文件”菜单、功能选项卡（功能面板）、状态行等部分是Windows 10的应用程序窗口共性地都有的，在前面第二章已介绍过，这里不再赘述，下面仅就Excel 2016的单元格编辑区和工作表编辑区以及功能区显示选项按钮进行适当介绍。

（1）单元格编辑区

单元格编辑区主要用于显示当前定位单元格的地址及其中的数据（或公式、函数）并允许对其中的数据（或公式、函数）进行编辑。在默认情况下，单元格编辑区会显示名称框、“插入函数”按钮和编辑栏等部分，但在单元格中输入数据或插入公式与函数时，该区中的“取消”按钮和“确认”按钮也将显示出来。单元格编辑区中各组成部分的功能说明如下。

名称框:用来显示当前单元格的地址,用户亦可通过在此输入单元格的地址来定位单元格,如在名称框中输入"B5"后,按【Enter】键将直接定位并选择B5单元格。

"取消"按钮:单击该按钮表示取消单元格中输入的内容。

"确认"按钮:单击该按钮表示确认单元格中输入的内容并完成输入。

"插入函数"按钮:单击该按钮,将打开"插入函数"对话框,在其中可选择相应的函数插入到单元格中。

编辑栏:显示单元格中输入或编辑的内容,也可选择单元格后,直接在编辑栏中进行输入和编辑的操作。

(2)工作表编辑区

工作表编辑区是Excel编辑数据的主要场所,表格中的内容通常都显示在工作表编辑区中,用户的大部分操作也需通过工作表编辑区进行。工作表编辑区主要包括行号与列标、单元格和工作表标签等部分。

(3)功能区显示选项

在Excel 2020标题行上最小化按钮的左边有一个"功能区显示选项"按钮,单击它会弹出如图4-11所示的选项菜单,允许对功能区(包括功能选项卡和功能面板)显示方式进行选择,根据需要可以自动隐藏功能区或只显示功能区中的选项卡或始终显示选项卡和命令(功能面板)。

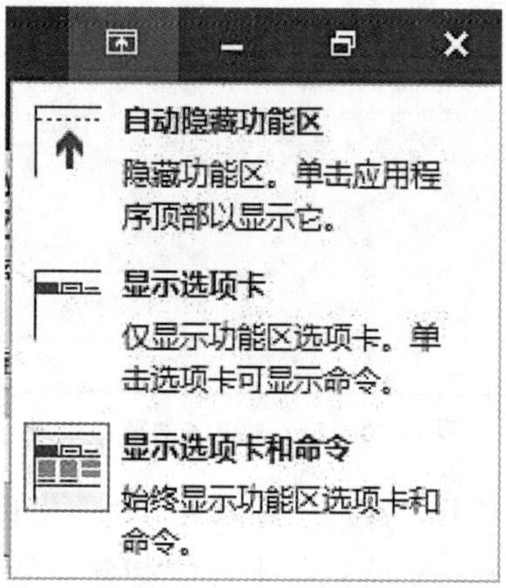

图4-11 Excel 2016的功能区显示选项菜单

2.Excel 2016中的多窗口操作

(1)多个窗口的显示和切换

在Excel中可以同时打开多个工作簿,若是其中的工作表很大,一个窗口中很难显示出全部的行或列时,还可以将工作表划分为多个临时窗口。

①定义窗口:打开一个工作簿,在一个工作表中选择某个区域,在"视图"→"窗口"(实际是"视图"选项卡里的"窗口"命令组)中,单击"新建窗口"命令按钮,被选定区域就会显示在一个新的窗口。

②切换窗口:在“视图”选项卡“窗口”命令组中,单击“切换窗口”命令按钮,在弹出的下拉列表中将会显示所有窗口的名称,其中工作簿以文件名显示,工作表中划分的窗口以“工作簿:序号”的形式显示,单击其中的名称,就可以切换到相应的窗口。

③并排查看:切换到一个工作簿中,在“视图”选项卡“窗口”命令组中单击“并排查看”按钮,在弹出的“并排比较”对话框中,选择一个用于比较的窗口,单击“确定”按钮,窗口即并排显示。默认情况下,操作一个窗口中的滚动条,另一个窗口将会同步滚动。在“视图”选项卡“窗口”命令组中单击“同步按钮”,就可以取消两个窗口的联动。再次单击“并排查看”按钮就可以取消并排比较。

④全部重排:在“视图”选项卡“窗口”命令组中单击“全部重排”按钮,在弹出的“重排窗口”对话框中,从“排列方式”下拉列表框中选择一种显示方式即可实现全部重排。

⑤隐藏窗口:切换到要隐藏的窗口,在“视图”选项卡“窗口”命令组中单击“隐藏”按钮即可。

(2)冻结窗口

在工作表的某个单元格单击鼠标左键,单元格上方的行和左侧的列将在锁定范围之内。在“视图”选项卡“窗口”命令组中单击“冻结窗格”按钮,从弹出的下拉列表中选择“冻结拆分窗格”命令。此后,当前单元格上方的行和左侧的列始终保持可见,不会随着操作滚动条而消失。

(3)拆分窗口

在“视图”选项卡“窗口”命令组中单击“拆分”按钮,以当前单元格为坐标,将窗口拆分为4个,每个窗口均可进行编辑,再次单击“拆分”按钮可以取消窗口拆分效果。

(4)窗口缩放

在“视图”选项卡“显示比例”命令组中单击“显示比例”按钮。在“显示比例”对话框中可以对当前显示比例进行编辑设置。

在“视图”选项卡“显示比例”命令组中单击“100%”按钮,可以恢复正常大小的显示比例。

在“视图”选项卡“显示比例”命令组中单击“缩放到选定区域”,选择某一区域,单击该按钮,窗口中会显示选定区域。

3.Excel 2016的视图

Excel 2016的工作表编辑区支持多种视图模式,包括普通视图、页面布局视图、分页预览视图,它们可通过状态行上右边的三个浮动按钮来进行切换,如图4-12所示。

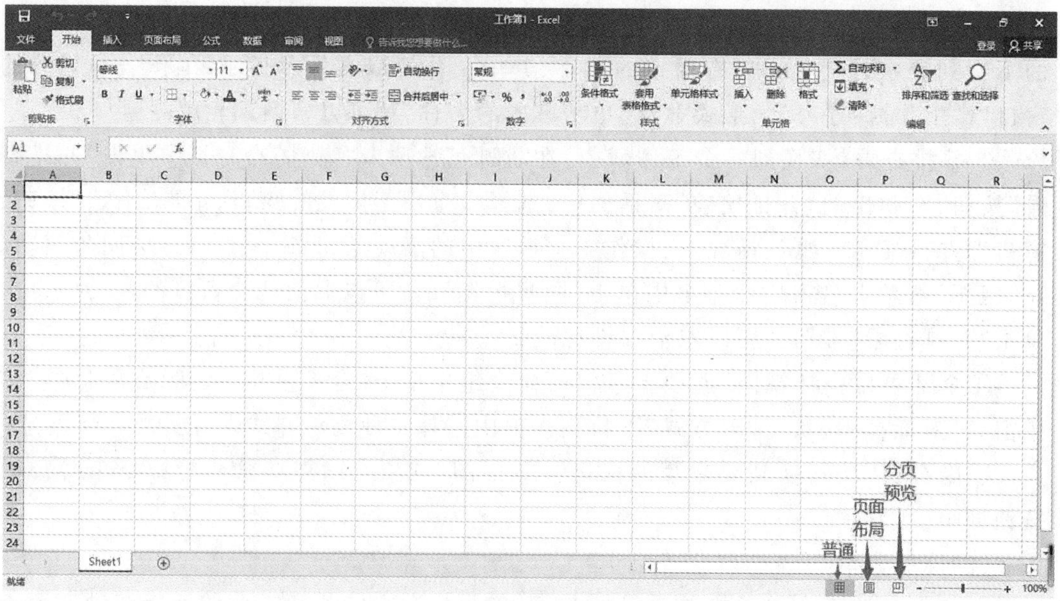

图 4-12　Excel 2016 的视图切换钮

也可以使用视图选项卡上的“普通”、“页面布局”、“分页预览”工具钮来切换视图，如图 4-13 所示。

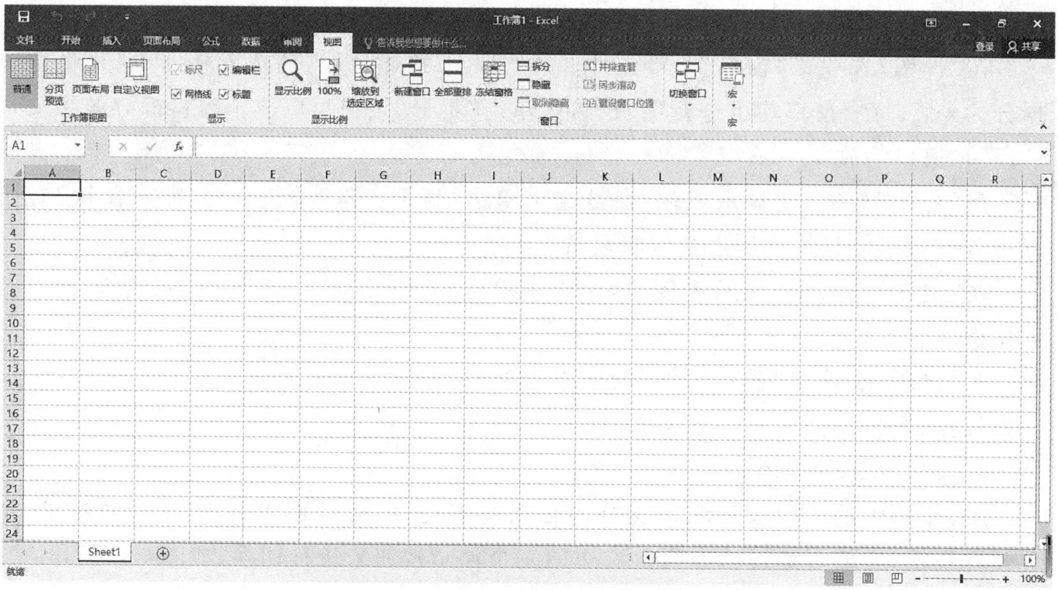

图 4-13　Excel 2016 的“视图”选项卡

三种视图的区别如下：

①普通视图：是 Excel 2016 中的默认视图，用于正常显示工作表，在其中可以执行数据输入、数据计算和图表制作等操作。

②页面布局视图：在页面布局视图中，每一页都会显示页边距、页眉和页脚，用户可以在此视图模式下编辑数据、添加页眉和页脚，还可以拖动上方或左侧标尺中的浅蓝色控制条设置页面边距。

③分页预览视图：分页预览视图可以显示蓝色的分页符，用户可以用鼠标拖动分页符以改变显示的页数和每页的显示比例。

4.2 Excel 2016的基本操作

4.2.1 Excel 2016的工作簿操作

工作簿是Excel 2016中的电子表格文件，其文件扩展名为“xls”或“xlsx”，工作簿中通常有一个或多个工作表构成，工作表的概念将在4.2.2中介绍。启动Excel 2016后我们的工作是从新建或打开一个工作簿开始的，此部分内容在前面4.1.2中已进行过介绍，此处不再赘述，仅介绍下对新建或已打开工作簿进行编辑后的保存与关闭工作簿。

1.“保存”工作簿

直接保存：在快速访问工具栏中单击“保存”按钮，或按【Ctrl+S】组合键，或选择“文件”→“保存”命令，若该文件是此前已重命名保存过的文件，则直接保存时仅对该文件进行保存，之后允许继续对它进行编辑；若该文件是新建的文件还没使用“另存为”进行重命名，则该命令会打开“另存为”对话框让我们选择另存的路径和文件名进行保存。

2.工作簿“另存为”

另存为：如果需要将编辑过的工作簿保存为另一新文件，可选择“文件”→“另存为”命令，在打开的“另存为”对话框中选择所需的保存路径与文件名即可进行工作簿的另存。

3.“设置工作簿的密码”

首先选择“文件”选项卡中的“另存为”命令，在弹出的“另存为”对话框中，单击“工具”按钮，然后在其下拉列表中选择“常规选项”命令（如图4-14所示），在弹出的“常规选项”对话框（如图4-15所示）中，可分别设置打开权限密码和修改权限密码，之后单击“确定”按钮即完成工作簿密码的设置。

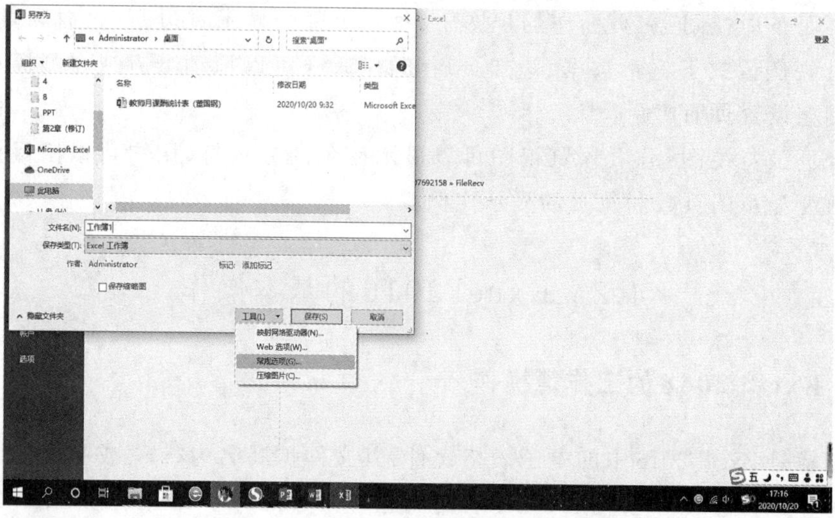

图 4-14 “另存为”对话框中“工具”选项

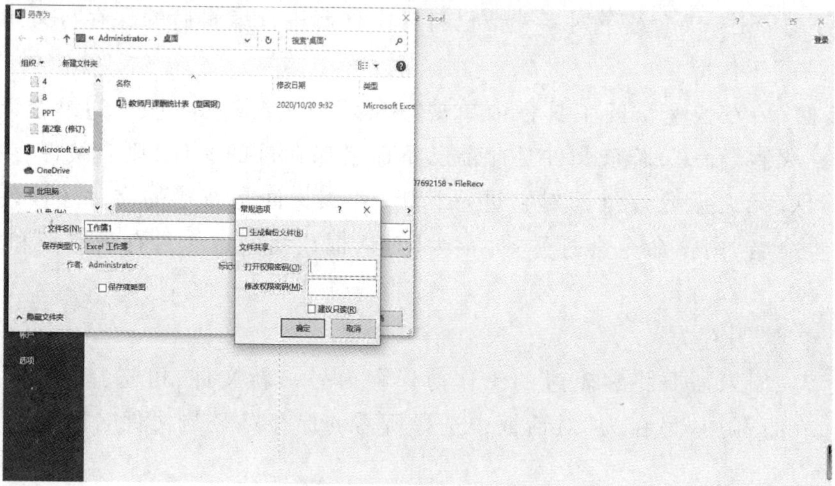

图 4-15 设置工作簿密码

4. 隐藏工作簿

在“视图”选项卡中的“窗口”组中单击“隐藏”按钮，即可隐藏工作簿，隐藏后的工作簿在当前 Excel 窗口中是看不到的，如图 4-16 所示。

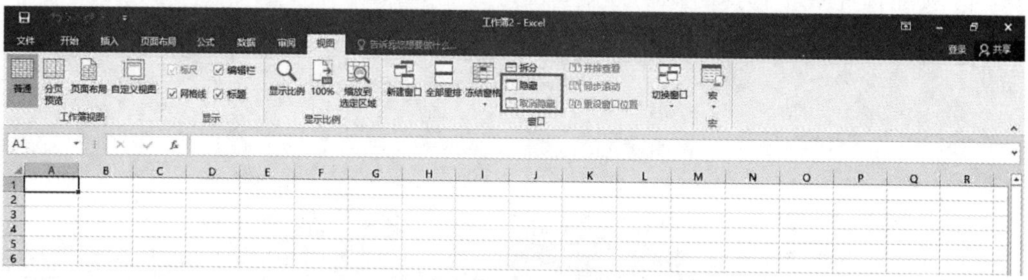

图 4-16 隐藏与取消隐藏工作簿

对于已经隐藏的工作簿，可以在“视图”选项卡中的“窗口”组中单击“取消隐藏”按钮，即可取消隐藏工作簿。

5. 保护工作簿

对于已打开的工作簿文档，在“审阅”选项卡中的“更改”组中单击“保护工作簿”按钮，会弹出“保护结构和窗口”对话框中，如图4-17，选中需要的复选框，即可设置对工作簿的保护。

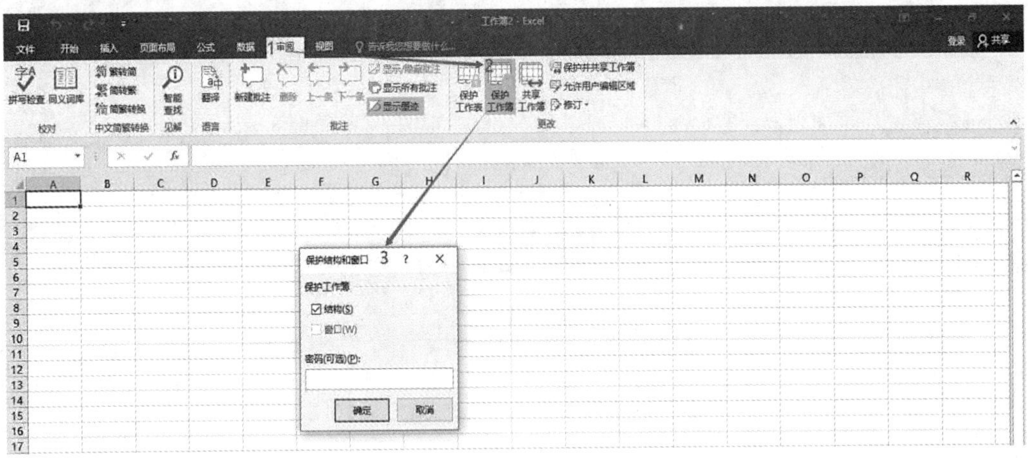

图4-17 “保护结构和窗口”对话框

设置保护工作簿的时候，在“保护结构和窗口”对话框中，选中“结构”，可以防止他人对工作表的结构进行修改；选中“窗口”，可以防止他人对工作表窗口的大小和位置进行修改；在“密码(可选)”文本框内，输入密码，单击“确定”后，再次在弹出的对话框内输入相同的密码进行确认可以为保护的工作簿设置一个保护密码。

设置工作簿保护密码后，只有输入密码，才可以取消对工作簿的保护。具体步骤如下：打开需要取消保护的工作簿文档，在“审阅”选项卡中的“更改”组中单击“保护工作簿”按钮，然后在弹出的“撤销工作簿保护”对话框中输入设置的密码即可，如图4-18所示。

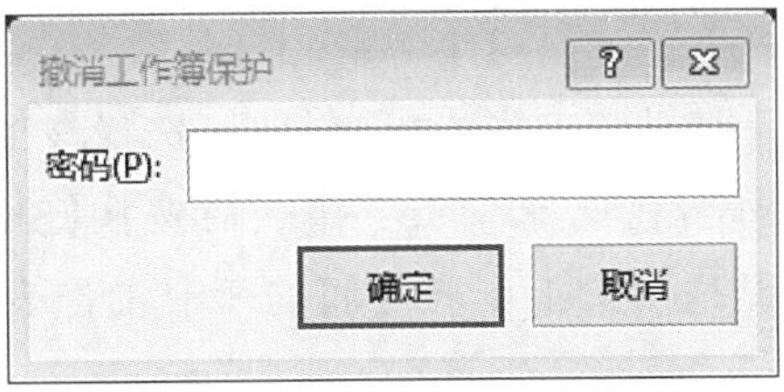

图4-18 “撤销工作簿保护”对话框

6. 关闭工作簿

在Excel 2016中，常用的关闭工作簿的方法有以下几种：

①选择“文件”→“关闭”命令来进行关闭。

②单击窗口控制钮弹出窗口操作菜单选择关闭来进行关闭。

③使用窗口最右边的关闭按钮来进行关闭。

④按【Alt+F4】组合键来进行关闭。

⑤按【Ctrl+W】组合键来进行关闭。

关闭时会提示用户对未保存的文件进行保存,如图4-19所示。

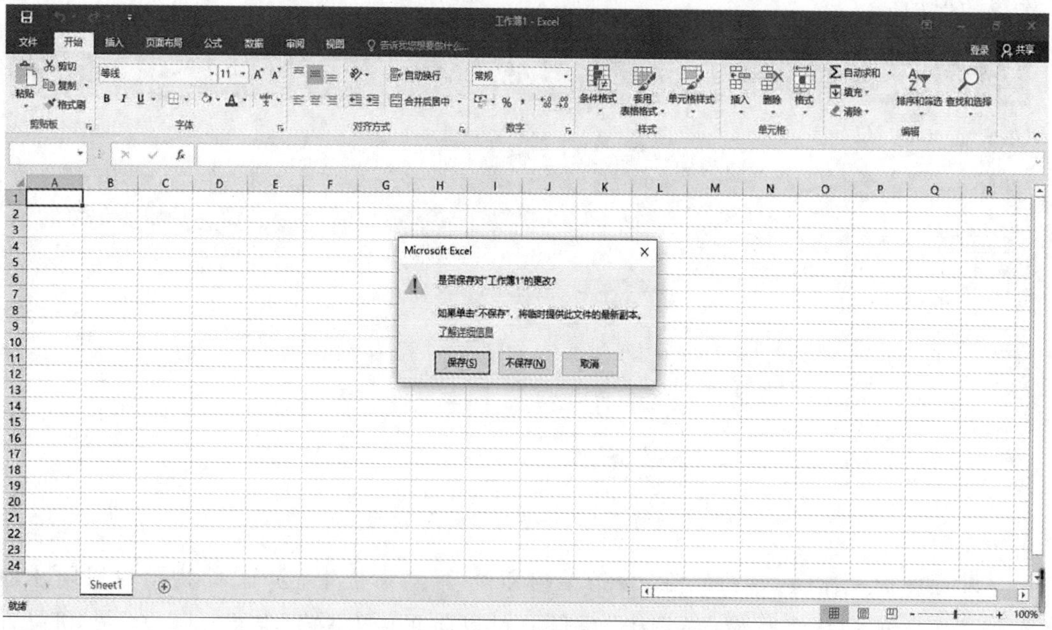

图4-19 退出Excel 2016时弹出的保存提示框

4.2.2 Excel 2016的工作表操作

所谓工作表,是指工作簿中保存的二维行列式的表格。表中各行前有阿拉伯数字作行号标记,各列上方有英文字母作列号标记,行列交叉处是单元格,单元格可用列号和行号来进行定位。关于工作表的操作有选择工作表、重命名工作表、移动或复制工作表、插入工作表、删除工作表、保护工作表等,下面分别进行介绍。

1.选择工作表

选择一张工作表:单击相应的工作表标签,即可选择该工作表。

选择连续的多个工作表:在选择一个工作表后按住【Shift】键,再选择不相邻的另一个工作表,即可同时选择这两个工作表之间的所有工作表。被选择的工作表呈白底显示。

选择不连续的多个工作表:选择一个工作表后按住【Ctrl】键,再依次单击其他工作表标签,即可同时选择所单击的多个工作表。

选择所有工作表:在工作表标签的任意位置单击鼠标右键,在弹出的快捷菜单中选择“选定全部工作表”命令,可选择所有的工作表。

2.重命名工作表

重命名工作表的方法主要有以下两种：

第一种方法是在工作表标签上双击鼠标左键，此时工作表标签呈可编辑状态，输入新的工作表名称后按【Enter】键即完成工作表的重命名。

第二种方法是在工作表标签上单击鼠标右键，在弹出的快捷菜单中选择“重命名”命令，此时工作表标签呈可编辑状态，输入新的名称后按【Enter】键即完成工作表的重命名。

3.移动和复制工作表

(1)在同一工作簿中移动和复制工作表

在同一工作簿中移动和复制工作表的方法常采用比较简单的拖动法，即在要移动的工作表标签上按住鼠标左键不放，将其拖到目标位置即可；如果要复制工作表，则在拖动鼠标时按住【Ctrl】键即可。

(2)在不同工作簿中移动和复制工作表

在不同工作簿中复制和移动工作表就是指将一个工作簿中的内容移动或复制到另一个工作簿中。其方法是：在要复制或移动的工作表标签上单击鼠标右键，弹出右键菜单(如图4-20所示)后选择“移动或复制”，之后按“移动或复制工作表”对话框(如图4-21所示)的提示进行操作即可，注意在对话框中勾选“建立副本”时为复制、不勾选时为移动。

说明在同一工作簿中移动和复制工作表也可采用这一方法。

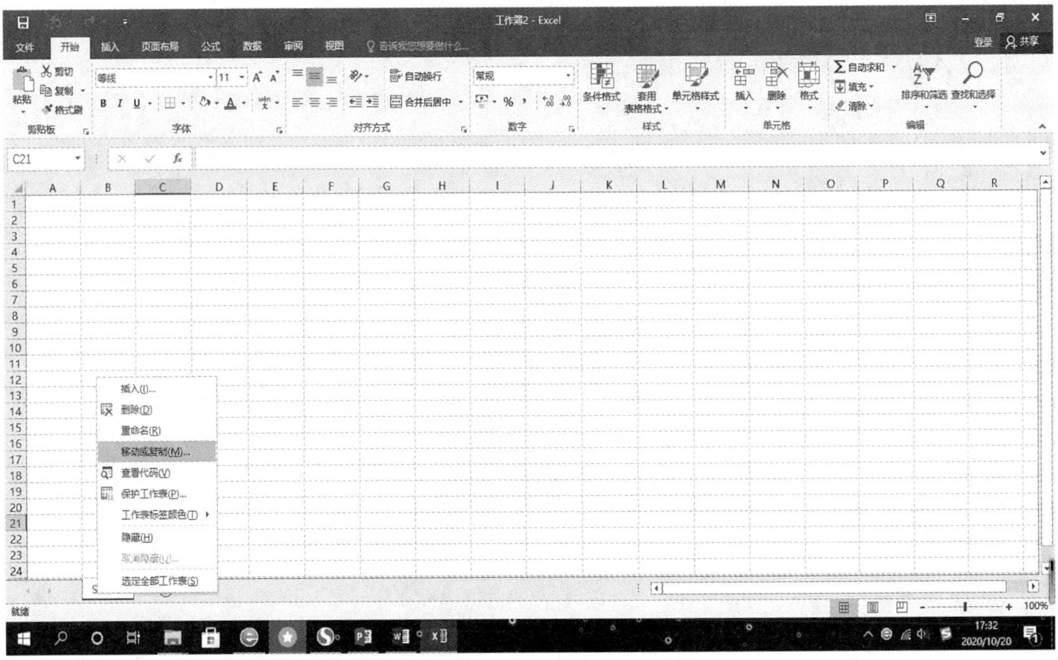

图4-20 工作表标签右键菜单

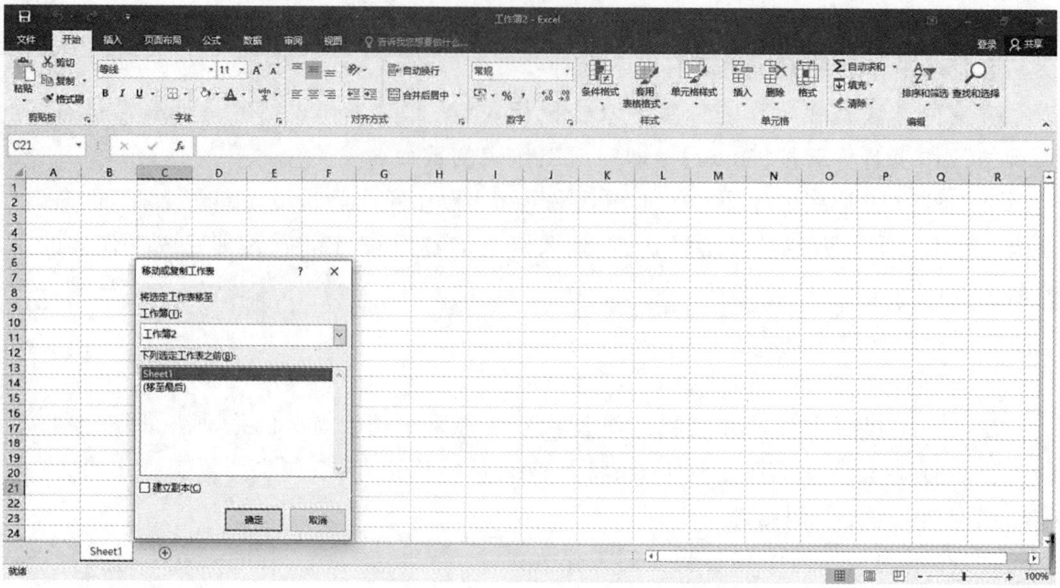

图4-21 “移动或复制工作表”对话框

4. 插入工作表

通过按钮插入:在打开工作簿的工作表标签中单击“新建工作表”按钮(已有工作表右边带圆圈的加号),即可插入一张空白的工作表。

通过对话框插入:在工作表名称上单击鼠标右键,在弹出的快捷菜单中选择“插入”命令,打开“插入”对话框,在“常用”选项卡的列表框中选择“工作表”选项,表示插入一张空白工作表;也可以在“电子表格方案”选项卡中选择一种表格样式,单击“确定”按钮,插入一张带格式的工作表。

5. 删除工作表

当工作簿中的某张工作表作废或多余时,可以在其工作表标签上单击鼠标右键,在弹出的快捷菜单中选择“删除”命令将其删除。如果工作表中有数据,删除工作表时将打开提示对话框,单击“删除”按钮确认删除即可。

6. 隐藏工作表

要将工作簿中的某个工作表隐藏起来,可在该工作表标签上单击鼠标右键,在弹出的快捷菜单中选择“隐藏”命令,则该工作表即被隐藏起来;要将隐藏的工作表显示出来,可在任意可见的工作表上单击鼠标右键,在弹出的快捷菜单中选择“取消隐藏”命令即可。工作表标签上单击鼠标右键弹出的“隐藏”、“取消隐藏”命令如图4-22所示。

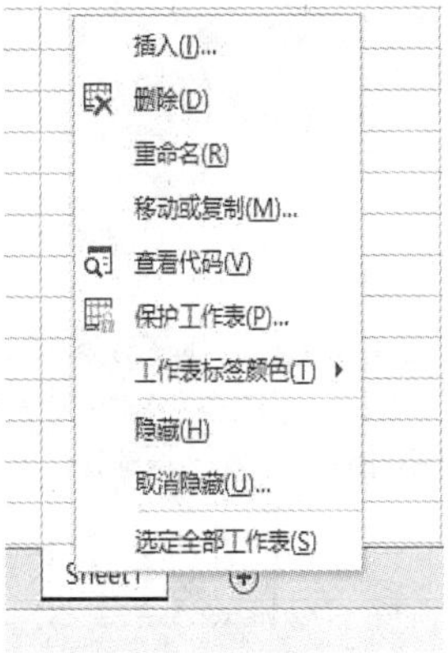

图4-22 工作表的“隐藏”与“取消隐藏”命令

7. 保护工作表

要将工作簿中的某个工作表保护起来，可以在该工作表标签上单击鼠标右键，在弹出的快捷菜单中选择“保护工作表”命令，打开“保护工作表”对话框，如图4-23所示。

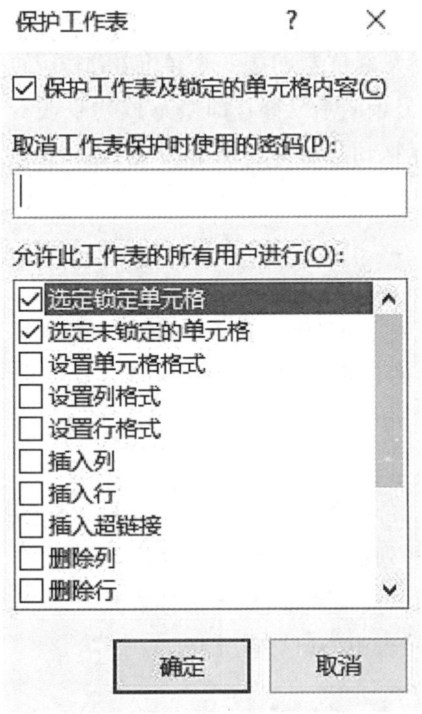

图4-23 “保护工作表”对话框

在“取消工作表保护时使用的密码”文本框中输入密码，如“123456”，在“允许此工作表的所有用户进行”列表框中设置用户可以进行的操作后，单击“确定”按钮，打开“确认密码”对话框，在“重新输入密码”文本框处再次输入密码，单击“确定”按钮，至此即完成工作表的保护工作，如图4-24所示。

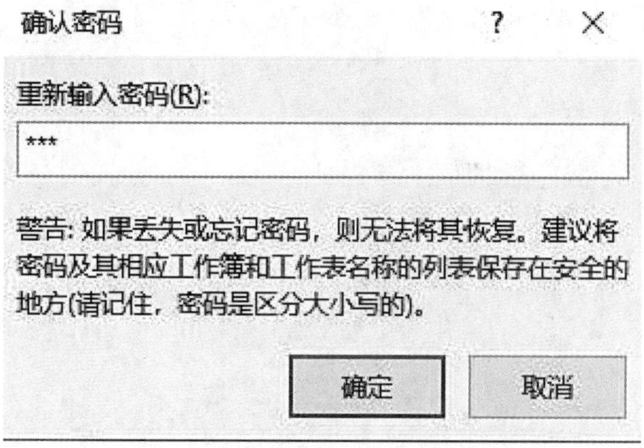

图 4-24 确认“保护工作表”密码对话框

对于已设置保护的工作表,可在其标签上单击鼠标右键,在弹出的快捷菜单中选择“撤销工作表保护”命令,打开“撤销工作表保护”对话框,在其中输入密码,并单击“确定”按钮。

4.2.3 Excel 2016的单元格操作

工作表中每一个行列交叉的位置即是一个单元格,其位置可用“列号在前,行号在后”来表示,所用到的列号和行号前若有$符号即表示该列号或行号是绝对列号或绝对行号,绝对列号和绝对行号在鼠标拖动过程中不跟着变化;而没有$前缀的列号、行号在鼠标拖动时会随着拖动的位置而发生变化。

1. 选择单元格

①选择单个单元格:鼠标单击拟选择的单元格即可。

②选择多个连续的单元格:选择连续区域的第一个单元格,然后按住鼠标左键不放并拖动鼠标至最后一个单元格的位置,即可选择连续的多个单元格(即单元格区域)。

③选择多个不连续的单元格:按住【Ctrl】键不放,再逐个单击要选择的单元格,即可选择不连续的多个单元格。

④选择整行:单击该行前面的行号可选择工作表的一整行数据。

⑤选择整列:单击该列的列标可选择整列单元格。

⑥选择整个工作表中的所有单元格:单击工作表编辑区左上角行号与列标的交叉处的全选按钮,即可选择整个工作表中的所有单元格。

2. 合并与拆分单元格

(1)合并单元格

先选择需要合并的多个单元格,然后可通过下面两种方式之一来合并单元格:

一是在“开始”→“对齐方式”功能选项组中单击“合并后居中”按钮右侧的下拉按钮,在打开的下拉列表中选择具体要进行的某个“合并单元格”选项即可完成对应的单元格合并或取消操作,如图4-25所示。

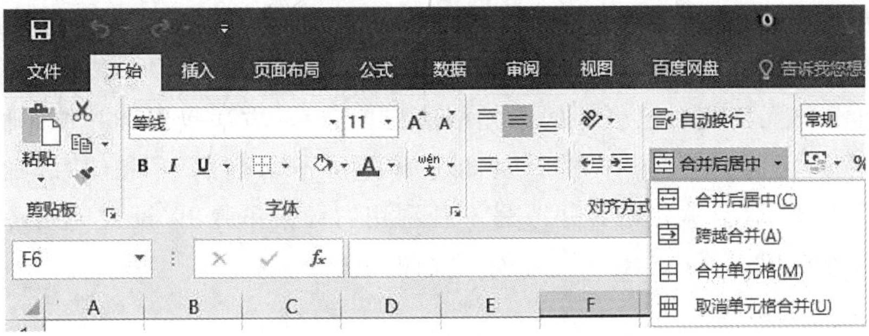

图4-25 工具钮实现单元格的合并

其中几个有关合并单元格的选项的具体含义是：

“合并后居中”：合并单元格并对其中数据进行居中处理。

“跨越合并”：是指对多行多列的单元格仅在行方向上进行合并，把每一行上的多列合并成一个单元格。

“合并单元格”：仅对单元格进行合并。

“取消单元格合并”：对已合并的单元格进行取消合并的操作。

二是单击鼠标右键弹出右键菜单后选择“设置单元格格式”打开设置单元格格式对话框，之后在其中选择“对齐”选项卡，在底下“合并单元格”复选框前打上“√”即完成单元格的合并，如图4-26所示。

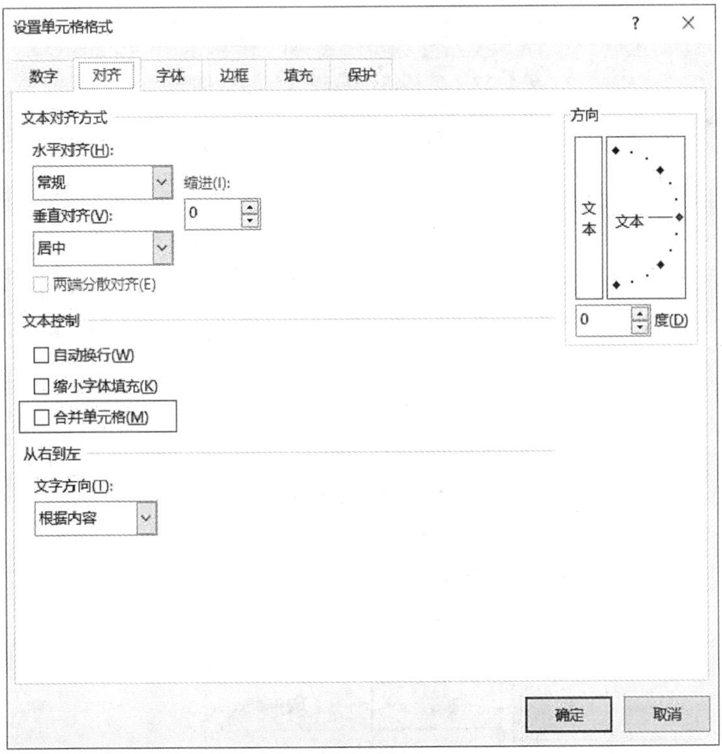

图4-26 “设置单元格格式”对话框中“对齐”选项卡实现单元格的合并

之后需要时可通过取消“合并单元格”复选框前面的对勾来取消单元格的合并。

(2)拆分单元格

注意拆分单元格是对已合并的单元格进行拆分,其方法也跟合并单元格一样也有两种:一种利用“开始”→“对齐方式”功能选项组中“合并后居中”按钮右侧的下拉按钮弹出菜单后选择“取消单元格合并”;另一种利用右键菜单弹出“设置单元格格式”对话框切换至对齐选项卡上在“合并单元格”复选框里去掉“√”。

3. 插入与删除单元格

(1)插入单元格

打开工作簿选择要编辑的工作表后,首先应选择要插入单元格的位置,比如,在A14单元格所在位置插入单元格,则需选择A14单元格,之后可以有以下两种方法来插入单元格。

一是使用工具钮法。在“开始”→“单元格”命令组中单击“插入”下拉按钮,在打开的下拉列表中具体选择“插入单元格”选项即可,如图4-27所示。

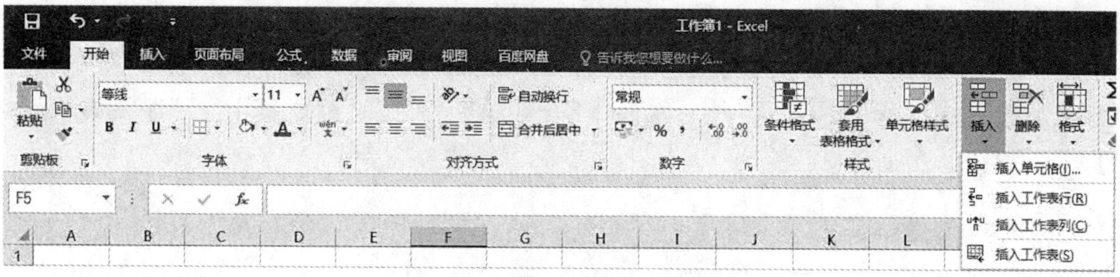

图4-27 工具钮法实现单元格的插入

根据需要在下拉列表中也可选择“插入工作行”、“插入工作列”、“插入工作表”等选项来实现相对应的功能。

二是使用右键菜单法。在选中要插入单元格的位置按鼠标右键,弹出右键菜单后选择“插入”,然后在弹出的“插入”对话框中选择具体的插入单元格的方式(活动单元格右移还是下移,或是选择行或列),再单击“确定”即可,如图4-28所示。

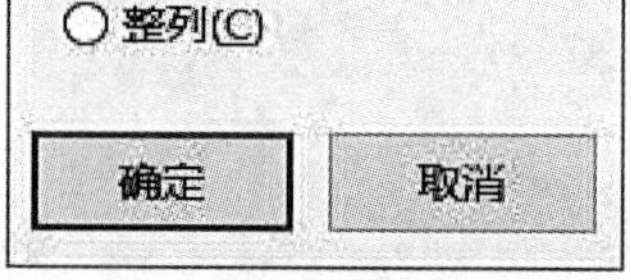

图4-28 右键菜单法实现单元格的插入

(2)删除单元格

当不需要某个或某些单元格时,可将它们删除掉。在选择要删除的单元格后,也有以下两种方法来对它(们)进行删除。

一是单击"开始"→"单元格"功能组中的"删除"按钮,在打开的下拉列表中选择"删除单元格"选项,打开"删除"对话框,单击选中相应的选项后,单击"确定"按钮即可删除所选单元格,如图4-29所示。

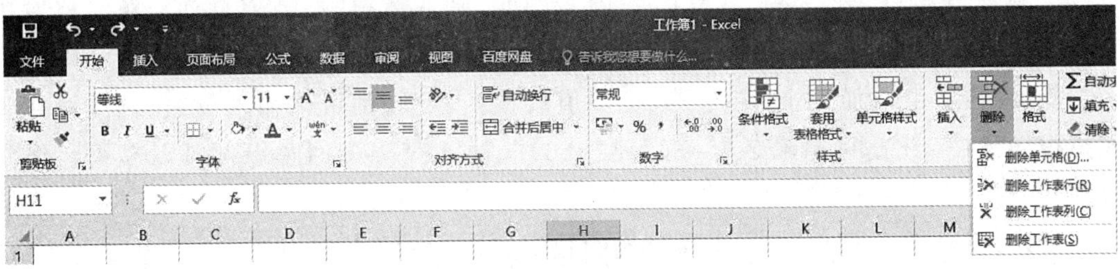

图4-29 工具钮法实现单元格的删除

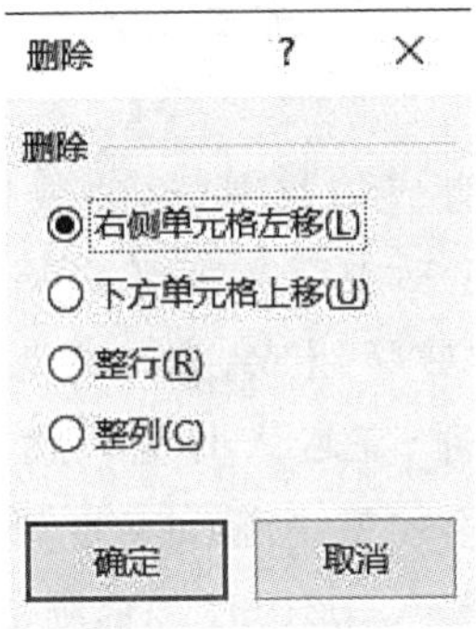

图4-30 "删除"对话框

二是使用右键菜单法。在选中要删除的单元格后按鼠标右键,弹出右键菜单后选择"删除",然后在弹出的"删除"对话框中(如图4-30)选择具体的删除单元格的方式(活动单元格右移还是下移、或是选择行或列),再单击"确定"即可。

4.3 Excel 2016的基本编辑

4.3.1 输入单元格数据

1.直接输入数据

(1)两种输入方法

第一种方法是直接在单元格中输入数据。具体方法是双击要输入数据的单元格,将文本插入点定位到其中,输入所需数据后按【Enter】键即可。

第二种方法是在编辑栏中输入数据。具体方法是选择要输入数据的单元格,然后将鼠标指针移到编辑栏中并单击,将文本插入点定位到编辑栏中,输入完数据后按【Enter】键或编辑栏前面的输入钮均可。

(2)数据类型

①数值型数据:在Excel 2016中,数值型数据是使用最多、最为复杂的数据类型。它们是可以进行加、减、乘、除等运算的数据。它的构成有:数字0~9、正负号(+和-)、小数点(.)、百分比符号(%)、千位分隔符(,)、美元符号($)、左括号"("、右括号")"、科学计数符号(E,e)、冒号(:)、除号(/)。默认情况下,数值自动沿单元格右边对齐。

负数:在数值前加一个"-"号或把数值放在括号里,都可以输入负数,例如要在单元格中输入"-66",可以输入"-66"或"(66)",输入完毕敲回车键都可以在单元格中出现"-66"。

分数:要在单元格中输入分数形式的数据,应先在编辑框中输入"0"和一个空格,然后再输入分数,否则Excel会把分数当作日期处理。例如,要在单元格中输入分数"2/3",在编辑框中输入"0"和一个空格,然后接着输入"2/3",敲一下回车键,单元格中就会出现分数"2/3"。

②字符数据:由文本字符串组成的数据,这些数据不能进行加、减、乘、除等运算,但可以进行连接操作,字符数据包括中英文字符、字母和数字的组合。

如果要输入的字符串全部由数字组成,如邮政编码、电话号码、存折账号等,为了避免Excel把它按数值型数据处理,在输入时应先输一个单引号"'"(英文符号),再接着输入具体的数字。例如,要在单元格中输入工号"021001",必须在英文状态下,在单元格里输入"'021001",不能直接输入"021001",否则数据前面的"0"是不会显示的。

③日期时间型数据。在人事管理中,经常需要录入一些日期时间型的数据,在录入过程中要注意以下几点:

输入日期时,年、月、日之间要用"/"号或"-"号隔开,如"2002-8-16"、"2002/8/16"。可以在输入日期时仅输入月、日,如"8/16"或"8-16"最终均显示为"8月16日"。

输入时间时,时、分、秒之间要用冒号隔开,如"10:29:36"。

若要在单元格中同时输入日期和时间,日期和时间之间应该用空格隔开。

下面的表4-1是单元格中数字用作各种不同类型数据时的格式说明。

表4-1 单元格中数字格式说明

分类	数字格式说明
常规	Excel默认的单元格格式,不包含特定的格式。如果单元格的宽度不足以容纳整个数字,则根据单元格宽度对数字取整,如数字"23456778.89"在单元格宽度为95个像素时显示为"23456778.89",当单元格宽度为89个像素时显示为"23456778.9"。当单元格宽度为66个像素时使用科学记数法,显示为"2.3E+07"。如果单元格宽度继续减小(如40个像素),则显示"####",此时只要增大单元格宽度就可以正确显示。

续表

分类	数字格式说明
数值	表示一般数字的表示,可以对小数位数、是否使用千位分隔符和负数的显示格式进行设置。如果某一数字小数点右侧的位数大于所设置的小数位数,该数字将按你的设置进行四舍五入。还可将负数以红色(赤字)、带负号(—)等多种形式显示。
货币	表示一般货币值,对是否添加货币符号、小数位数和负数的显示格式进行设置。
会计	与货币格式基本相同,只是不能对负数显示格式进行设置。
日期	将日期和时间序列数值显示为日期值。
时间	将日期和时间序列数值显示为时间值。
百分比	将单元格中的数值乘以100,并以百分比的形式显示,还可以设置要显示的小数位数。
科学计数	如果输入前单元格为"常规"格式,可以直接以科学计数格式进行输入。如果事先或事后将单元格设置为科学计数格式,则Excel可以自动进行转换。
文本	在文本单元格式中,数字作为文本处理。
特殊	用来在列表或数据中显示邮政编码、电话号码、中文大写数字和中文小写数字。
自定义	用于创建自定义的数字格式。

2. 快速填充数据

为提高数据输入的效率,在Excel 2016中,允许利用已经输入的单元格数据来对其同行或同列的其他单元格进行填充输入。当然,这些待填充数据的单元格里的数据应该是跟已经输入的单元格数据相同或能够由已经输入的单元格数据按照某种规律来获得。具体填充的方法一般有以下两种。

(1)通过"填充"工具钮进行填充

这种方法是通过单击"开始"→"编辑"命令组下的"填充"下拉按钮,弹出如图4-31所示的具体填充方式选项,用户在其中选择一种方式,如"序列"即可实现对应的填充。

图4-31 填充方式下拉列表框

这些填充方式具体的含义说明如下:

向下:表示由其上边单元格中内容向下复制的方式填充得到本单元格的内容。

向右:表示由其左边单元格中内容向右复制的方式填充得到本单元格的内容。

向上:表示由其下边单元格中内容向上复制的方式填充得到本单元格的内容。

向左:表示由其右边单元格中内容向左复制的方式填充得到本单元格的内容。

序列:是指填充的时候是按某种规律来进行的,而不是复制,具体的序列方式会由一个弹出的对话框来进行设置,如图 4-32 所示。

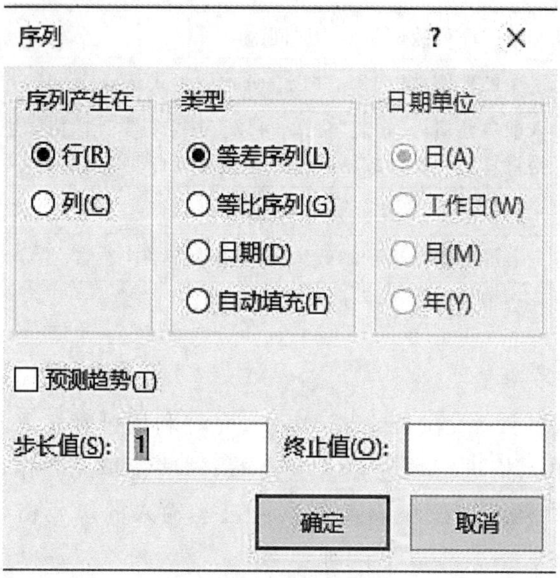

图 4-32 “序列”对话框

由图 4-32 可知,填充的序列可以是在行方向上进行填充或是列方向上进行填充,填充的数据可以是按等差序列、等比序列、日期、自动填充等几种不同的规律来进行填充,对于具体的某种填充规律所需要的参数,如等差序列的步长、终止值及日期填充的日期单位允许我们进行设置。

(2)使用单元格“控制柄”来填充数据

单元格的右下角是该单元格的“控制柄”位置,当把鼠标指针移动至某个已有数据的单元格的右下角的时候,鼠标指针会变成“+”形状,此时按住鼠标左键不放并拖动至同一行或同一列的某个所需位置,释放鼠标,即可在选择的单元格区域中填充和初始单元格相同或按一定规律变化的数据。如图 4-33 鼠标定位 A2 的控制柄按下不动向下拖动两行后,会自动按等差序列填充 A3、A4 的数据,并在 A4 的控制柄右下方显示“自动填充选项”按钮,单击它可以弹出更多关于“自动填充”的选项,允许我们进行修改,如图 4-34 所示。

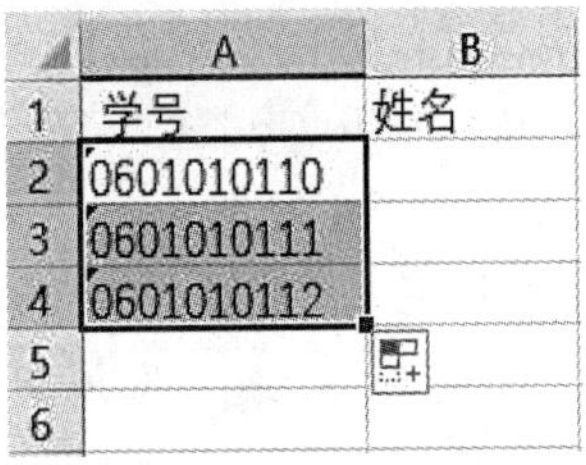

图 4-33 单元格控制柄拖动实现的填充

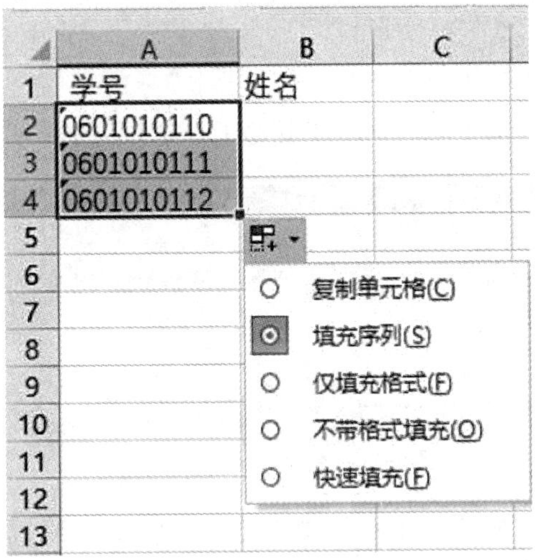

图 4-34 “自动填充”选项菜单

比如我们可以将原来按等差序列进行的填充改为仅复制单元格或仅填充格式或不带格式仅填充数据等等。

3.记忆式输入

记忆式输入是指 Excel 2016 可以将用户输入的内容“记住”,在下次输入相同的内容时,如果输入了第一个字符,后面的内容会自动出现的一种输入方法。

4.一个单元格数据输入的案例

下面以利用 Excel 新建一个工作簿(文件名为:学生成绩记载表),并在其中默认工作表(sheet1)里输入图 4-35 所示的数据为例,介绍简单表格的创建与单元格中数据的输入步骤与方法。

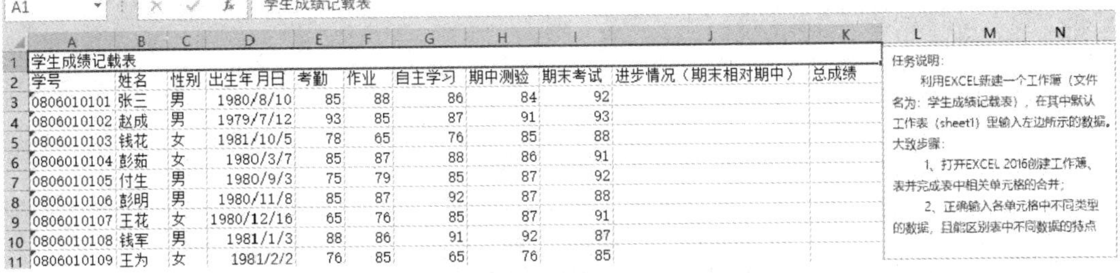

A1 学生成绩记载表

学生成绩记载表										
学号	姓名	性别	出生年月日	考勤	作业	自主学习	期中测验	期末考试	进步情况(期末相对期中)	总成绩
0806010101	张三	男	1980/8/10	85	88	86	84	92		
0806010102	赵成	男	1979/7/12	93	85	87	91	93		
0806010103	钱花	女	1981/10/5	78	65	76	85	88		
0806010104	彭茹	女	1980/3/7	85	87	88	86	91		
0806010105	付生	男	1980/9/3	75	79	85	87	92		
0806010106	彭明	男	1980/11/8	85	87	92	87	88		
0806010107	王花	女	1980/12/16	65	76	85	87	91		
0806010108	钱军	男	1981/1/3	88	86	91	92	87		
0806010109	王为	女	1981/2/2	76	85	65	76	85		

任务说明:
利用EXCEL新建一个工作簿(文件名为:学生成绩记载表),在其中默认工作表(sheet1)里输入左边所示的数据。
大致步骤:
1、打开EXCEL 2016创建工作簿、表并完成表中相关单元格的合并;
2、正确输入各单元格中不同类型的数据,且能区别表中不同数据的特点

图 4-35 数据输入示例表(含任务说明)

完成该项任务可大致分为两个阶段:

二维码 4-1

第一阶段,打开 Excel 2016 创建工作簿、表并完成表中相关单元格的合并,具体步骤如下:

①使用“开始”菜单→“Excel 2016”菜单项启动 Excel 2016 创建一个工作簿(默认工作簿名:“工作簿 1”),该工作簿创建时会自动创建其第一个工作表“sheet 1”。

②在工作表“sheet 1”里 A1 单元格处按住鼠标左键拖动至 K1 单元格然后放开即选中 A1 至 K1 单元格。

③单击“开始”→“对齐方式”→“合并后居中”旁的下拉按钮,选择合并单元格,对 A1 至 K1 单元格进行合并,此处也可以直接选择“合并后居中”(见图 4-36)。

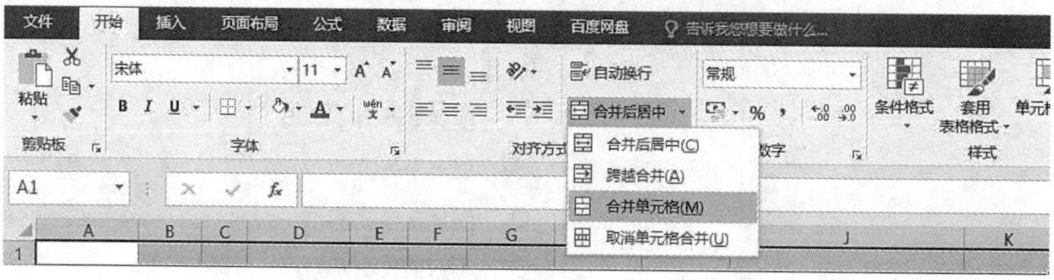

图 4-36 合并第一行 A1 至 K1

第二阶段,输入各单元格中不同类型的数据,要求在输入时能区别表中不同数据的特点采用合适的输入方法。步骤如下:

二维码 4-2

①表中第 1、2 行数据及 B3—B11 单元格中都是字符型数据,它们没有较多连续的重复项或明显表现出一定规律的数据项,只能直接在各单元格或其编辑栏中输入具体值;表中 E3 至 I11 的数据均是数值型数据,也没有特别明显的规律或有较多的连续出现的重复项,一般也使用直接输入方式来完成其数据输入。

二维码 4-3

②表中 A 列中 A3 至 A11 的“学号”数据是全数字型数据要当字符串输入,且它们是有规律地从 A3 往后逐个加 1 的,输入时要可以先直接输入第一个单元格 A3 中的数据,再通过填充来输入后面 A4 至 A11 的数据。

应注意直接输入 A3 单元格中的数据时应在全数字字符串“0806010101”前面加上一个英文单引号将它转成按字符串格式输入,否则可能会变成“806010101”(图 4-37)。

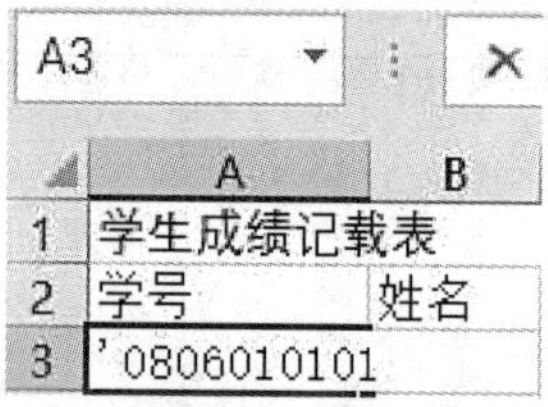

图 4-37 全数字字符串的直接输入

在输入A3单元格中的数据后，可将鼠标指针移动至该单元格右下方，此时鼠标指针会变成“＋”形状，按住鼠标左键向下拖动至A11单元格，然后放开鼠标左键，A3后的A4至A11单元格即会自动按序列填充所需的数据，并且在A11单元格右边还会有一个自动填充选项，允许对填充时使用的方式进行重新选择。具体的填充输入步骤参见前面图4-33、4-34所示。

③C列中C3至C11的“性别”数据有连续的两行都为男(女)的，可以在输入第一个数据后，使用单元格填充输入后面的数据，其中第一个数据可直接在单元格中输入，之后的单元格中数据的填充方法跟前面5中填充的步骤是一样的。

④D列中D3至D11的“出生年月日”数据为日期型数据，且各单元格中数据无明显规律或出现较多的重复项，只能一个一个地输入，每一个数据输入时应注意年、月、日之间应用“/”或“-”分隔。

二维码4-4

输入的日期，在单元格中的显示格式一般是以“/”来分隔年、月、日的，如果有其他的日期格式显示要求，可通过选中输入有日期型数据的单元格单击鼠标右键，弹出设置单元格格式对话框后，选择“数字”标签页，选中其中“分类”里面的日期，设置其“类型”为所需的某种类型，如图4-38所示。

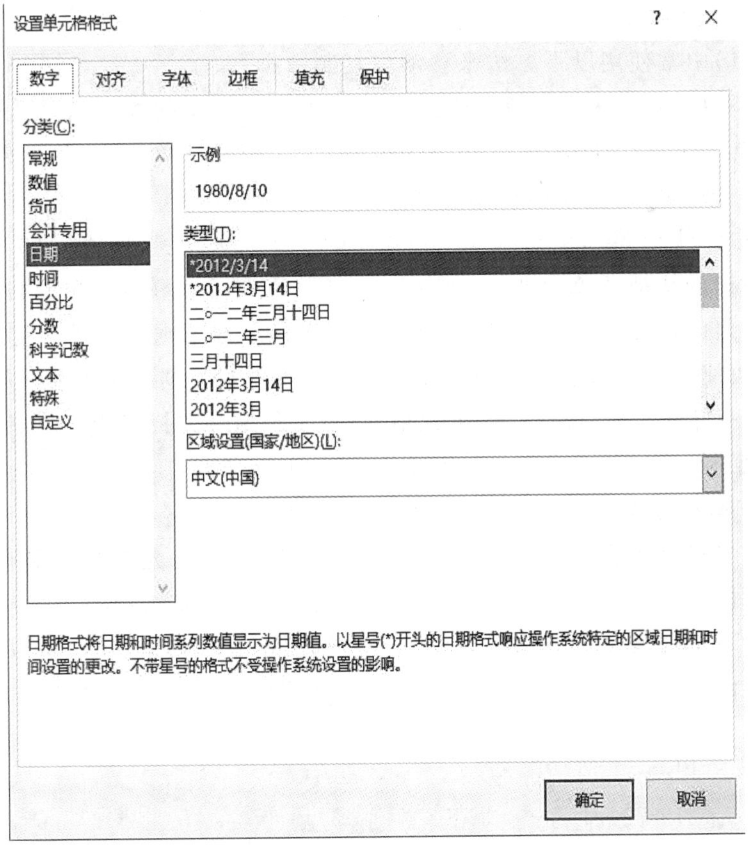

图4-38 “设置单元格格式”的数字格式设置

至此示例样表中的数据全部输入完毕,可通过单击“文件”菜单栏下“保存”菜单项来对该文件进行保存,在“保存”时会弹出一个“另存为”对话框,按前面任务说明里的要求输入工作簿名:“学生成绩记载表”,单击“确定”即可。

4.3.2 编辑单元格数据

1.修改和删除数据

①在单元格中修改或删除部分字符:鼠标双击需修改或删除部分字符的单元格,在单元格中定位文本插入点,然后进行具体的字符修改或删除,完成后按【Enter】键结束操作。

②在单元格中修改或删除全部内容:当需要对某个单元格中的全部数据进行修改或删除时,只需选中该单元格,然后重新输入正确的数据或者按【Delete】键删除所有原有数据。

③在编辑栏中修改或删除单元格数据:选中单元格后,将鼠标指针移到编辑栏中并单击,将文本插入点定位到编辑栏,之后按要求完成数据的修改或删除后按【Enter】键即可结束操作。

2.移动或复制数据

Excel 2016中常使用以下方法来移动或复制数据:

①通过“剪贴板”组移动或复制数据:选择需移动或复制数据的单元格,在“开始”→“剪贴板”组中单击“剪切”按钮或“复制”按钮,选择目标单元格,然后单击“剪贴板”组中的“粘贴”按钮即可实现移动或复制。

②通过右键快捷菜单移动或复制数据:选择需移动或复制数据的单元格,单击鼠标右键,在弹出的快捷菜单中选择“剪切”或“复制”命令,选择目标单元格,然后单击鼠标右键,在弹出的快捷菜单中选择“粘贴”命令,即可完成数据的移动或复制。

③通过快捷键移动或复制数据:选择需移动或复制数据的单元格,按【Ctrl+X】组合键或【Ctrl+C】组合键,选择目标单元格,然后按【Ctrl+V】组合键即可完成单元格数据的移动或复制。

3.查找和替换数据

Excel 2016提供了在工作表中快速查找数据的功能,并允许我们对查找到的内容用新的数据进行替换。其常用方法是通过“开始”→“编辑”组中单击“查找和选择”按钮,在打开的下拉列表中选择“查找”或“替换”选项(如图4-39所示),可以分别打开“查找和替换”对话框中的“查找”和“替换”选项卡,如图4-40和图4-41所示。

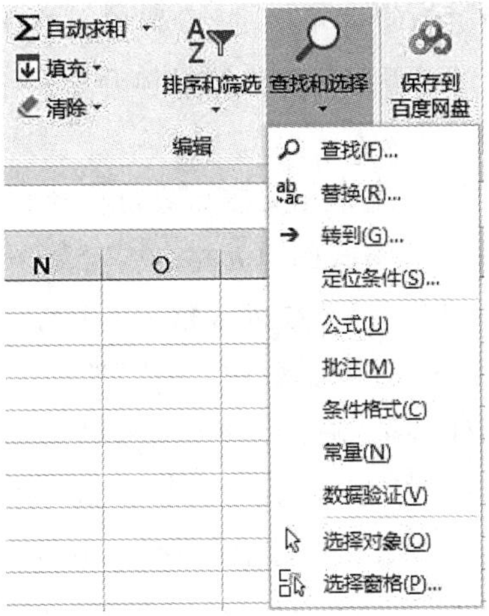

图4-39 通过“查找和选择”工具钮进入“查找和替换”对话框

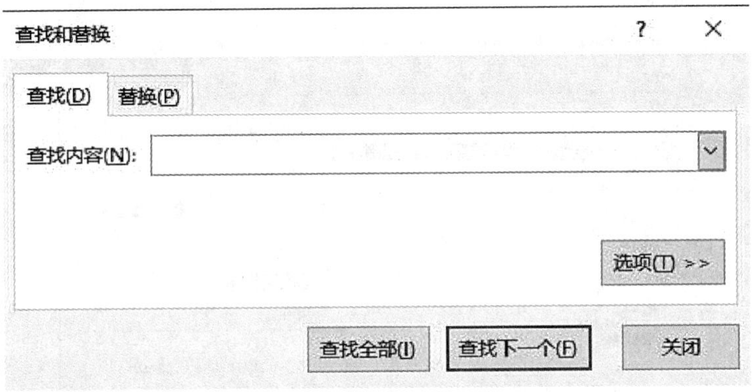

图4-40 “查找和替换”对话框中“查找”选项卡

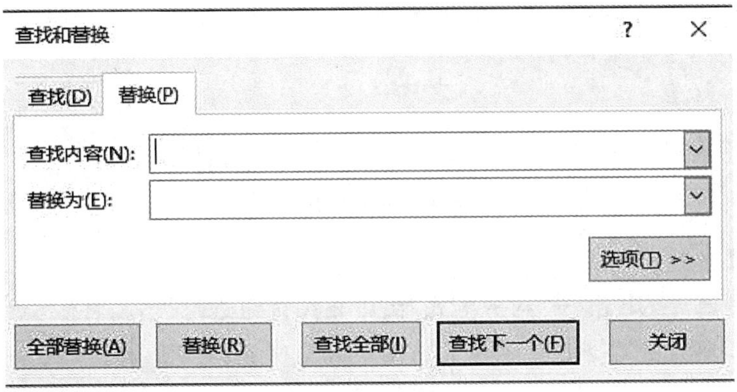

图4-41 “查找和替换”对话框中“替换”选项卡

4.3.3 设置单元格数据格式

单元格数据的格式设置包括字体与字号设置、数字格式设置及对齐格式设置，在Excel 2016中一般都有两种方法：一是通过Excel 2016的“开始”功能面板上的对应功能组来进入到相关的设置;二是通过右键菜单中的“设置单元格格式”菜单项启动“设置单元格格式”对话框来进行相关的设置。下面分别进行具体介绍:

1.设置字体、字号格式

方法一是通过“开始”→“字体”组中相关按钮进行设置,具体步骤如下:

首先选择要设置数据字体字号格式的单元格,在“开始”→“字体”组中的“字体”下拉列表框选择希望设置成的字体、在“字号”下拉列表框中选择希望设置成的字号。

方法二是通过“设置单元格格式”对话框中“字体”选项卡来进行设置,具体步骤如下:

首先选择要设置数据字体字号格式的单元格,单击鼠标右键,在弹出的右键菜单中选择“设置单元格格式”命令,打开“设置单元格格式”对话框,单击“字体”选项卡,在其中可以根据需要设置单元格中数据的字体、字形、字号、下划线、特殊效果和颜色等,如图4-42所示。

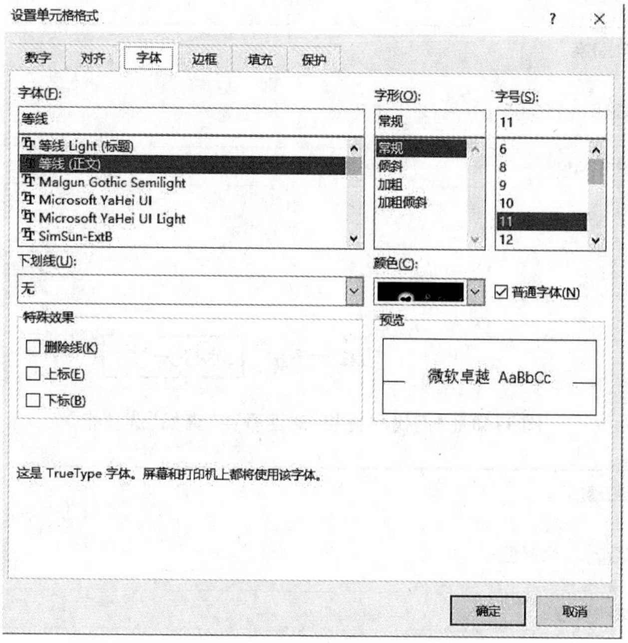

图4-42 设置字体、字号

2.设置对齐方式

方法一是通过“开始”→“对齐方式”组中相关按钮进行设置,具体步骤如下:

首先选择要设置对齐格式的单元格或单元格区域,在“开始”→“对齐方式”组中单击“左对齐”按钮、“居中”按钮、“右对齐”按钮等,可快速为所选择的单元格设置相应的对齐方式。

方法二是通过“设置单元格格式”对话框中“对齐”选项卡来进行设置,具体步骤如下:

首先选择需要设置对齐方式的单元格或单元格区域,单击鼠标右键,在弹出的右键菜单中选择“设置单元格格式”命令,打开“设置单元格格式”对话框,单击“对齐”选项卡,在其中可以根据需要设置单元格中数据的对齐方式,包括各种水平对齐格式、垂直对齐格式等。其中,水平对齐格式包括:常规、靠左(缩进)、居中、靠右(缩进)、填充、两端对齐、跨列居中、分散对齐(缩进);垂直对齐格式包括:靠上、居中、靠下、两端对齐、分散对齐。另在“设置单元格格式”对话框中“对齐”选项卡页面还允许进行文本“自动换行”、“缩小字体填充”等操作,如图4-43所示。

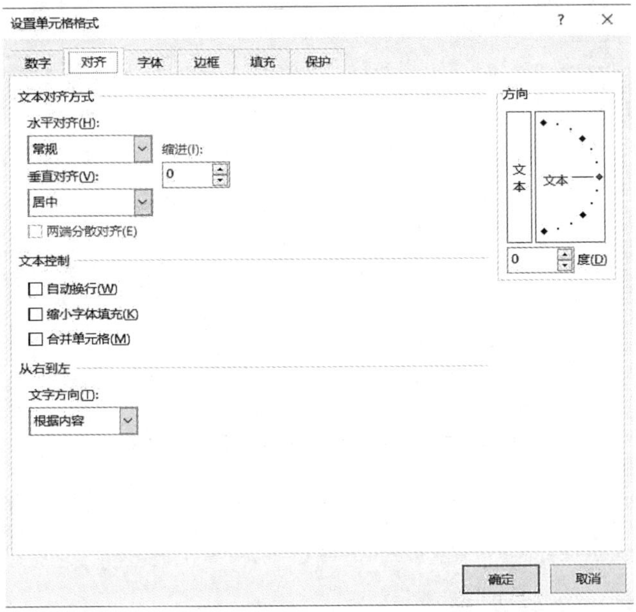

图4-43 设置对齐方式

3. 设置数字格式

方法一是通过“开始”→“数字”组中相关按钮进行设置,具体步骤如下:

首先选择要设置数字格式的单元格或单元格区域,在“开始”→“数字”组中单击“会计数字格式”、“百分比”、“千位分隔”、“增加小数位数”、“减少小数位数”等按钮,可快速为所选择的单元格设置相应的数字格式,如图4-44所示。

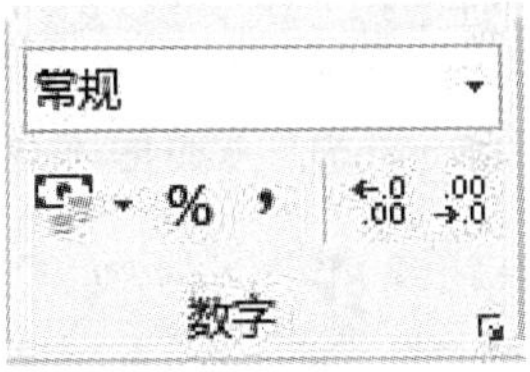

图4-44 “开始”→“数字”组中相关按钮

方法二是通过“设置单元格格式”对话框中“数字”选项卡来进行设置,具体步骤如下:

首先选择需要设置数字格式的单元格或单元格区域,单击鼠标右键,在弹出的右键菜单中选择“设置单元格格式”命令,打开“设置单元格格式”对话框,单击“数字”选项卡,在其中可以根据需要设置单元格中数字的格式,常见的数字格式分类包括常规、数值、货币、会计专用、日期、时间、百分比、分数、科学计数、文本、特殊、自定义等,如图4-45所示。

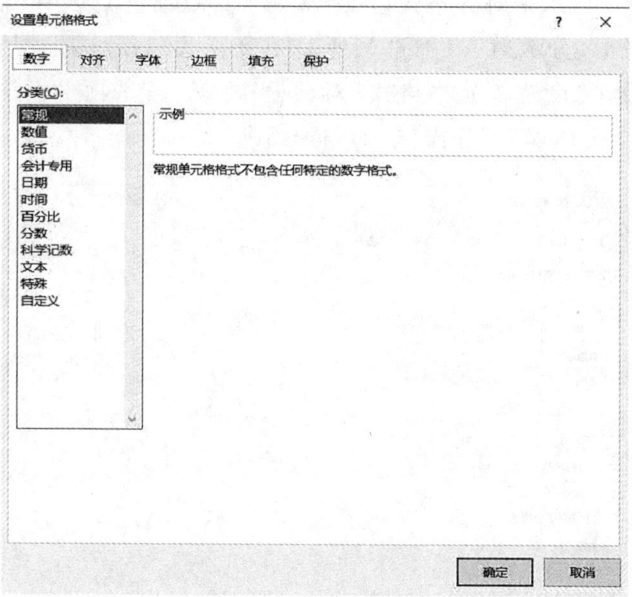

图4-45 设置数字格式的各种不同类型

根据实际单元格中数字所表示的不同内容可以设置单元格中数字的数据类型为不同的类型,并对它们进行相应的格式设置等。

4.3.4 设置单元格其他格式

1.设置行高列宽

设置单元格大小(行高列宽)一般有两种方法:

方法一:直接拖动边框线来进行调整。将鼠标指针移至单元格的行标或列标之间的分隔线上,按住鼠标左键不放,此时将出现一条灰色的实线,代表边框线移动的位置,拖动到适当位置后释放鼠标即可调整单元格行高与列宽。

方法二:通过对话框设置。在"开始"→"单元格"组中单击"格式"下拉按钮,在打开的下拉列表中选择"行高"选项或"列宽"选项,在打开的"行高"对话框或"列宽"对话框中输入行高值或列宽值,单击"确定"按钮,如图4-46所示。

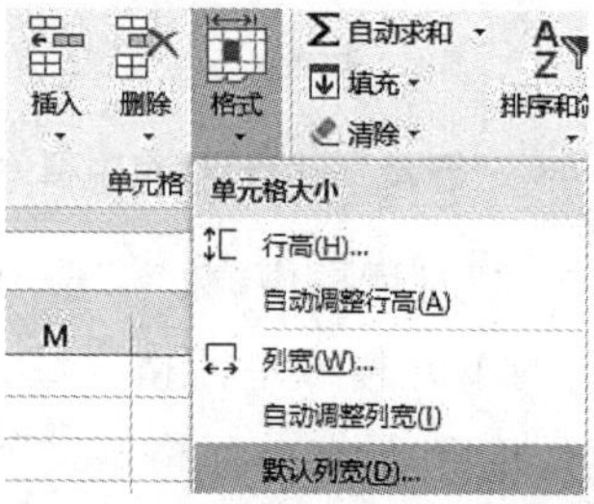

图4-46 "开始"→"单元格"组里的"格式"下拉按钮

2.设置单元格边框

在Excel 2016里,可以对选定的单元格或单元格区域设置边框,其方法有二:

第一种方法是通过"开始"→"单元格"组中"格式"下拉按钮弹出选项菜单后,选择"设置单元格格式"进入"设置单元格格式"对话框,如图4-47所示。

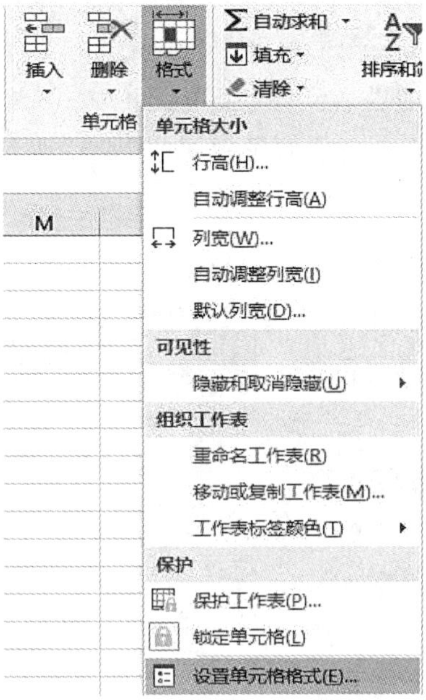

图4-47 "开始"→"单元格"组里的"格式"下拉按钮弹出的完整选项菜单

之后再单击"边框"切换到单元格边框设置页,如图4-48所示。

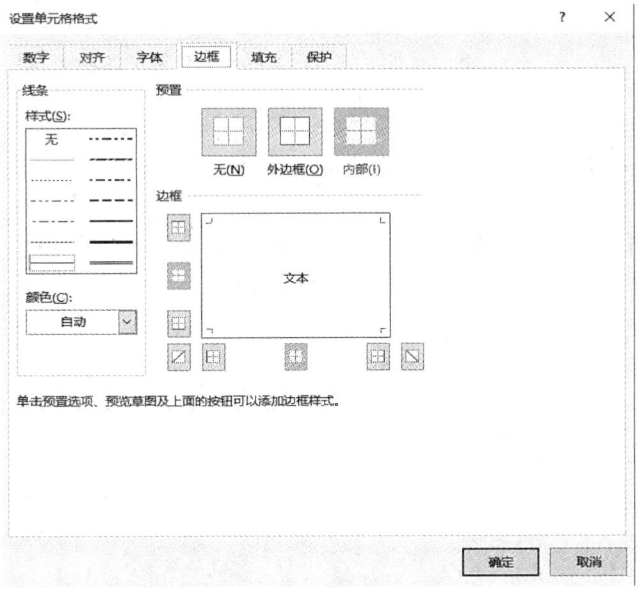

图4-48 "设置单元格格式"对话框中"边框"选项卡

在单元格边框设置页即可根据需要进行边框的设置。

第二种方法是通过弹出右键菜单后,选择“设置单元格格式”进入到“设置单元格格式”对话框,之后再切换至“边框”选项卡,即可进入到单元格“边框”的设置对话框,允许我们进行单元格边框的设置,如上面图4-48所示。

3.设置单元格填充颜色

在Excel 2016里,可以对选定的单元格或单元格区域设置填充颜色,其方法与设置边框类似,也可以有两种方法进入到“设置单元格格式”对话框,之后再切换到“填充”选项卡,即可进入到单元格填充颜色的设置,如图4-49所示。

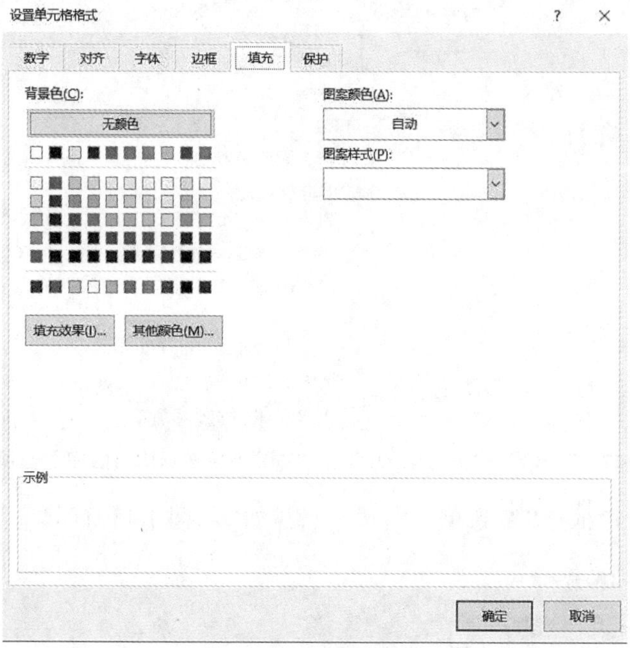

图4-49 设置单元格填充颜色

4.3.5 使用条件格式、表格格式及单元格样式

在Excel 2016里,为用户提供了多种快速设置单元格格式的途径,它们是使用条件格式、套用表格格式、应用单元格样式,其中使用条件格式是指对于满足一定条件的单元格中的数据所设置的统一的格式,套用表格格式是指用户可以直接套用一种Excel 2016预置的表格格式,应用单元格样式是指对于选中的单元格可以在Excel 2016中预置的单元格样式中直接选择某一种来进行套用。它们都可以通过“开始”→“样式”组中单击相关下拉按钮来进行快速设置或新建。

1.使用条件格式

(1)快速设置条件格式

在Excel 2016里,为用户提供了很多常用的条件格式,用户可以直接选择所需的选项即可快速进行对应的条件格式的设置，如图4-50所示。

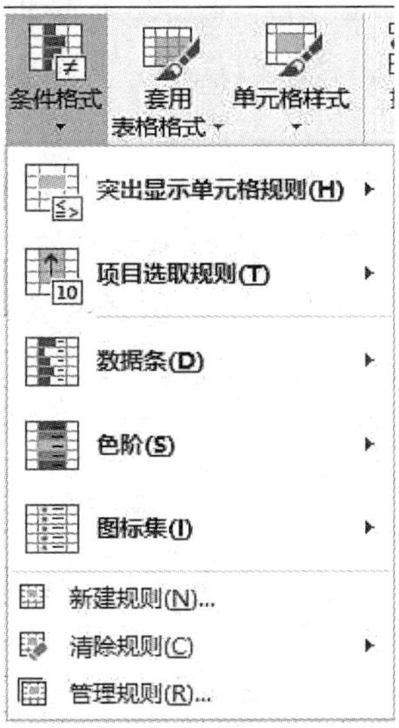

图4-50 “开始”→“样式”组里的“条件格式”下拉菜单

(2)新建条件格式规则

选择要设置的单元格区域后，在“开始”→“样式”组中单击“条件格式”按钮，在打开的下拉列表中选择“新建规则”选项，打开“新建格式规则”对话框，在其中选择规则类型并对应用该规则的单元格格式进行编辑，完成后单击“确定”按钮即可，如图4-51所示。

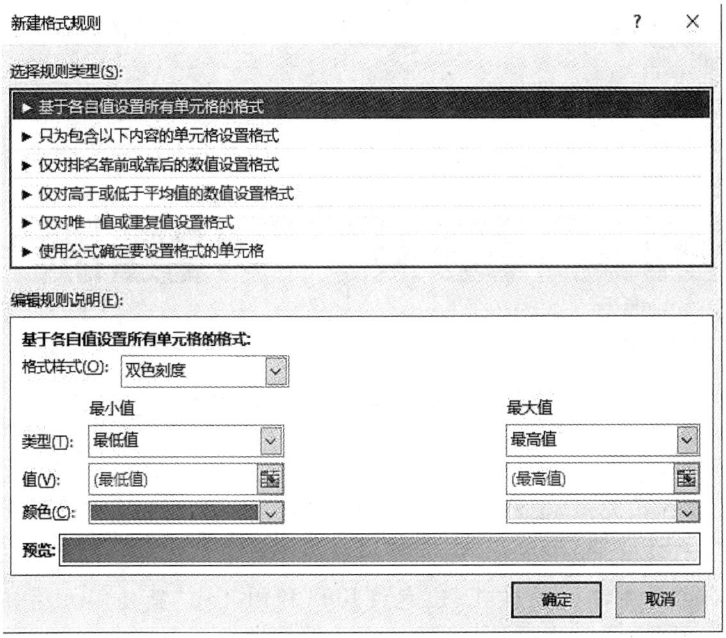

图4-51 “新建格式规则”对话框

(3)清除和管理规则

在图4-50里的下拉菜单还允许用户清除单元格或工作表中的规则或进入到一个规则管理器里去新建或编辑、删除已有的规则。

2.套用表格格式

套用表格格式允许用户选择要套用格式的表格区域,然后在“开始”→“样式”组中单击“套用表格格式”按钮,在打开的下拉列表中直接选择一种Excel预置的表格格式;也允许用户新建一个表格样式或新建一个数据透视表样式,如图4-52所示。

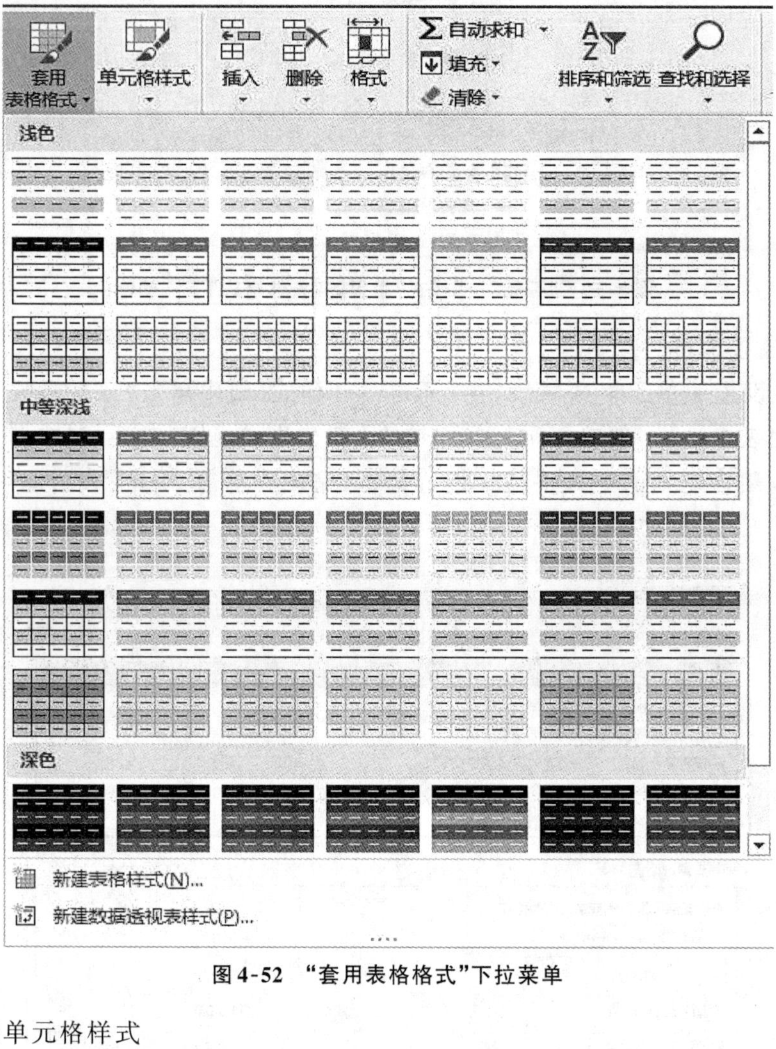

图4-52　“套用表格格式”下拉菜单

3.应用单元格样式

与套用表格格式类似,应用单元格样式同样允许用户选择要设置样式的单元格,然后在“开始”→“样式”组中单击“单元格样式”按钮打开一个下拉列表菜单,再在其中选择一种Excel预置的单元格样式;也允许用户利用其中“新建单元格样式”、“合并样式”来进行新的单元格样式的创建或对已有的样式进行合并,如图4-53所示。

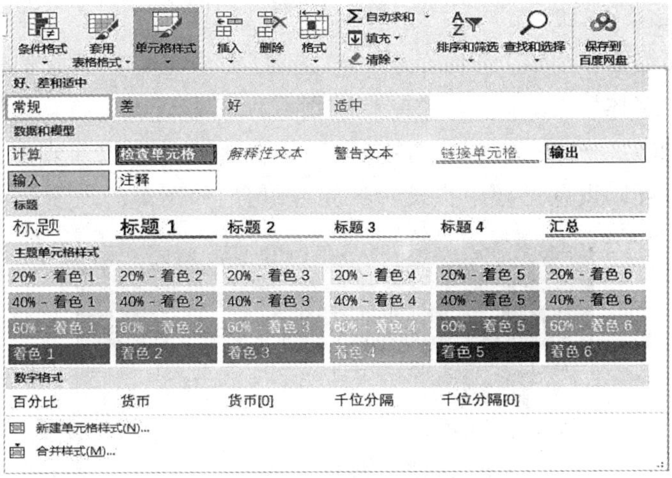

图4-53 应用单元格样式

4.3.6 应用及新建主题

主题是工作表综合(或叫组合)运用字体、颜色、效果后的一个整体表现,不同的字体、颜色、效果的搭配构成不同的主题。在Excel 2016中提供了不少内置的主题可供我们直接使用,这叫应用主题;也允许我们根据需要创建自己的主题,这叫新建主题。下面分别予以介绍。

1.应用主题

如果对于某个新建的工作表或打开的某个已有工作表,想要应用(或更改)主题,可以在“页面布局”→“主题”组中单击“主题”下拉按钮,此时会弹出如图4-54所示的主题下拉列表,从中选择所需的某个主题即可完成主题的应用。

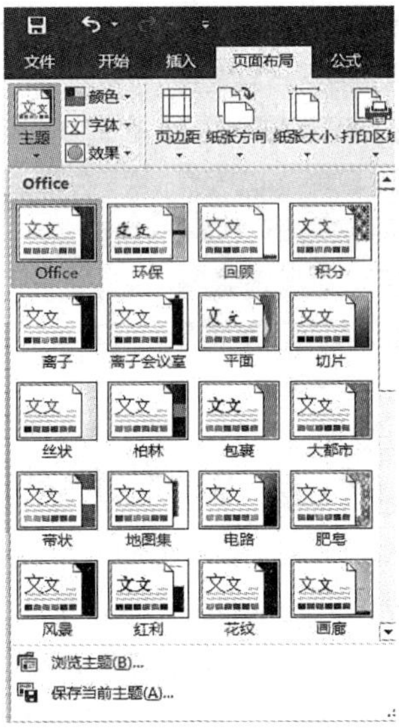

图4-54 “主题”下拉列表

2.新建(自定义)主题

根据需要我们也可以在“页面布局”→“主题”组中去自定义我们的工作表中要使用到的“颜色”、“字体”、“效果”,并把它们的组合保存为当前主题。具体方法如下:

单击“页面布局”→“主题”组中“颜色”按钮,在弹出的下拉列表中,选择新建“新建主题颜色”命令,可以设置主题中拟使用的颜色组合,如图4-55所示。

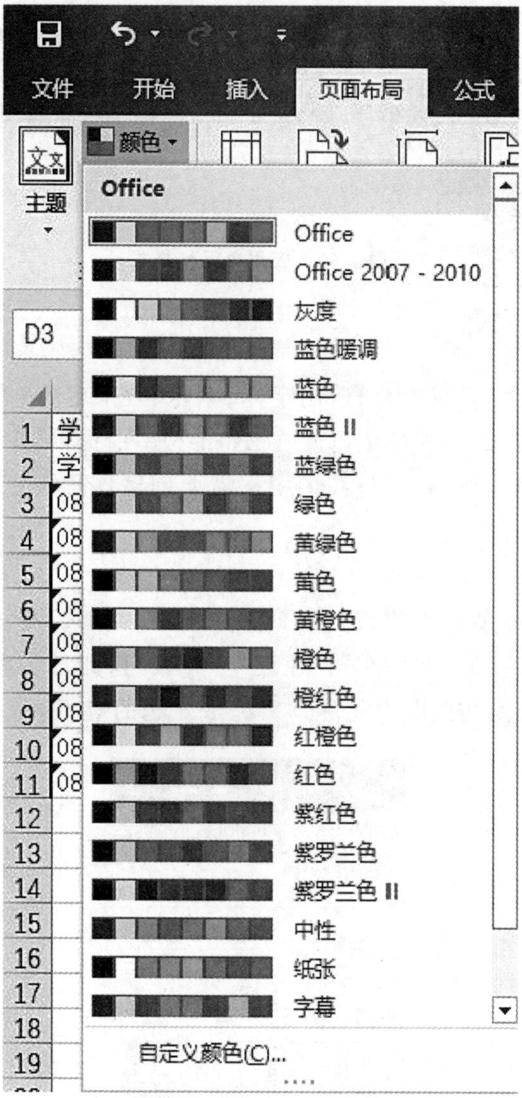

图4-55 “颜色”下拉列表

单击“页面布局”→“主题”组中“字体”按钮,在弹出的下拉列表中,选择“新建字体”命令,可以设置主题中使用的字体,如图4-56所示。

单击“页面布局”→“主题”组中“效果”按钮,在弹出的效果下拉列表中,可以设置主题中拟使用的效果,如图4-57所示。

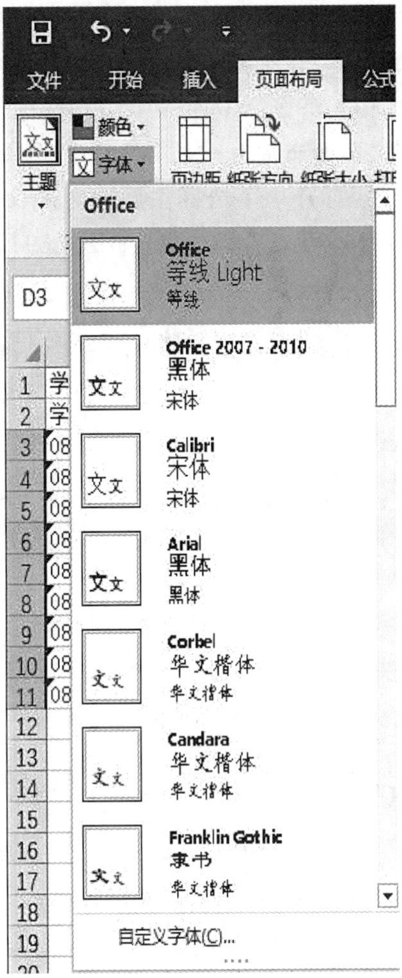

图4-56 “字体”下拉列表

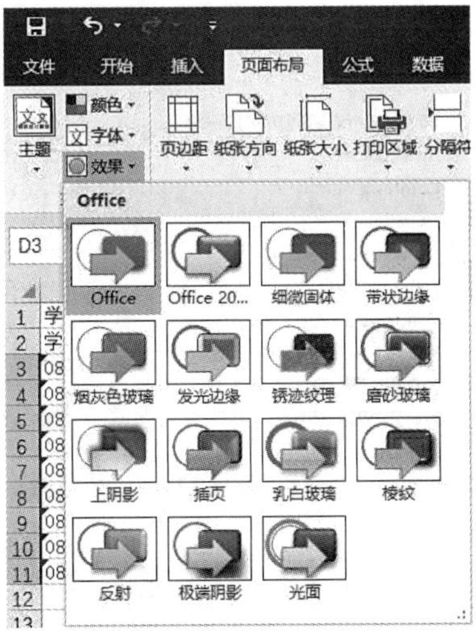

图4-57 “效果”下拉列表

最后在“页面布局”→“主题”组中单击“主题”按钮，在弹出的主题下拉列表中选择“保存当前主题”，此时会弹出一个“保存当前主题”对话框，在该对话框中输入主题名称，单击“保存”按钮即可，如图4-58所示。

新建的主题可通过单击“页面布局”→“主题”组中“主题”下拉按钮后，在弹出的主题下拉列表中单击“浏览主题”打开一个选择主题或主题文档对话框，在此对话框选择一个主题或主题文档单击打开即可查看该主题，如图4-59所示。

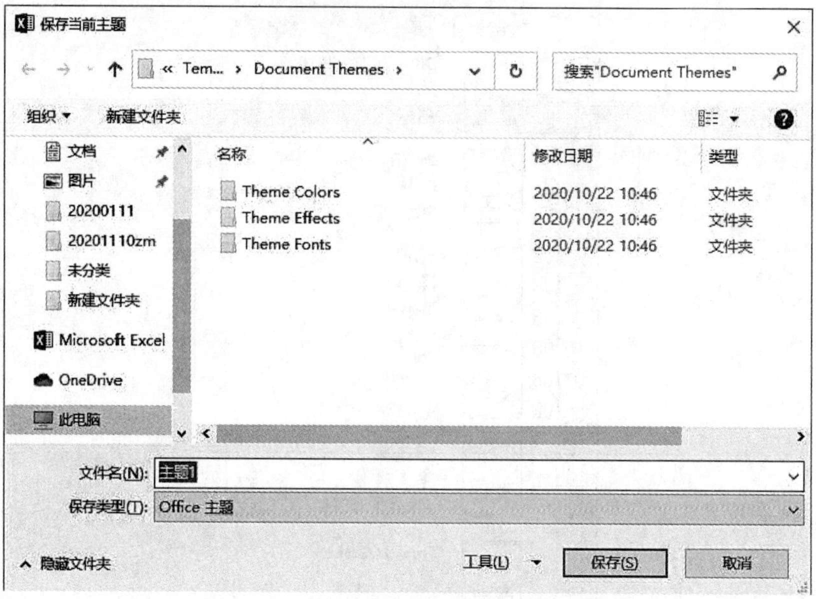

图4-58　“保存当前主题”对话框

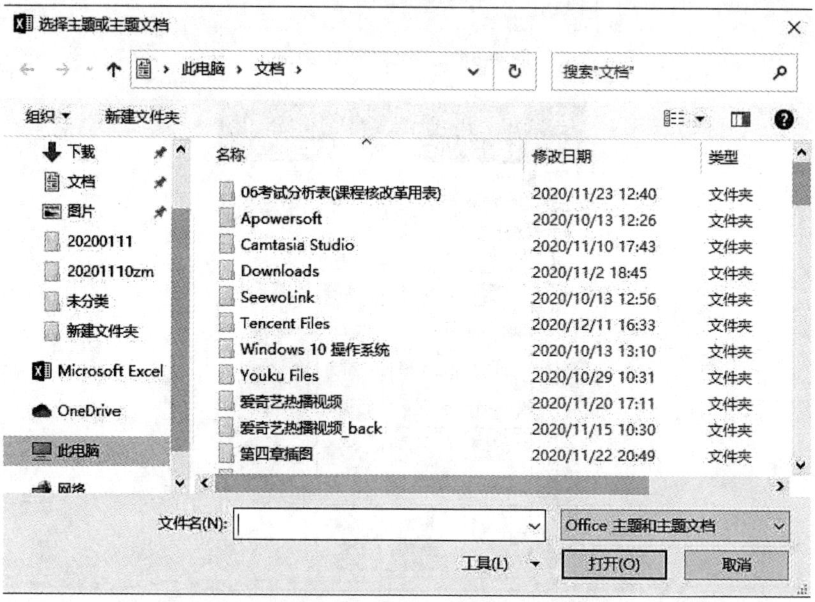

图4-59　“选择主题或主题文档”对话框

4.3.7 综合案例

下面以前面数据输入例子中初步完成的学生成绩记载表为例，来看一下若要对该表中数据格式(含单元格中其他格式)进行如图4-60所示的格式设置，该怎么样去做。

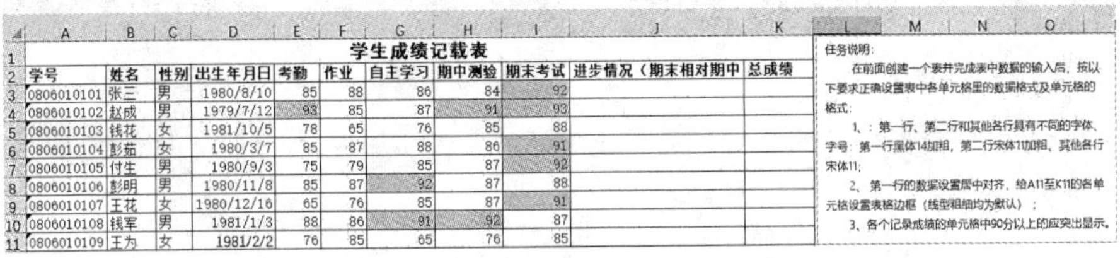

学号	姓名	性别	出生年月日	考勤	作业	自主学习	期中测验	期末考试	进步情况（期末相对期中	总成绩
0806010101	张三	男	1980/8/10	85	88	86	84	92		
0806010102	赵成	男	1979/7/12	93	85	87	91	93		
0806010103	钱花	女	1981/10/5	78	65	76	85	88		
0806010104	彭茹	女	1980/3/7	85	87	88	86	91		
0806010105	付生	男	1980/9/3	75	79	85	87	92		
0806010106	彭明	男	1980/11/8	85	87	92	87	88		
0806010107	王花	女	1980/12/16	65	76	85	87	91		
0806010108	钱军	男	1981/1/3	88	86	91	92	87		
0806010109	王为	女	1981/2/2	76	85	65	76	85		

图4-60 单元格(含数据)格式设置任务说明及完成后效果

根据图4-60所示的对源数据表的格式设置结果及任务说明，这里要设置的主要项目包括：第一行、第二行和其他各行具有不同的字体、字号；第一行黑体14加粗，第二行宋体11加粗，其他各行宋体11；第一行的数据设置居中对齐，给A1至K11的各单元格设置表格边框(线型粗细均为默认)；各个记录成绩的单元格中90分以上的应突出显示。

以下是完成此任务的步骤说明：

步骤一：设置字体、字号及文字加粗。

①选中第一行中表头文字“学习成绩记载表”后，单击“开始”→“字体”选项组中“字体”下拉列表框右边的下拉箭头，在弹出的可选字体中选择“黑体”；继续单击“开始”→“字体”选项组中“字号”下拉列表框右边的下拉箭头，在弹出的可选字号中选择“14”，最后单击“开始”→“字体”选项组中“加粗”按钮，如图4-61所示。

二维码4-5

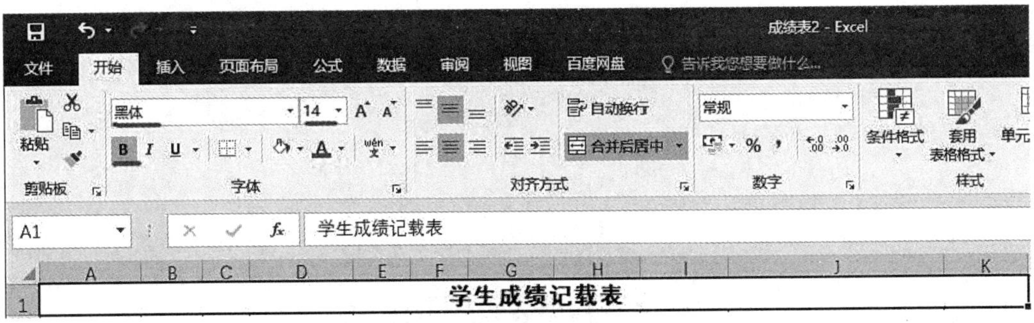

图4-61 完成第一行数据的字体字号及加粗设置

②按照相同的方法将第二行的字体设置为宋体，字号设置为11，并使用文字加粗。

③按照相同的方法将其余各行的字体设置为宋体，字号设置为11。

步骤二：设置第一行中数据居中显示，给A1至K11的各单元格设置表格边框

(线型粗细均为默认)。

①选中第一行中数据,单击“开始”→“对齐方式”选项组中“居中”按钮即可完成第一行中数据居中对齐,如图4-62所示。

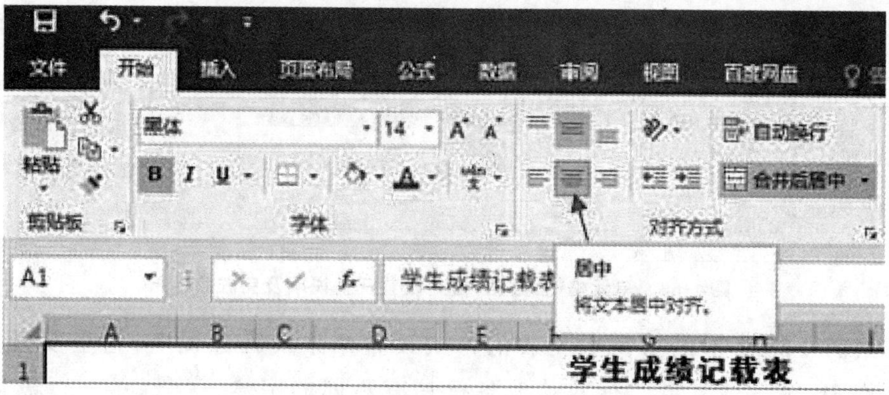

图4-62 完成第一行数据的居中设置

②选中A1至K11之间的全部单元格,单击鼠标右键,弹出右键菜单,如图4-63所示。

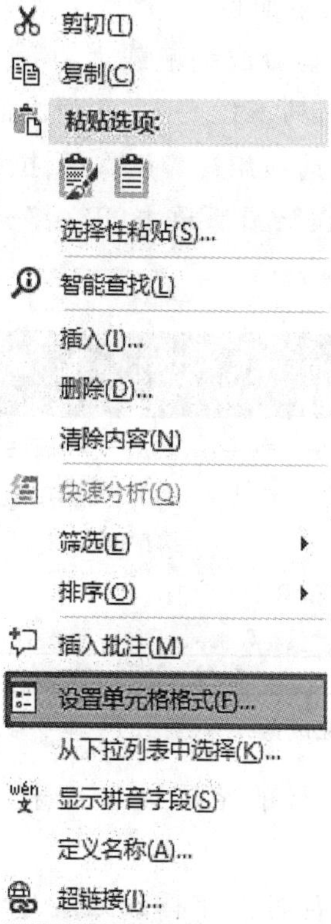

图4-63 选中单元格后右键弹出菜单

图4-64 “设置单元格格式”对话框

在该菜单中选择“设置单元格格式”，弹出“设置单元格格式”对话框，如图4-64所示。

在“设置单元格格式”对话框中单击“边框”切换至“边框”设置页，如图4-65所示。

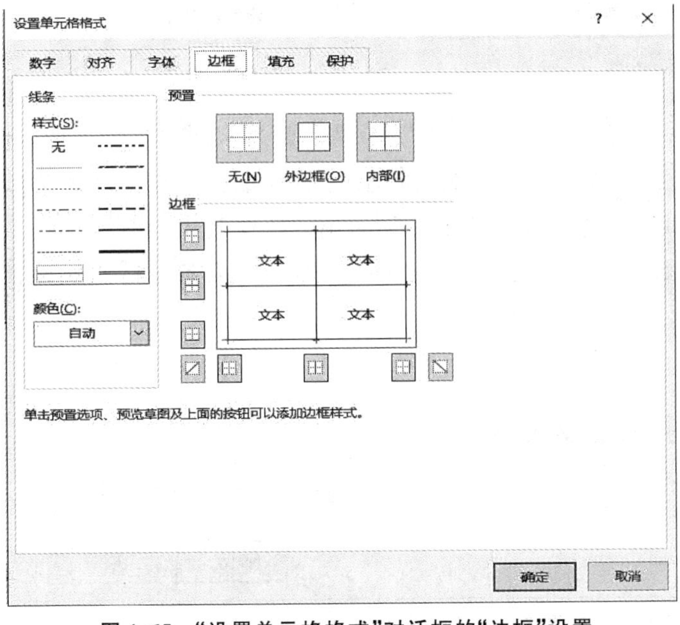

图4-65 “设置单元格格式”对话框的“边框”设置

二维码 4-6

在图4-65对话框中选择外边框、内边框,单击“确定”即可完成此任务中边框的设置。由于没有选择线条样式和颜色,这里设置的边框样式和颜色均为默认的,如果需要也可以在此界面中选择边框使用的线条颜色、样式。

注意:在设置单元格格式对话框中还可以完成字体、字号、加粗及对齐方式、数字格式等的设置。

步骤三:将D3至I11单元格中数据大于等于90分以上的突出显示。

①先选中D3至I11单元格,然后单击“开始”→“样式”→“条件格式”选择“突出显示单元格规则”下的“大于”,如图4-66所示。

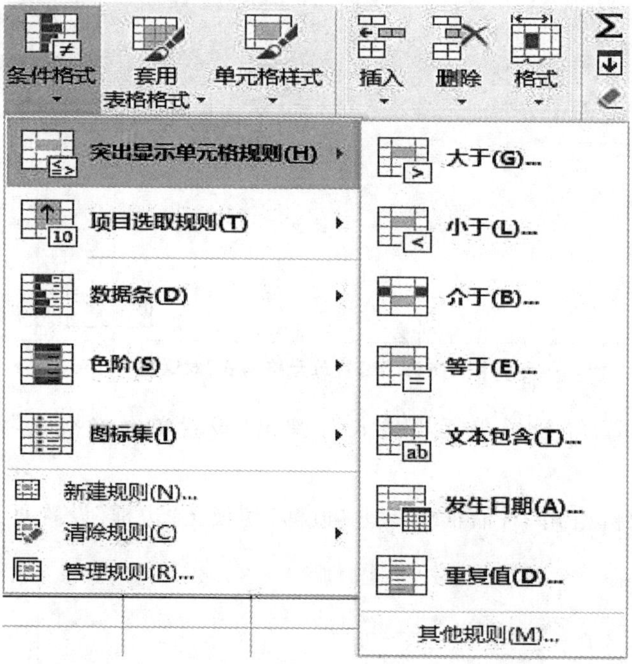

图4-66 “开始”→“样式”→“条件格式”下拉菜单

②在弹出的对话框中设置要进行条件格式设置的单元格须满足的条件,即应大于的一个值,这里填“89”,并设置这些满足条件的单元格应使用的条件格式,这里使用默认的“浅红填充色深红色文本”,之后单击“确定”即可完成条件格式的设置,如图4-67所示。

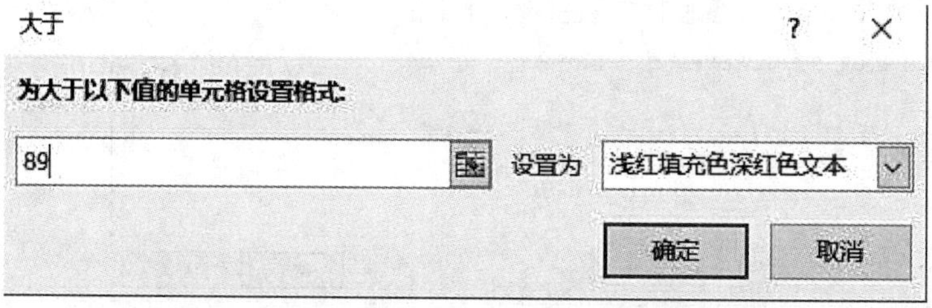

图4-67 设置单元格值大于等于90时应使用的条件格式

至此，对学生成绩记载表的格式设置的任务已全部完成。

若需要，在4-67中也可单击右边的下拉箭头进入到对具体的单元格格式的选择或自定义设置，如图4-68所示。

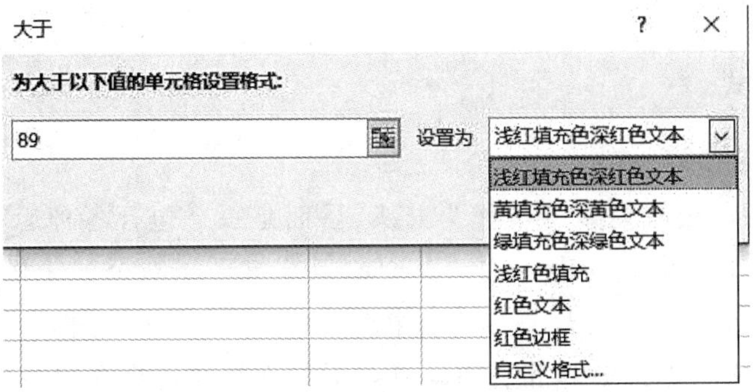

图4-68 选择或自定义条件格式的格式

除已有的一些条件格式格式规则外，根据需要用户还可以通过“开始”→“样式”→“条件格式”下拉菜单中“新建格式规则”打开一个“新建格式规则”对话框去完成新的格式规则的创建，如图4-69所示。

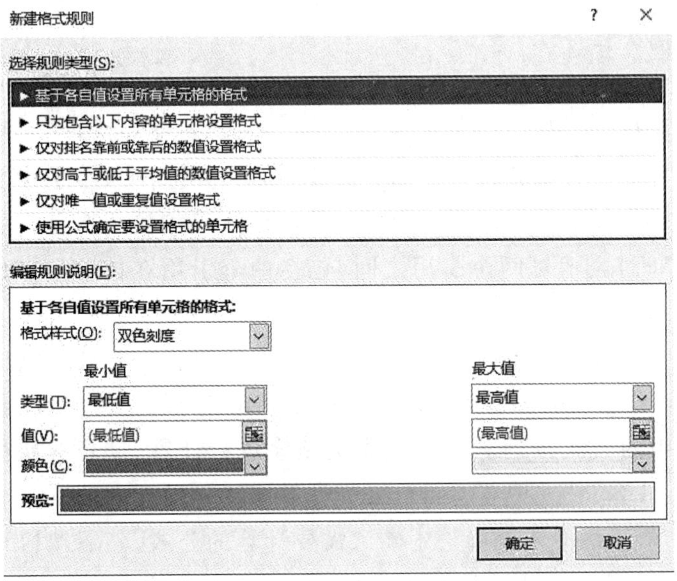

图4-69 设置条件格式中的单元格格式

4.4 Excel 2016的公式和函数

Excel 2016所具有的强大的数据处理与统计分析功能，往往不可避免地要应用到公式与函数。公式是工作表中对单元格数据(通常是数值型数据)执行各种计算的等式，它可以对工作表中数据进行各种运算。Excel 2016中的函数其实是一些事先定义好计算规则的公式,它们用一个函数名来表示具体要对括号后的参数数据进行什么样的运算,用户可直接通过该函数名后给出其参数数据来实现对它的调用,用它来完成相关的运算,至于其具体要对参数数据进行的运算是由Excel 2016事先为用户定义好的,用户不用去管。

4.4.1 使用公式

1.公式的基本使用方法

Excel 2016中的公式是以"="作为开头,后面是一个包含各种运算符、常量、变量、函数及单元格引用等构成的表达式。其中的运算符用于对公式中的常量、变量、函数及单元格引用等各种形式的运算数进行特定类型的运算的,它们分为四种类型:算术运算、比较运算、文本连接运算和引用运算。下面列举并适当介绍一些常用的运算符。

(1)算术运算符

常见的有:+(加法)、-(减法)、*(乘法)、/(除法)和^(乘方)。

(2)比较运算符

常见的有:=(等于)、>(大于)、<(小于)、<=(小于等于)、>=(大于等于)、<>(不等于)。

(3)文本连接运算符

常见的有:&(文本连接符)用来连接两个文本字符串。

(4)引用运算符

常见的有:","(联合运算符)、":"(区域运算符)和空格(交叉运算符),它们用来选取符合条件的单个、多个单元格或单元格区域以便进行相关的运算。

区域运算等(:)表示对两个引用之间,包括两个引用在内的所有区域的单元格进行引用,例如SUM(BI:D5)。

联合运算等(,)表示将多个引用合并为一个引用,例如SUM(B5,B15,D5,D15)。

交叉运算等(空格)表示产生同时隶属于两个引用的单元格区域的引用。

Excel 2016中的公式按运算符的优先级顺序进行计算,同优先级的情况下按从左至右的顺序进行计算,公式中若有括号要先计算用括号括起来的部分。

用户可以在单元格中或编辑栏中输入需要计算的公式,然后按【Enter】键即可在该单元格中显示出计算的结果。对于已在单元格中输入公式求出的值,用户选中该单元格时,可在编辑栏中看到该单元格对应的公式,鼠标单击编辑栏后可对编辑栏中的公式进行编辑修改,也可以直接双击有公式的单元格在该单元格中直接对公式进行修改。

2.单元格的引用

作为公式中的运算数,除了可以是常量、变量、函数外,还可以是对同一工作表的其他单元格,或同一工作簿的不同工作表中的单元格,或其他工作簿的工作表中的单元格的引用。下面分别介绍引用方法。

①引用同一工作表的其他单元格,直接使用要引用的单元格的地址。

在Excel 2016中,单元格的地址分为相对引用、绝对引用和混合引用。之前4.2.3中已经介绍过单元格的位置表示是“列号在前,行号在后”,列号和行号前若有$符号即表示该列号或行号是绝对列号或绝对行号,它们在鼠标拖动过程中不会跟着变化;而没有$前缀的列号、行号在鼠标拖动时会随着拖动的位置而发生变化。

相对引用地址是指行列均为相对引用的地址,其表示方法是:＜列号＞＜行号＞。

绝对引用地址是行列均为绝对引用的地址,其表示方法是:$＜列号＞$＜行号＞。

混合引用地址则是行列中有一个是绝对引用,另一个是相对引用,其表示方法是:$＜列号＞＜行号＞或＜列号＞$＜行号＞。

②引用同一工作簿的不同工作表中的单元格,其格式为:工作表名称!单元格地址。

这里的单元格地址可以是绝对地址,也可以是相对地址。

③引用其他工作簿的数据的工作表中的单元格,其格式为:[源工作簿名称]工作表名称!单元格地址。

同样,这里的单元格地址既可以是绝对地址,也可以是相对地址。

注意事项:

在引用其他工作簿中的数据时,所引用的工作簿必须打开。如果引用的工作簿没有打开,则必须给出所引用工作簿的完整路径,否则将不能计算出正确的结果。

3.公式应用示例

仍然以前面的学生成绩记载表为例,来看一下若要在已直接输入表中A1至I11单元格数据的基础上,计算出每位同学期末相对期中的成绩进步情况及每位同学的学期总成绩该怎么样去做。

二维码 4-7

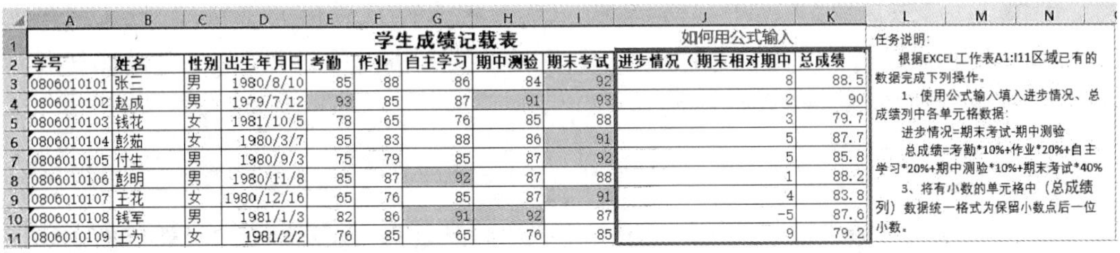

	A	B	C	D	E	F	G	H	I	J	K
1	学生成绩记载表										
2	学号	姓名	性别	出生年月日	考勤	作业	自主学习	期中测验	期末考试	进步情况(期末相对期中	总成绩
3	0806010101	张三	男	1980/8/10	85	88	86	84	92	8	88.5
4	0806010102	赵成	男	1979/7/12	93	85	87	91	93	2	90
5	0806010103	钱花	女	1981/10/5	78	65	76	85	88	3	79.7
6	0806010104	彭茹	女	1980/3/7	85	83	88	86	91	5	87.7
7	0806010105	付生	男	1980/9/3	75	79	85	87	92	5	85.8
8	0806010106	彭明	男	1980/11/8	85	87	92	87	88	1	88.2
9	0806010107	王花	女	1980/12/16	65	76	85	87	91	4	83.8
10	0806010108	钱军	男	1981/1/3	82	86	91	92	87	-5	87.6
11	0806010109	王为	女	1981/2/2	76	85	65	76	85	9	79.2

图4-70 公式输入任务说明及完成后效果

根据图4-70所示的任务说明及操作完成后的截图显示,每位同学的“进步情况=期末成绩—期中测验”、“总成绩=考勤*10%+作业*20%+自主学习*20%+期中测验*10%+期末考试*40%”,所以在该任务完成中需要用到公式输入的相关内容。其步骤大致如下:

步骤一:使用公式直接输入J3、K3单元格中的值。

①选中J3单元格,直接在其单元格(也可在其编辑栏)中输入“=I3-H3”后回车确认即可输入J3单元格的具体值,如图4-71所示。

J3　fx　=I3-H3

	A	B	C	D	E	F	G	H	I	J
1	学生成绩记载表									
2	学号	姓名	性别	出生年月日	考勤	作业	自主学习	期中测验	期末考试	进步情况（期末相对期中
3	0806010101	张三	男	1980/8/10	85	88	86	84	92	8

图4-71　使用公式输入J3单元格的值

②选中K3单元格,直接在其单元格(也可在其编辑栏)中输入“=E3*10%+F3*20%+G3*20%+H3*10%+I3*40%”后回车确认即可输入K3单元格的具体值,如图4-72所示。

K3　fx　=E3*10%+F3*20%+G3*20%+H3*10%+I3*40%

	A	B	C	D	E	F	G	H	I	J	K
1	学生成绩记载表										
2	学号	姓名	性别	出生年月日	考勤	作业	自主学习	期中测验	期末考试	进步情况（期末相对期中	总成绩
3	0806010101	张三	男	1980/8/10	85	88	86	84	92	8	88.5

图4-72　使用公式输入K3单元格的值

步骤二:使用公式填充输入J4—J11、K4—K11单元格中的值。

①将鼠标指针移至J3单元格右下方,等指针变成“+”形状后,按住鼠标左键向下拖动至J11单元格依次填充J4至J11中各单元格中的公式。

②将鼠标指针移至K3单元格右下方,等指针变成“+”形状后,按住鼠标左键向下拖动至K11单元格依次填充K4至K11中各单元格中的公式。

步骤三:选中K3至K11单元格,单击鼠标右键选择设置单元格格式,进入到单元格格式对话框,在其中可进行K3至K11中单元格数字格式的设置,至此完成此任务示例中的各相关任务,如图4-73所示。

	A	B	C	D	E	F	G	H	I	J	K
1	学生成绩记载表										
2	学号	姓名	性别	出生年月日	考勤	作业	自主学习	期中测验	期末考试	进步情况（期末相对期中	总成绩
3	0806010101	张三	男	1980/8/10	85	88	86	84	92	8	88.5
4	0806010102	赵成	男	1979/7/12	93	85	87	91	93	2	90
5	0806010103	钱花	女	1981/10/5	78	65	76	85	88	3	79.7
6	0806010104	彭茹	女	1980/3/7	85	83	88	86	91	5	87.7
7	0806010105	付生	男	1980/9/3	75	79	85	87	92	5	85.8
8	0806010106	彭明	男	1980/11/8	85	87	92	87	88	1	88.2
9	0806010107	王花	女	1980/12/16	65	76	85	87	91	4	83.8
10	0806010108	钱军	男	1981/1/3	82	86	91	92	87	-5	87.6
11	0806010109	王为	女	1981/2/2	76	85	65	76	85	9	79.2

图4-73　使用填充公式输入求J4至J11单元格的值

4.4.2 使用函数

Excel 2016中的函数一共有11类，分别是数据库函数、日期与时间函数、工程函数、财务函数、信息函数、逻辑函数、查询和引用函数、数学和三角函数、统计函数、文本函数以及用户自定义函数，其中前10类均为Excel 2016内置的。函数作为Excel 2016处理数据的一个重要手段，功能是十分强大的，在生活和工作实践中可以有许多种应用，用户甚至可以用Excel来设计复杂的统计管理表格或者小型的数据库系统。

1.插入函数的方法

函数的插入方法主要有如下三种：

①在选中单元格中或其编辑栏中直接输入“＝”，后面跟着“函数名(函数参数)”，如：“＝SUM(C3:D3)”，最后输入回车即可。该函数表示在单元格中输入C3到D3区域的单元格中数值之和。该函数中也允许具体的数据常量或其他能够给出一个确定值的表达式、函数作为其参数。

②选中单元格后，单击单元格编辑区中编辑栏上的“插入函数”按钮(或直接按【Shift＋F3】)，弹出如图4-74的对话框，用户可以在该对话框中选择要插入的函数并对其参数进行输入。

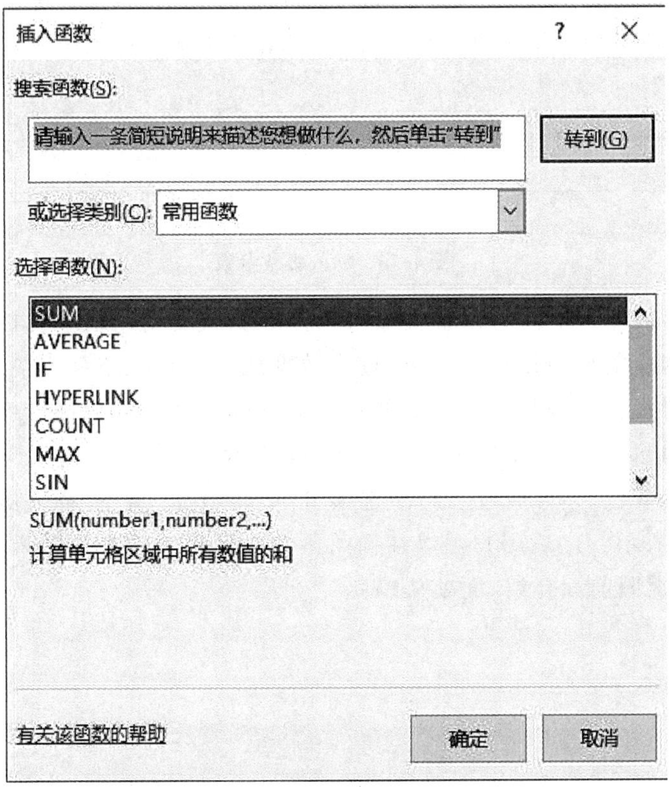

图4-74 “插入函数”对话框

如用户选择SUM函数后,即进入SUM函数的参数输入对话框,如图4-75所示。

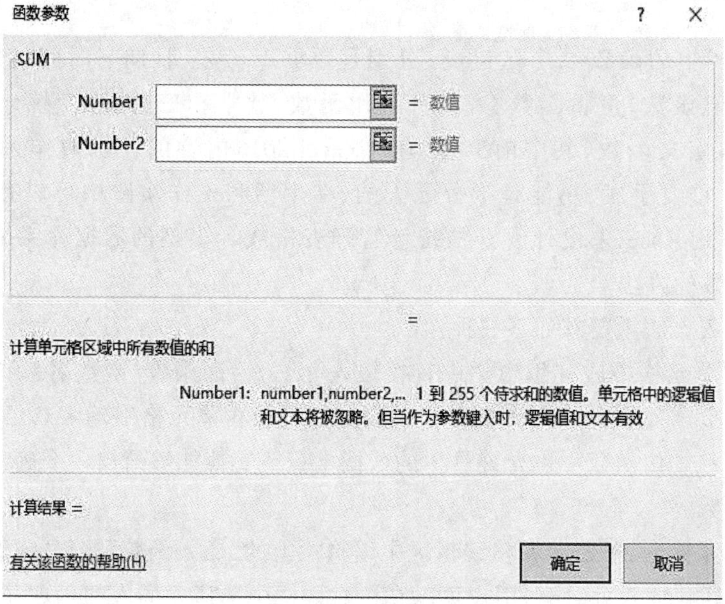

图4-75 SUM"函数参数"对话框

在该对话框中,用户可直接在"Number1"、"Number2"后的数据输入框中输入要加入到和值里面的数或引用单元格的地址。也可单击输入框后面的按钮进入到函数参数的输入,如图4-76所示。

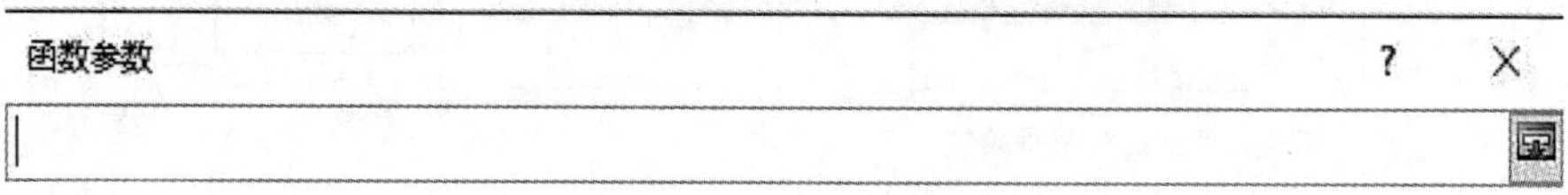

图4-76 输入函数参数

在该函数参数输入框内可以直接输入具体数据或要引用的单元格地址,也可以用鼠标快速地去选取需要引用的单元格,输入数据或选取单元格后应单击"关闭"按钮返回到图4-75的界面。在该界面中所有的数据输入框均输入了数据后单击"确定"按钮,即可完成函数的输入,单元格中即会显示该函数的值。

③选中单元格后,亦可通过"公式"选项卡下"函数库"组中"插入函数"按钮来插入函数,如图4-77所示。之后用户可以在插入函数对话框中选择要插入的函数并对其参数进行输入(步骤同前面介绍,此处从略)。

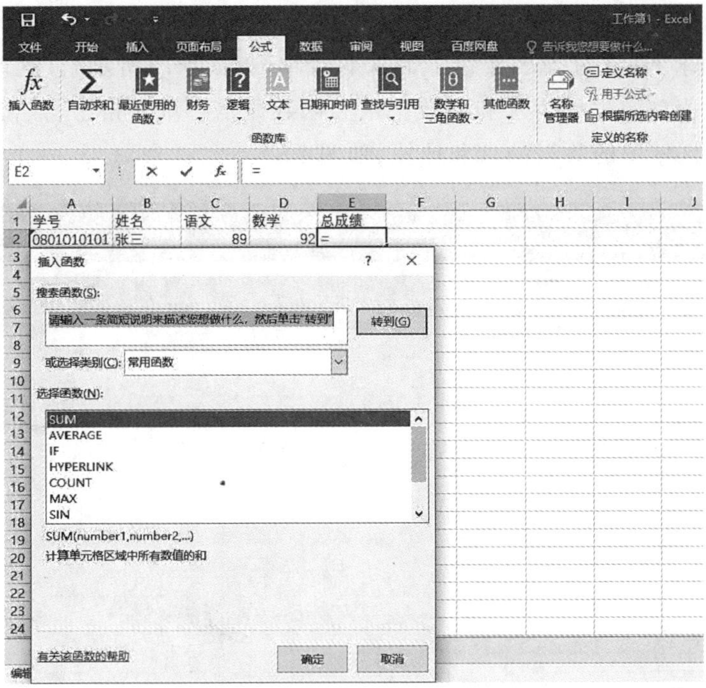

图4-77 "公式"→"函数库"→"插入函数"按钮调出"插入函数"对话框

④自动求和。对于一些非常常用的数值计算类函数，如求和、求平均值等，还可以使用"开始"→"编辑"组中"自动求和"下拉列表按钮弹出相应的选项后单击来实现相关的运算。具体方法有以下两种。

一是先选择需要求和的数值型单元格，在"开始"→"编辑"组中单击"自动求和"下拉列表按钮下的相应选项后(如求和)单击左键，即可在当前单元格区域的下边单元格(或右边单元格)中插入求和函数，并自动识别函数参数为其上的若干单元格(或其左的若干单元格)，完成所需要的求和计算，如图4-78所示。

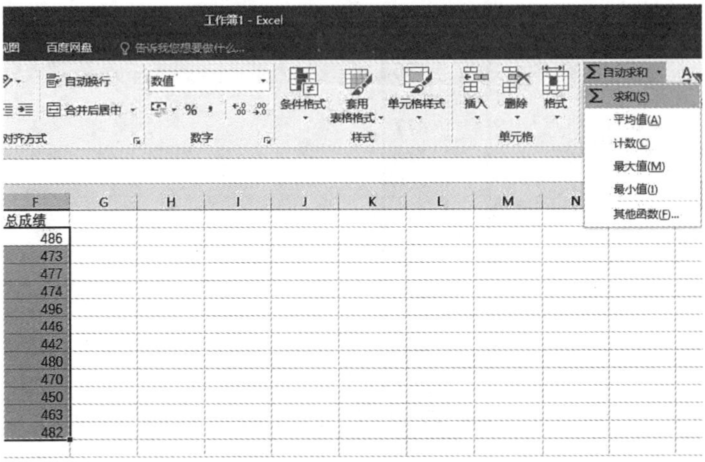

图4-78 使用"自动求和"工具钮计算选中若干单元格中数值之和

二是先在一列数值型单元格下面的单元格中单击鼠标左键,再单击"开始"→"编辑"组中"自动求和"下拉列表按钮下的求和选项(如图4-79所示)。这时,会自动选中其上的一列数值型数据作为求和参数把求和函数显示在单元格中,点击回车确认即可完成对单元格区域中的数据的求和计算,如图4-80。

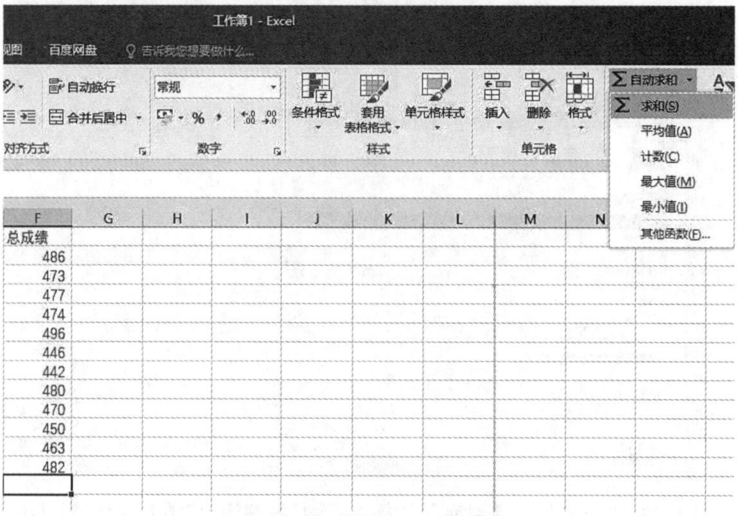

图4-79 使用"自动求和"工具钮在选中单元格中插入求和函数

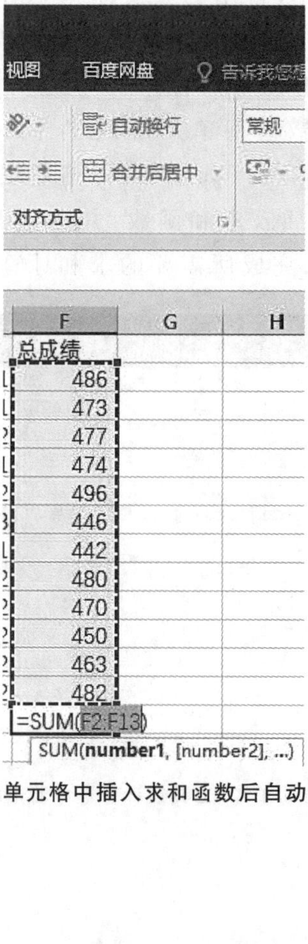

图4-80 在选中单元格中插入求和函数后自动填充的函数参数

注意：若仅需要查看所选择的单元格或单元格区域的和、平均值和单元格个数，可直接在Excel 2016的状态栏中看到相关的计算结果，包括平均值、单元格个数、总和等，如图4-81所示。

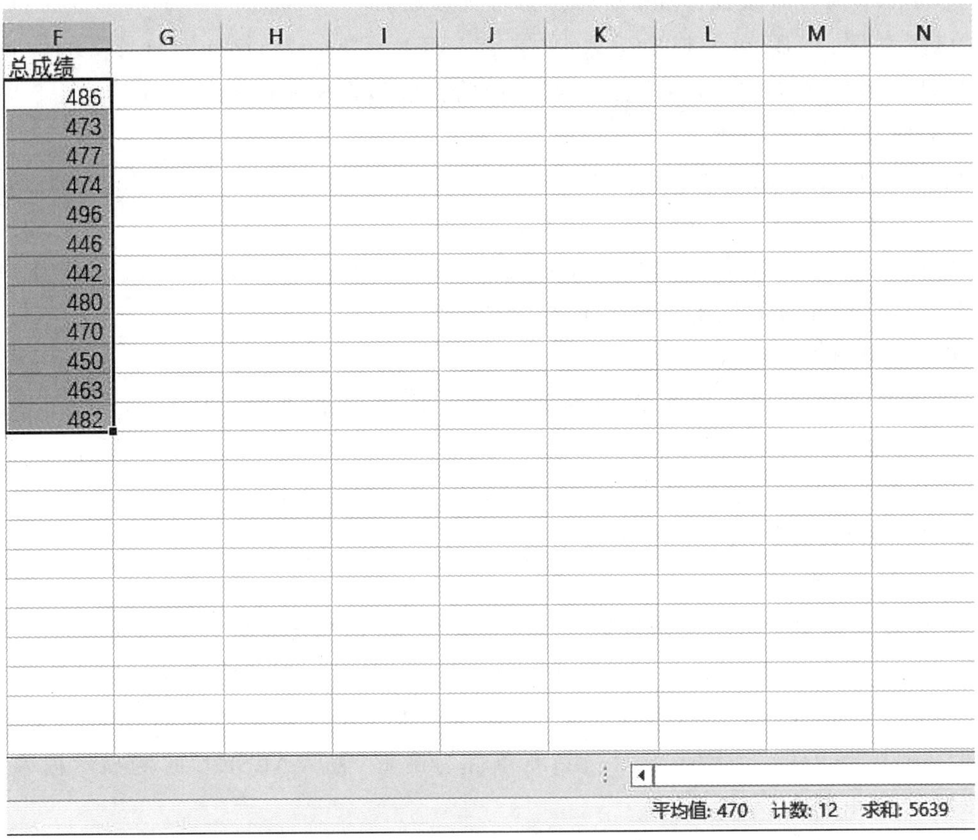

图4-81 在状态栏查看选中单元格区域的和、平均值与求和结果

2.Excel 2016的内置函数分类及常用内置函数的功能介绍

Excel 2016的函数很多，大致上可以分为以下一些类型：数学与三角函数、财务函数、统计函数、文本处理函数、日期时间函数、逻辑运算函数、信息反馈函数、数据库函数等，这里不就每一类函数中的具体函数逐个进行介绍，仅就其中一些常用的函数介绍如下：

(1)SUM()函数

该函数可以对所选单元格或单元格区域进行求和计算。其语法格式为：SUM(Number1,[Number2],...)"，其中，Number1，Number2，... 表示1～255个需要求和的参数，Numberl是必需的参数，Number2，... 为可选参数。SUM()函数的参数可以是数值，也可以是一个单元格的引用或一个单元格区域的引用。

应用举例：在D64单元格中输入公式"＝SUM(D1:D30)"，确认后即可求出D1至D30之间全部单元格中数据的总和。

(2)AVERAGE()函数

该函数用于返回所选单元格或单元格区域中数据的平均值。其语法格式为:AVERAGE(Number1,[Number2],...),AVERAGE()函数的参数与SUM()函数类似,其中的Numberl为必需参数,Number2,...为可选参数。

应用举例:在B8单元格中输入公式"=AVERAGE(B7:D7,F7:H7,7,8)",确认后,即可求出B7至D7区域、F7至H7区域中的数值和7、8的平均值。

(3)使用MAX()函数

该函数用于返回一组数据中的最大值。其语法格式为:MAX(Number1,Number2...),参数Number1,Number2...表示要计算最大值的1~255个参数。

应用举例:输入函数"=MAX(E14:J24,7,8,9,10)",确认后即可显示出E14至J24单元格区域和数值7,8,9,10中的最大值。

(4)使用MIN()函数

该函数用于返回一组数据中的最小值。其语法格式为:MIN(Number1,Number2...),参数与MAX()函数相同。

应用举例:输入公式"=MIN(E14:J24,7,8,9,10)",确认后即可显示出E14至J24单元格区域和数值7,8,9,10中的最小值。

(5)IF()函数

该函数可以根据对指定条件的逻辑判断的结果(是真还是假),分别返回相对应的内容。其语法格式:IF(Logical,Value_if_true,Value_if_false),其中:Logical代表逻辑判断表达式;Value_if_true表示当判断条件为逻辑"真(TRUE)"时的显示内容,如果忽略返回"TRUE";Value_if_false表示当判断条件为逻辑"假(FALSE)"时的显示内容,如果忽略返回"FALSE"。

应用举例:在C25单元格中输入公式"=IF(C24>=18,"符合要求","不符合要求")",确认后,如果C24单元格中的数值大于或等于18,则C25单元格显示"符合要求"字样,反之显示"不符合要求"字样。

(6)RANK()函数

该函数用来返回某单元格中数据或直接给出的某常量、表达式的值在一列的全部数据中的大小排名。其语法格式为:RANK(Number,Ref,Order),其中number参数是要在数据区域中进行比较、排名的指定数据;Ref参数是指明排名在哪一些单元格数据当中进行的一个范围,非数值将会被忽略;Order参数用来指定排名顺序的方式,该参数如果为"0"或者忽略,则按降序排名,即数值越大,排名结果数值越小;如果为非"0"值,则按升序排名,即数值越大,排名结果数值越大。

应用举例:如在C2单元格中输入公式"=RANK(B2,$B$2:$B$31,0)",确认后即可得出B2单元格中的成绩数据在绝对地址$B$2至$B$31范围内的全部数据中所占的排名情况。

(7)Countif()函数

该函数用于统计满足某个条件的单元格的数量,其语法格式:COUNTIF(Range,Criteria),其中参数Range为需要统计单元格的区域,字符数不能超过255个;Criteria是单元格应满足的条件,可以使用通配符? 和*。

另有Sumif()函数与Countif()函数语法格式类似,用于对满足条件单元格求和。

(8)VLOOKUP()函数

该函数用于在数据表的首列查找指定的数值,并由此返回数据表当前行中指定列处的数值。其语法格式为:VLOOKUP(Lookup_value,Table_array,Col_index_num,Range_lookup),其中:Lookup_value代表需要查找的数值;Table_array代表需要在其中查找数据的单元格区域;Col_index_num为在Table_array区域中待返回的匹配值的列序号(当Col_index_num为2时,返回Table_array第2列中的数值;为3时,返回第3列的值……);Range_lookup为一逻辑值,如果为TRUE或省略,则返回近似匹配值,也就是说,如果找不到精确匹配值,则返回小于lookup_value的最大数值;如果为FALSE,则返回精确匹配值,如果找不到,则返回错误值#N/A。

应用举例:在图4-82的G3单元格中输入公式"=VLOOKUP(B3,B1:F13,5,FALSE)",确认后,G3单元格中就会按该函数的要求在B1:F13区域中查找B3所在行的第5列的数据并把它显示出来。

G3 =VLOOKUP(B3,B1:F13,5)

	A	B	C	D	E	F	G
1	考生号	姓名	性别	专业	班级代号	总成绩	
2	1842280213007	刘御	女	动画	130101	486	
3	1842280213016	陈缺	男	动画	130101	473	473
4	1842280217014	付蕊	男	环境设计	130102	477	
5	1842940113020	王御	男	动画	130101	474	
6	1842950113031	付红	女	环境设计	130102	498	
7	1842950113034	周生	女	视觉传达设	130103	446	
8	1842950113064	刘蕊	男	动画	130101	442	

图4-82 VLOOKUP使用示例

特别提醒:Lookup_value必须在Table_array区域的首列中;如果忽略Range_lookup参数,则Table_array的首列必须进行排序。

另有HLOOKUP()函数与VLOOKUP()函数语法格式类似,只是第三个参数为行号,是在所给区域中查找按列查找对应的行。

4.4.3 综合案例

继续以前面的"学生成绩记载表"为例,来看一下若要在已输入表中A1至K11单元格数据的基础上(参见图4-73),继续完成下列操作又该如何去做。

①在原工作表(A1:K11)下方增加三行、右边增加两列,并按图4-83样例输入增加部分的数据(新增行的行首:平均成绩、最高分、最低分及新增列的字段名:成绩等级、成绩排名)、设置有关单元格的合并,并添加边框。

②使用对应的函数(涉及的函数包括:AVERAGE()、MAX()、MIN()、IF()、RANK())输入平均成绩、最高分、最低分行及成绩等级、成绩排名列中各具体单元格中的数据。

③完成后可根据需要将有小数的单元格中数据统一格式为保留小数点后一位小数。

下面图4-83是本综合案例的任务说明及完成后效果的截图

	A	B	C	D	E	F	G	H	I	J	K	L	M
1	学生成绩记载表												
2	学号	姓名	性别	出生年月日	考勤	作业	自主学习	期中测验	期末考试	进步情况(期末相对期中)	总成绩	成绩等级	成绩排名
3	0806010101	张三	男	1980/8/10	85	88	86	84	92	8	88.5	及格	2
4	0806010102	赵成	男	1979/7/12	93	85	87	91	93	2	90.0	优秀	1
5	0806010103	钱花	女	1981/10/5	78	65	76	85	88	3	79.7	及格	8
6	0806010104	彭茹	女	1980/3/7	85	83	88	86	91	5	87.7	及格	4
7	0806010105	付生	男	1980/9/3	75	79	85	87	92	5	85.8	及格	6
8	0806010106	彭明	男	1980/11/8	85	87	92	87	88	1	88.2	及格	3
9	0806010107	王花	女	1980/12/16	65	76	85	87	91	4	83.8	及格	7
10	0806010108	钱军	男	1981/1/3	82	86	91	92	87	-5	87.6	及格	5
11	0806010109	王为	女	1981/2/2	76	85	65	76	85	9	79.2	及格	9
12	平均成绩				80.4	81.6	83.9	86.1	89.7	3.6	85.6		
13	最高分				93	88	92	92	93	9	90		
14	最低分				65	65	65	76	85	-5	79.2		

任务说明:

根据EXCEL工作表A1:K11区域已有的数据完成下列操作。

1、在原工作表(A1:K11)下方增加三行、右边增加两列,并按左边样例输入增加部分的数据(行首、列头)、设置单元格合并、添加边框;

2、使用函数输入平均成绩、最高分、最低分行及成绩等级、成绩排名列中各单元格的数据;

涉及到的函数包括:average()、max()、min()、if()、rank()

2、完成后可根据需要将有小数的单元格中数据统一格式为保留小数点后一位小数。

图4-83 公式输入任务说明及完成后效果

根据图4-83所示的任务说明及操作完成后的截图显示。完成此案例任务的步骤大致如下:

步骤一:在原工作表(A1:K11)下方增加三行、右边增加两列,并在新增加的三行首单元格里分别输入平均分、最高分、最低分,新增加的两列中第二行位置分别输入成绩等级、成绩排名,然后按照样表设置单元格合并、添加边框;这些操作是之前我们都已经熟悉过的表的基本操作与数据直接输入的内容,在此不展开介绍更详细的步骤。

步骤二:本案例任务中我们要重点练习的是使用函数输入平均成绩、最高分、最低分行及成绩等级、成绩排名列中各单元格的具体数据,具体涉及的函数包括:AVERAGE()、MAX()、MIN()、IF()、RANK(),下面我们适当展开介绍其步骤:

二维码4-8

①使用IF()函数输入成绩等级列中L3单元格的数据。

学生的成绩等级是根据总成绩在不同的范围给予不同的等级的,这里假设分为三个等级:优秀、及格、不及格,成绩在90分以上(含90)的为优秀,成绩在60分以上(含60)的为及格,成绩在60分以下的为不及格。对每一个学生的成绩等级都应按这个进行判定并给出其等级,而IF()函数则是能够帮助我们来完成这种判定定级的,单独的IF()函数可以根据某一个给定条件是否成立而分别给出两个不同的结果值作为函数值,在这一个具体问题中,需要使用IF()函数的嵌套,先根据学生总成绩是不是大于等于90这一条件来判断,若成立评定其成绩等级为优秀,若不成立则继续判断总成绩是不是大于等于60这一条件,成立则评定成绩等级为及格,否则评定成绩等级为不及格。

在L3中输入IF()函数求第一个学生的成绩等级的方法有三种,我们这里采用直接在单元格或编辑栏输入“=IF(K3>=90,"优秀",IF(K3>=60,"及格","不及格"))”回车的方式来完成,如图4-84所示。

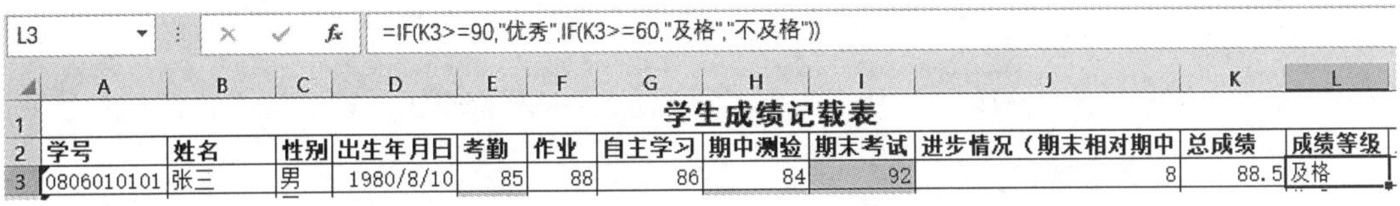

图4-84 使用IF()函数求L3单元格中具体的成绩等级值

②将鼠标指针移至L3单元格右下方,等指针变成“+”形状后,按住鼠标左键向下拖动至L11单元格依次填充L4至L11的各单元格中的成绩等级数据。

③使用RANK()函数输入成绩排名列中M3单元格的数据。

二维码4-9

学生的成绩排名是根据学生的总成绩在全部学生总成绩中的排名(一般是从高到低)来给出的,RANK()函数可以帮助我们来完成这种排名操作,它需要我们给出当前要排名的学生的总成绩及全部学生总成绩的单元格引用,默认不需要给出排序方向直接按从高到低进行排名。

应注意的是当前要排名的学生总成绩的单元格引用应用相对地址,而全部学生总成绩的单元格引用应用绝对引用,以便在后面用填充方法去求其他同学的排名时不致出错,因为在已在某单元格输入一个包含函数调用的公式求出一个学生的排名后,后面的填充过程中要排名的学生是在变化的,但排名是在哪些学生中进行的那个范围是没有变化,所以函数中的要排名的学生应采用相对地址(这样它才能变化),而排名是在哪一个范围进行的那个区域地址表示应采用绝对地址(这样它才能不变),因此,在M3中输入RANK()函数求第一个学生的成绩排名时我们应在单元格或编辑栏输入“=RANK(K3,$K$3:$K$11)”,回车后我们即可看到排名结果在M3单元格中显示出来了,如图4-85所示。

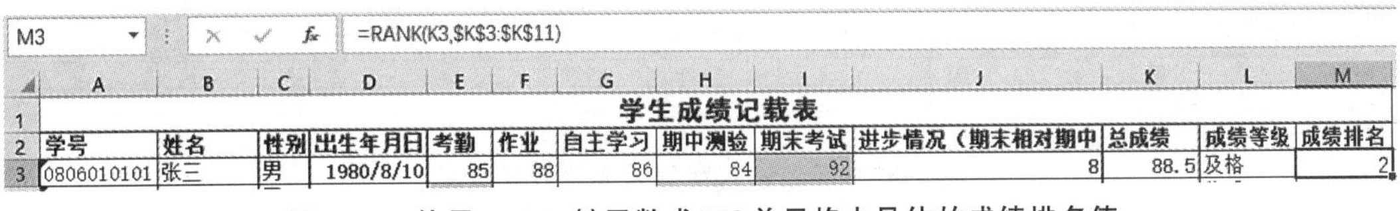

图4-85 使用RANK()函数求M3单元格中具体的成绩排名值

④将鼠标指针移至M3单元格右下方,等指针变成“+”形状后,按住鼠标左键向下拖动至M11单元格依次填充M4至M11的各单元格中的成绩排名数据。

⑤对于所有同学总成绩的平均分、最高分、最低分即单元格K12、K13、K14中的数据可分别使用AVERAGE()、MAX()、MIN()三个函数来计算得到,这些单元格中的数据可以通过前面介绍过的多种方法来调用相关函数,这里仍以直接在单元格或编辑栏中输入包含相关函数调用的公式为例来介绍,K12、K13、K14中应输入的公式,如图4-86所示。

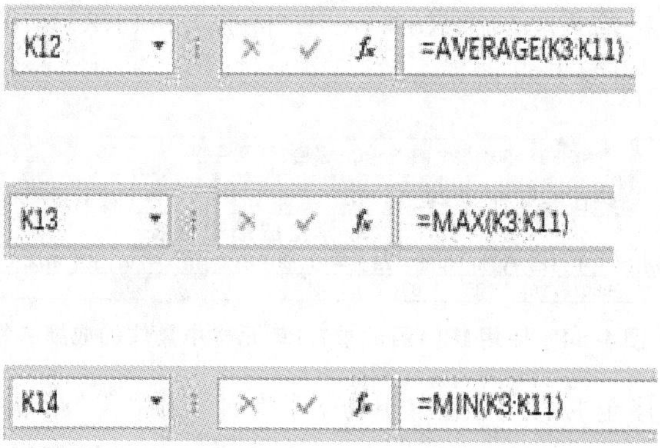

图 4-86 使用 AVERAGE()、MAX()、MIN()函数来求 K12、K13、K14 中的数据

⑥对于所有同学的考勤、作业、自主学习、期中测验、期末考试、进步情况(期末相对期中)等的平均成绩、最高分、最低分都可以通过向左拖动 K12、K13、K14 的填充柄来自动求出。

二维码 4-10

步骤三:最后选中计算后有小数的平均成绩行及总成绩列,单击鼠标右键选择设置单元格格式,进入到单元格格式对话框,在其中可进行 K3 至 K14 及 A12 至 K12 中单元格数字格式的设置,至此完成此任务示例中的各相关任务,如图 4-87 所示。

二维码 4-11

	A	B	C	D	E	F	G	H	I	J	K	L	M
1	学生成绩记载表												
2	学号	姓名	性别	出生年月日	考勤	作业	自主学习	期中测验	期末考试	进步情况(期末相对期中)	总成绩	成绩等级	成绩排名
3	0806010101	张三	男	1980/8/10	85	88	86	84	92	8	88.5	及格	2
4	0806010102	赵成	男	1979/7/12	93	85	87	91	93	2	90.0	优秀	1
5	0806010103	钱花	女	1981/10/5	78	65	76	85	88	3	79.7	及格	8
6	0806010104	彭茹	女	1980/3/7	85	83	88	86	91	5	87.7	及格	4
7	0806010105	付生	男	1980/9/3	75	79	85	87	92	5	85.8	及格	6
8	0806010106	彭明	男	1980/11/8	85	87	92	87	88	1	88.2	及格	3
9	0806010107	王花	女	1980/12/16	65	76	85	87	91	4	83.8	及格	7
10	0806010108	钱军	男	1981/1/3	82	86	91	92	87	-5	87.6	及格	5
11	0806010109	王为	女	1981/2/2	76	85	65	76	85	9	79.2	及格	9
12	平均成绩				80.4	81.6	83.9	86.1	89.7	3.6	85.6		
13	最高分				93	88	92	92	93	9	90		
14	最低分				65	65	65	76	85	-5	79.2		

图 4-87 函数输入案例完成后效果截图

4.5 Excel 2016的图表操作

Excel 2016 中的图表是对工作表中数据的一种图形化的表达,它用直观的图形来表示数据间复杂的关系(如趋势、构成、比较等)。Excel 2016 中普通的工作表中大量数据蕴含的数据之间的关系往往不是一眼就能够看得出来的,但是当把它们直观地表达成一个图形或者一个曲线的时候,就可以让人能够很清楚地看出数据间的关系,让人们对枯燥数据包含的有意义的内容更容易理解和记忆。Excel 2016 中的图表分为两大类,即2010版开始增加的迷你图和早期版本一直就有的传统意义上的图表。下面予以分别介绍。

4.5.1 迷你图

1.迷你图的创建和编辑

迷你图是Excel 2010开始推出的一种全新的图表制作工具,它以单元格为绘图区域,能够方便快捷地把选定数据源中的数据之间的关系以迷你的小图形式呈现在用户面前,它是存在于单元格中的小图表,它所依赖的数据源通常是一行或一列中的小范围的数据。

迷你图的创建有两种方法,其中第一种方法的步骤是:先定位要插入迷你图的单元格;再依次单击“插入”→“迷你图”→“折线图”,弹出“创建迷你图”对话框;最后在“创建迷你图”对话框的“数据范围”输入框中输入(选择)含有迷你图数据源的单元格区域,之后单击“确定”即可。

另一种方法则是先并不定位插入迷你图的单元格,直接依次单击“插入”→“迷你图”→“折线图”,弹出“创建迷你图”对话框;在弹出的“创建迷你图”对话框中“数据范围”输入框里输入(选择)含有迷你图数据源的单元格区域,“位置范围”输入框中选择要放置迷你图的单元格,之后单击“确定”即可。

2.操作案例

下面结合一个具体的案例来介绍实际中是如何创建迷你图的,这个案例的要求是:

根据给出的“学生成绩记载表”中已有的数据(A1至I11间为已有数据)完成其成绩曲线列下各单元格插入反映学生成绩变化的成绩曲线迷你图的操作,下面的图4-88是该任务完成后的效果和任务说明的截图。

二维码4-12

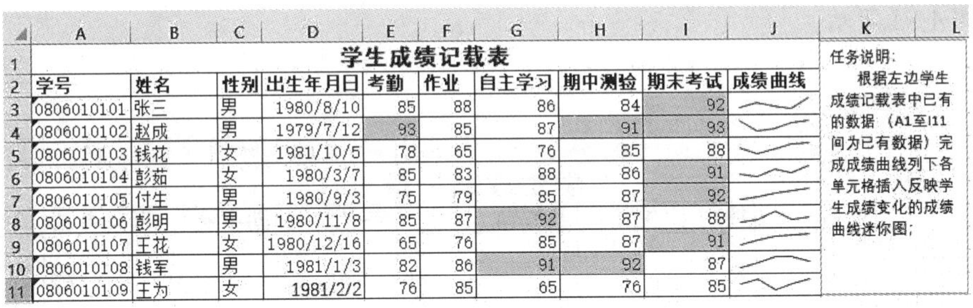

	A	B	C	D	E	F	G	H	I	J	K
1	学生成绩记载表										任务说明:根据左边学生成绩记载表中已有的数据(A1至I11间为已有数据)完成成绩曲线列下各单元格插入反映学生成绩变化的成绩曲线迷你图;
2	学号	姓名	性别	出生年月日	考勤	作业	自主学习	期中测验	期末考试	成绩曲线	
3	0806010101	张三	男	1980/8/10	85	88	86	84	92		
4	0806010102	赵成	男	1979/7/12	93	85	87	91	93		
5	0806010103	钱花	女	1981/10/5	78	65	76	85	88		
6	0806010104	彭茹	女	1980/3/7	85	83	88	86	91		
7	0806010105	付生	男	1980/9/3	75	79	85	87	92		
8	0806010106	彭明	男	1980/11/8	85	87	92	87	88		
9	0806010107	王花	女	1980/12/16	65	76	85	87	91		
10	0806010108	钱军	男	1981/1/3	82	86	91	92	87		
11	0806010109	王为	女	1981/2/2	76	85	65	76	85		

图4-88 插入迷你图任务说明及完成后效果图

按上面介绍的第一种方法,完成该案例任务的操作步骤如下:

步骤一:选定要创建迷你图的第一个单元格J3。

步骤二:依次单击功能区“插入”→“迷你图”→“折线图”按钮,弹出“创建迷你图”对话框如图4-89所示,可以看到第一步定位的要放置迷你图的单元格地址已经显示在放置迷你图的“位置范围”框里。

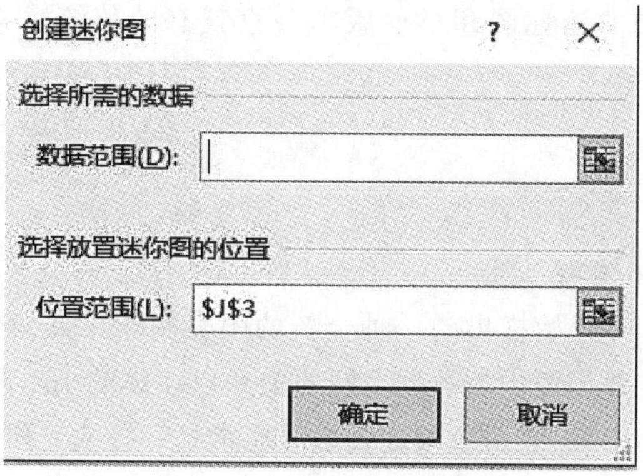

图4-89 “创建迷你图”对话框

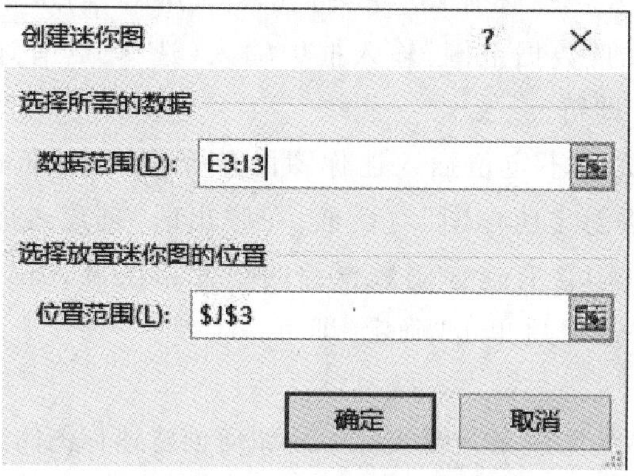

图4-90 “创建迷你图”对话框中输入“数据范围”

步骤三:在“创建迷你图”对话框中“数据范围”文本框中输入或选择包含有迷你图数据源的单元格区域,这里使用J3前面的“E3:I3”,操作完成后结果,如图4-90所示。

步骤四:单击“创建迷你图”对话框中“确定”按钮即可完成J3单元格中迷你图的创建,如图4-91所示。

J3 fx

	A	B	C	D	E	F	G	H	I	J
1	学生成绩记载表									
2	学号	姓名	性别	出生年月日	考勤	作业	自主学习	期中测验	期末考试	成绩曲线
3	0806010101	张三	男	1980/8/10	85	88	86	84	92	
4	0806010102	赵成	男	1979/7/12	93	85	87	91	93	
5	0806010103	钱花	女	1981/10/5	78	65	76	85	88	
6	0806010104	彭茹	女	1980/3/7	85	83	88	86	91	
7	0806010105	付生	男	1980/9/3	75	79	85	87	92	
8	0806010106	彭明	男	1980/11/8	85	87	92	87	88	
9	0806010107	王花	女	1980/12/16	65	76	85	87	91	
10	0806010108	钱军	男	1981/1/3	82	86	91	92	87	
11	0806010109	王为	女	1981/2/2	76	85	65	76	85	

图4-91 J3中插入迷你图后的效果

步骤五:将鼠标指针移至J3单元格右下方,等指针变成“+”形状后,按住鼠标左键向下拖动至J11单元格即可以依次填充J4至J11各单元格中的成绩曲线迷你图，如图4-92所示。

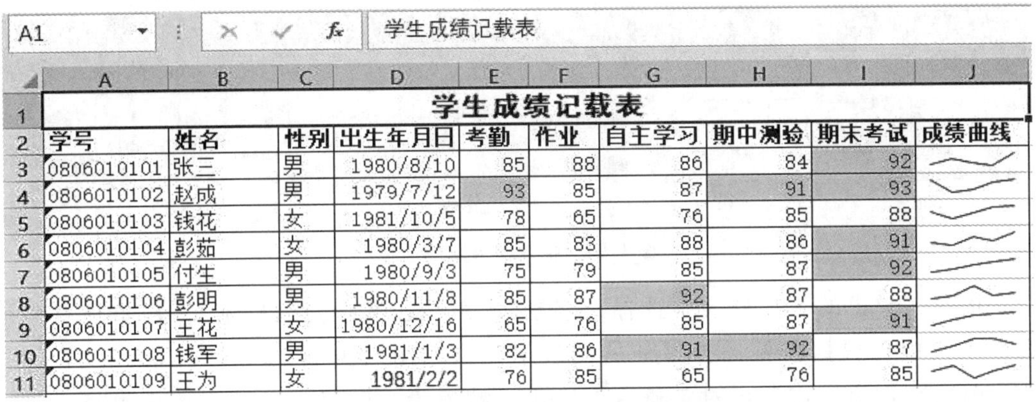

A1 学生成绩记载表

	A	B	C	D	E	F	G	H	I	J
1	学生成绩记载表									
2	学号	姓名	性别	出生年月日	考勤	作业	自主学习	期中测验	期末考试	成绩曲线
3	0806010101	张三	男	1980/8/10	85	88	86	84	92	
4	0806010102	赵成	男	1979/7/12	93	85	87	91	93	
5	0806010103	钱花	女	1981/10/5	78	65	76	85	88	
6	0806010104	彭茹	女	1980/3/7	85	83	88	86	91	
7	0806010105	付生	男	1980/9/3	75	79	85	87	92	
8	0806010106	彭明	男	1980/11/8	85	87	92	87	88	
9	0806010107	王花	女	1980/12/16	65	76	85	87	91	
10	0806010108	钱军	男	1981/1/3	82	86	91	92	87	
11	0806010109	王为	女	1981/2/2	76	85	65	76	85	

图4-92 插入全部迷你图之后的效果

完成迷你图创建后，根据需要可对迷你图进行编辑，其方法是：选中要编辑的迷你图，单击功能区“迷你图工具”下的“设计”选项卡，会出现如图4-93所示的一个可对迷你图进行编辑的功能面板。

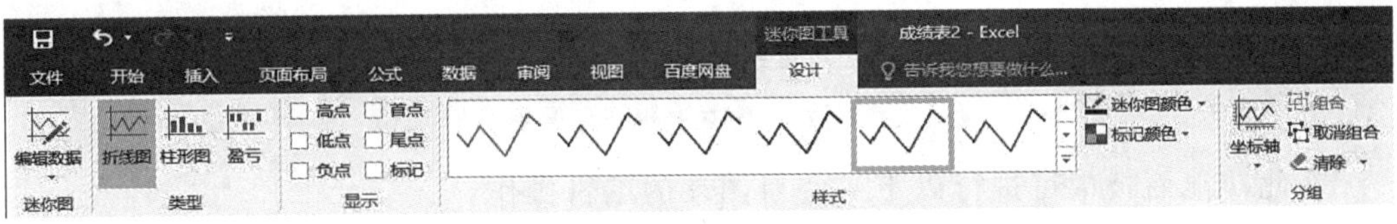

图4-93 迷你图的设计与编辑功能面板

通过该面板上的“类型”组里的“折线图”、“柱形图”、“盈亏”等不同按钮，可以改变迷你图的类型；通过该面板上的“样式”组里的不同样式按钮，可以改变迷你图的样式；通过该面板上的“显示”组里的不同复选框可更改要特别显示的一些数据点；通过该面板上的“迷你图”组中编辑数据下拉按钮可编辑迷你图的数据；通过该面板上的“分组”可对单个迷你图进行组合或取消已组合的迷你图等操作。

4.5.2 图表

1.创建和编辑图表

Excel 2016中的图表相对前面介绍的迷你图来说其创建时依赖的数据区域及完成后在表中所占的显示区域都要大一些，按照插入的位置，它可以分为内嵌图表和工作表图表。内嵌图表一般与数据源在一个表中；工作表图表则与数据源分离，图表单独占据另外一个工作表。

按照表示数据的图形来区分，图表分为柱形图、饼图、和曲线图等多种类型。同一数据源可以使用不同的图表类型创建图表。

创建图表的步骤一般为:先选择要创建图表的源数据(行、列或行列区域),然后单击“插入”选项卡中的“图表”组里的“柱形图”按钮(或其他图表类型按钮),如图4-94所示。

图4-94 插入图表功能面板

接着在弹出的下拉列表中选择“二维柱形图”,图表创建就完成了,应该注意的是上面步骤中可根据需要选择另外的图表子类型或图表类型。

图表在创建完成后可对它进行二次设计和编辑,其方法是:选中要编辑修改的图表,然后单击“图表工具”→“设计”选项卡进入到图表编辑功能面板,如图4-95所示。

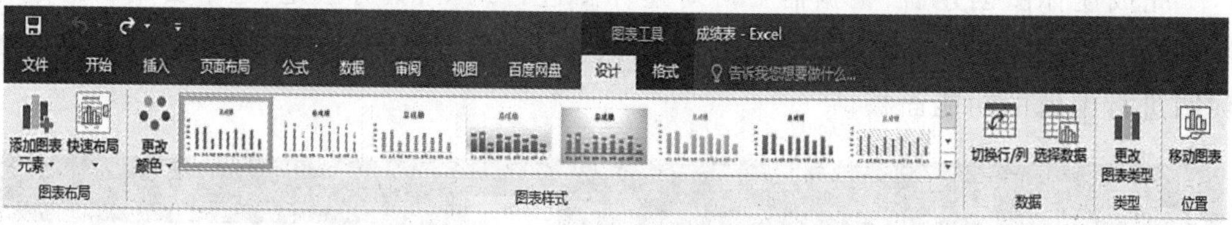

图4-95 图表编辑功能面板

在此功能面板中可进行以下一些对图表的编辑操作:

更改图表布局:单击“图表工具”→“设计”→“图表布局”→“快速布局”按钮,在弹出对话框中选择一种图表布局;单击“图表工具”→“设计”→“图表布局”→“添加图表元素”按钮,可根据需要添加多种图表元素如:图表标题、轴标题、网格线、数据标签等。

更改图表样式:单击“图表工具”→“设计”→“图表样式”→“其他”按钮,在弹出对话框中选择图表样式。

更改图表类型:单击“图表工具”→“设计”→“类型”→“更改图表类型”按钮,在弹出对话框中选择图表类型。

更改图表位置:单击“图表工具”→“设计”→“位置”→“移动图表”按钮,可更改图表位置。

更改图表数据:单击“图表工具”→“设计”→“数据”→“选择数据”按钮,可更改图表数据源。

2.操作案例

下面结合一个具体的案例来给大家介绍图表的有关操作,该案例的任务要求与完成后的效果图,如图4-96所示。

二维码4-13

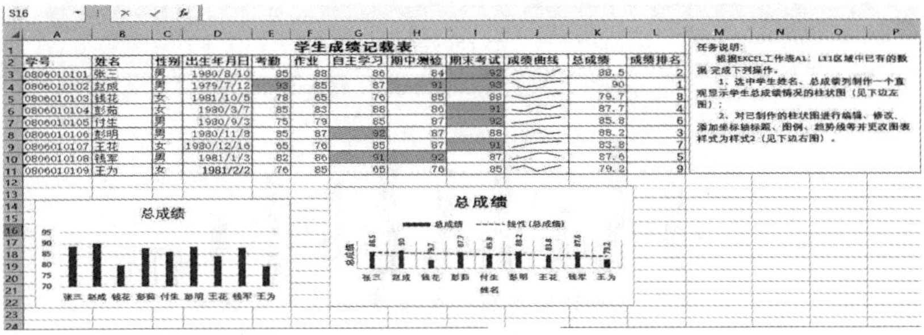

图4-96 图表的创建与编辑案例任务说明与完成后效果

这个案例是希望通过利用表中学生姓名、总成绩列制作一个直观显示学生总成绩情况的柱状图，要求在原始创建后进行更多的一些编辑、修改，如添加图表标题、轴标题、图例、数据标签、趋势线等并更改图表样式为样式2等。

下面介绍下该案例的完成步骤：

第一步：选择要用来创建图表的原始数据，这里选择表中姓名列和总成绩列，如图4-97所示。

	A	B	C	D	E	F	G	H	I	J	K	L
1	学生成绩记载表											
2	学号	姓名	性别	出生年月日	考勤	作业	自主学习	期中测验	期末考试	成绩曲线	总成绩	成绩排名
3	0806010101	张三	男	1980/8/10	85	88	86	84	92		88.5	2
4	0806010102	赵成	男	1979/7/12	93	85	87	91	93		90	1
5	0806010103	钱花	女	1981/10/5	78	65	76	85	88		79.7	8
6	0806010104	彭茹	女	1980/3/7	85	83	88	86	91		87.7	4
7	0806010105	付生	男	1980/9/3	75	79	85	87	92		85.8	6
8	0806010106	彭明	男	1980/11/8	85	87	92	87	88		88.2	3
9	0806010107	王花	女	1980/12/16	65	76	85	87	91		83.8	7
10	0806010108	钱军	男	1981/1/3	82	86	91	92	87		87.6	5
11	0806010109	王为	女	1981/2/2	76	85	65	76	85		79.2	9

图4-97 选择要创建图表的原数据列

第二步：创建图表。

单击“插入”选项卡中的“图表”组，在其中选择“柱形图”按钮，再在弹出的下拉列表中选择“二维柱形图”，如图4-98所示。图表创建就起来了，效果如图4-99。

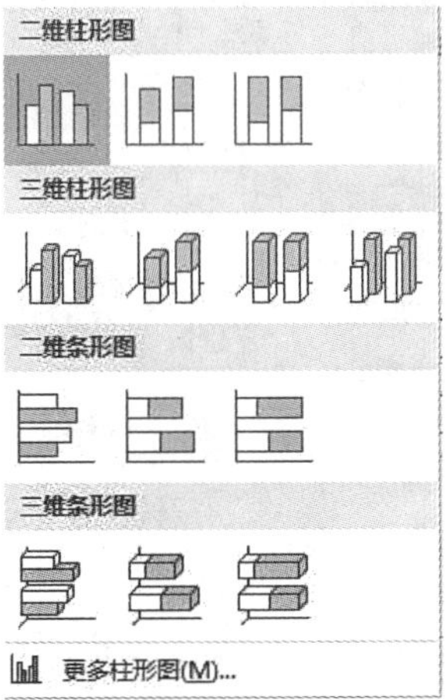

图4-98 柱形图下拉列表

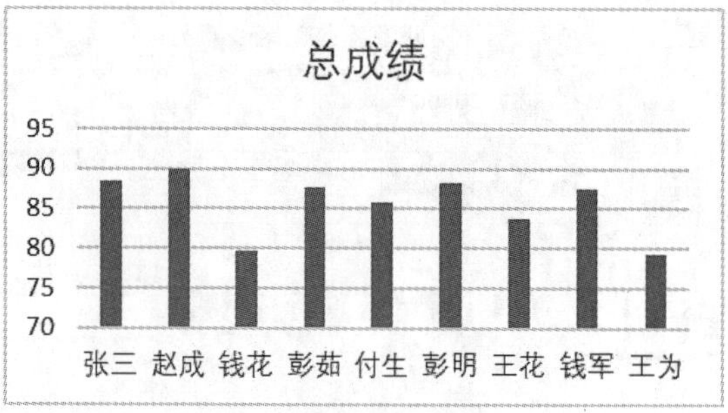

图 4-99 创建好的图表

第三步:更改图表样式和布局。

此案例中对图表的编辑只涉及更改图表样式和更改图表布局,布局方面要求添加一些图表元素,包括图表标题、轴标题、图例、数据标签、趋势线等。

选中要编辑的图表,单击“图表工具”下的“设计”选项卡,弹出图 4-95 所示的图表编辑功能面板,在“图表布局”组中单击“添加图表元素”下拉按钮,在弹出的下拉列表中选择“图表标题”→“在图表上方”完成图表标题的设置,如图 4-100 所示。

选择“轴标题”→“主要横坐标轴”和“主要纵坐标轴”分别完成横纵轴标题的设置,如图 4-101 所示。

选择“数据标签”中某一个数据标签形式,完成数据标签的设置,如图 4-102 所示。

选择“图例”中某一个图例形式,完成图例的设置,如图 4-103 所示。

选择“网格线”中某一个网格线形式,完成网格线的设置,如图 4-104 所示。

选择“趋势线”中某一种趋势线形式,完成趋势线的设置,如图 4-105 所示。

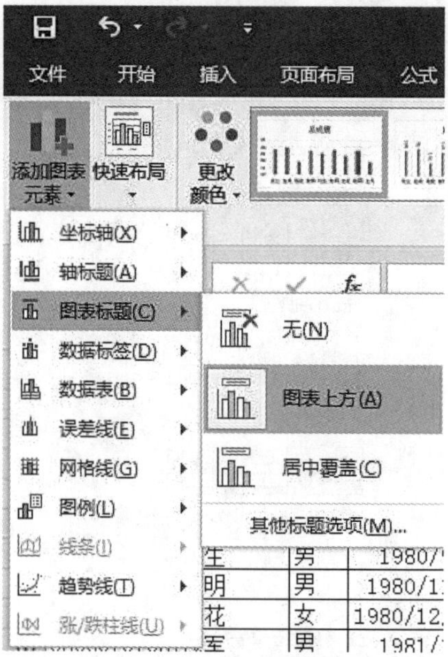

图 4-100 添加图表标题

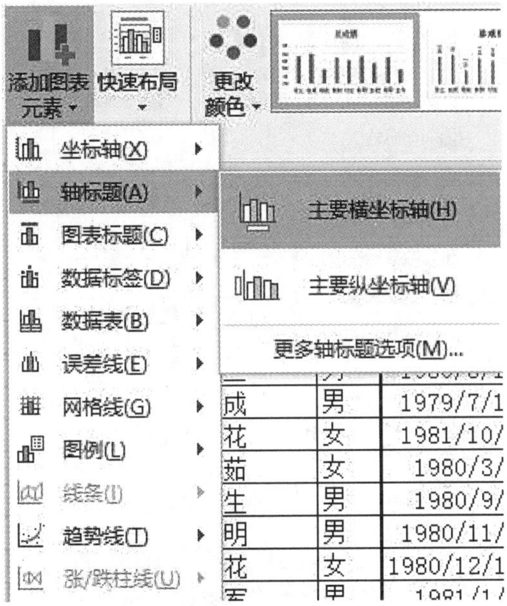

图4-101 添加轴标题

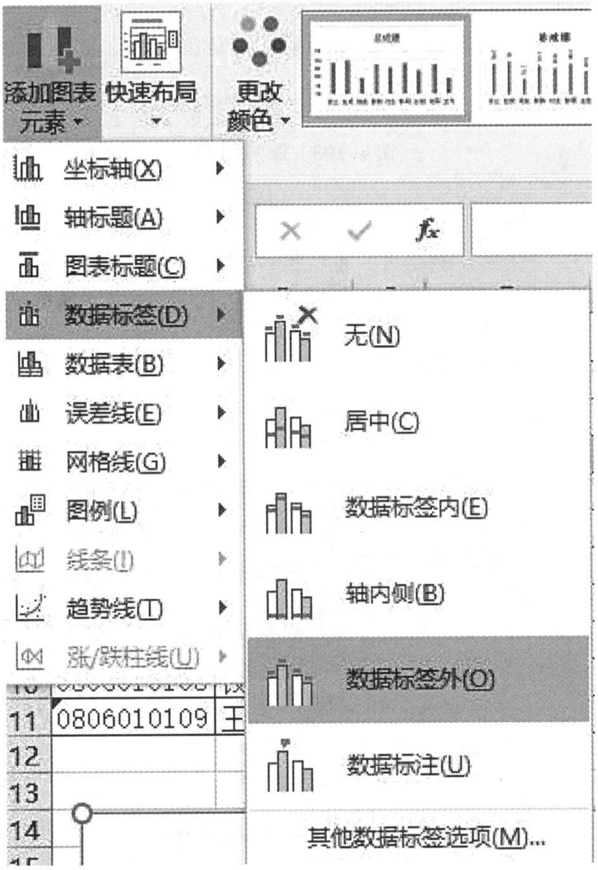

图4-102 添加数据标签

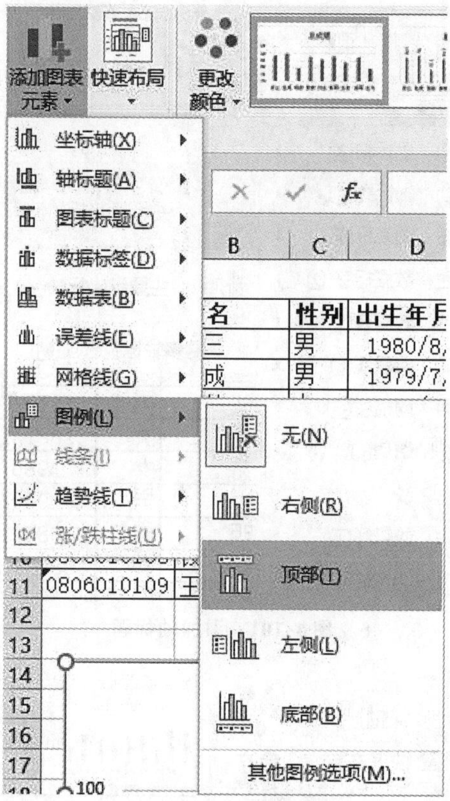

图 4-103 添加图例

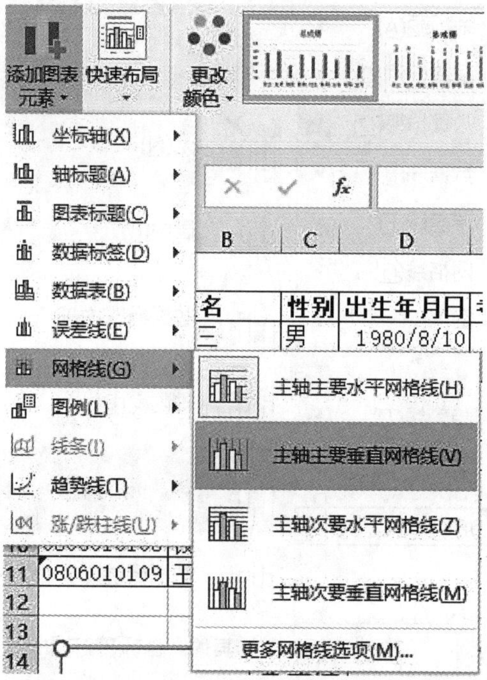

图 4-104 添加网格线

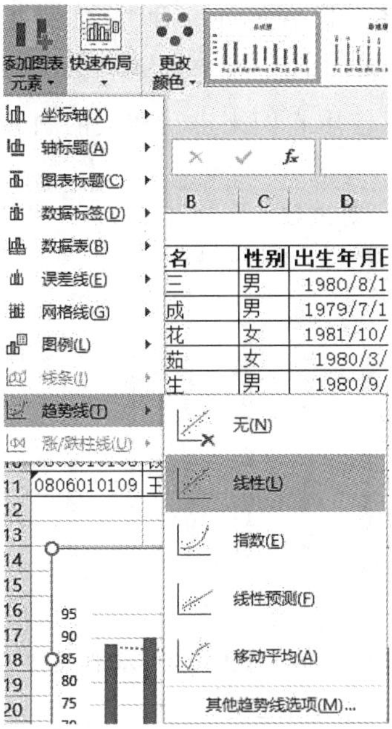

图4-105 添加趋势线

接下来对图表样式进行更改，单击“图表工具”下“设计”选项卡里的“样式”组中样式2按钮即可完成对图表样式的更改，如图4-106所示。

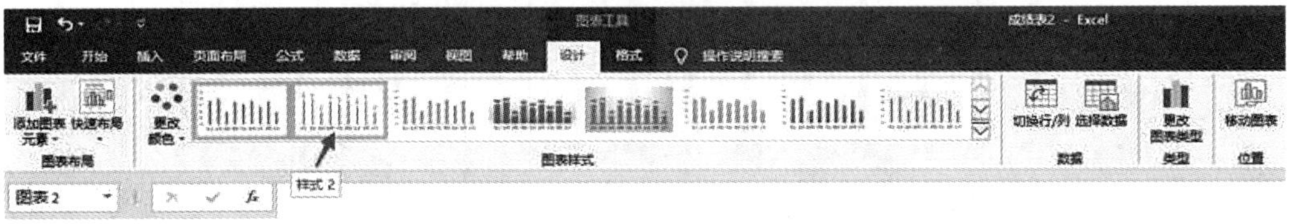

图4-106 更改图表样式为样式2

全部更改完成后，效果可能如图4-107所示（由于添加的图表元素在任务中没有详细规定，用户在选取时不一样的话可能就有不同的效果）。

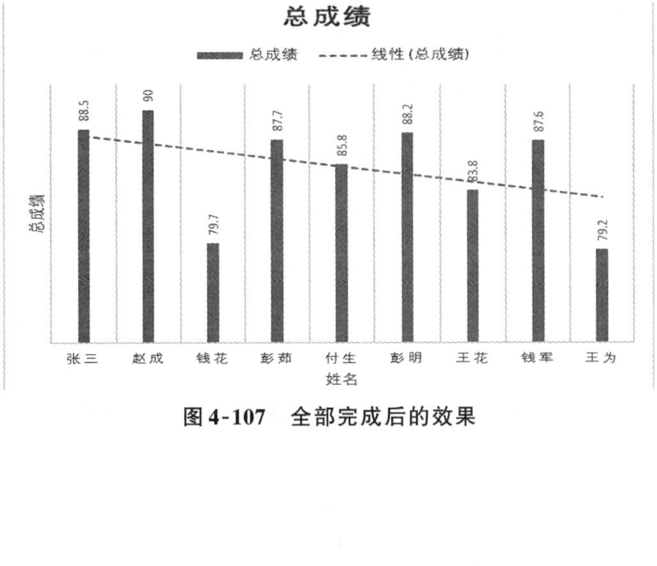

图4-107 全部完成后的效果

注意:对图表的编辑操作还可以有另外一种方法,即使用选中图表后右侧出现的有关按钮来实现相关的编辑操作,下面图4-108至图4-110分别是选中图表后右侧会出现的几个伴随按钮的图示,大家也可以使用它们来进行相关的图表编辑操作,这里不再展开介绍。

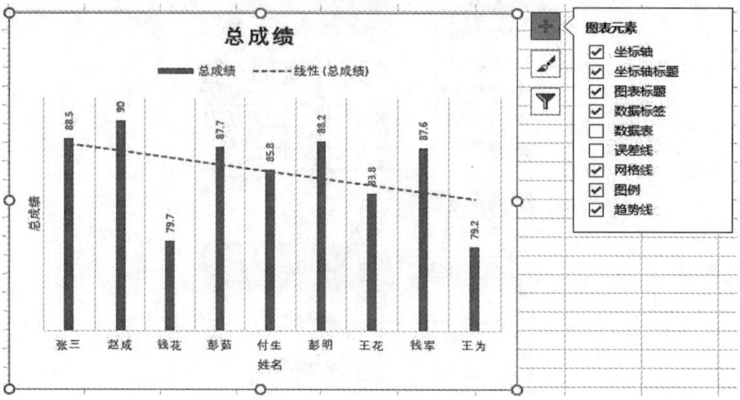

图4-108 添加图表元素伴随按钮

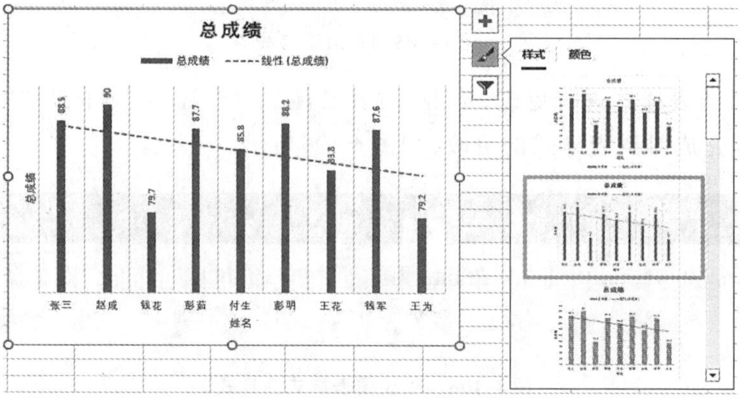

图4-109 图表样式伴随按钮

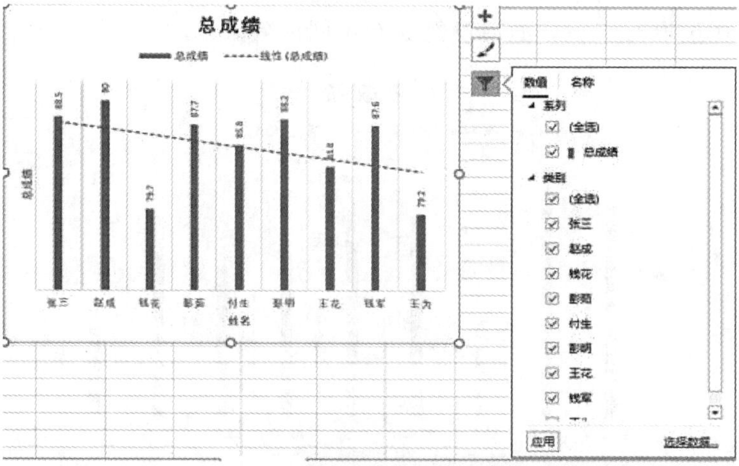

图4-110 选中图表后右侧出现的筛选器伴随按钮

4.6 Excel 2016的数据处理

4.6.1 排序

1.简单排序

简单排序是指将表中数据按照表中某一列字段值的大小进行的排序,其常用方法有两个:

方法一是选择要排序列中的任意单元格,单击“开始”→“编辑”组中“排序和筛选”下拉按钮中的“升序”按钮或“降序”按钮,即可实现将表中数据按选定单元格数据的升序或降序排序,如图4-111所示。

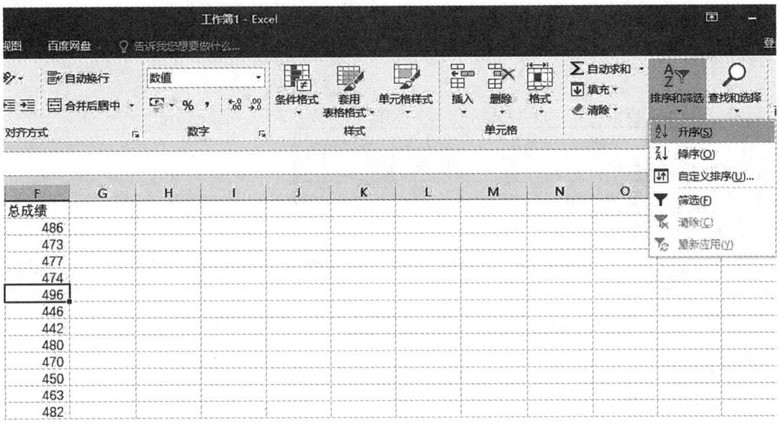

图4-111 工具钮实现简单排序

方法二是选择要排序列中的任意单元格,单击鼠标右键弹出如图4-112所示的菜单,在其中选择“升序”或“降序”,即可实现将表中数据按选定单元格数据的升序或降序排序。

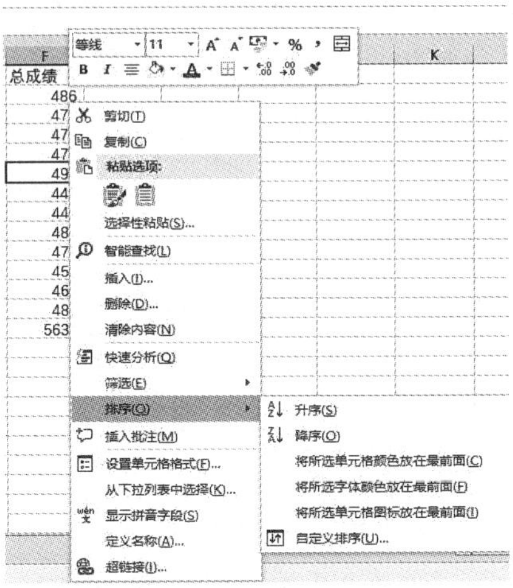

图4-112 右键菜单实现简单排序

2. 自定义排序

二维码 4-14

自定义排序是指用户根据需要设置多个排序关键字对表中数据进行的排序，这些关键字是有先后顺序的，排在最前面的是主排序关键字，在主排序关键字值相同的情况下通过对后面的次排序关键字进行比较来决定数据行的排序顺序。自定义排序的方法也有如下两种。

方法一是定位表中任意单元格位置，单击“开始”→“编辑”组中“排序和筛选”下拉按钮中的“自定义排序”按钮，即会选中表中全部数据并弹出排序条件设置对话框，如图 4-113 所示。

在该对话框设置主关键字所依据的字段列及其排序依据、次序后可单击“添加条件”再增加一行次关键字的设置，允许在主关键字后有多个次排序关键字添加进来，添加过程中也允许对已有的排序关键字进行删除。最后添加完后单击确定即可实现按多个关键字的排序。

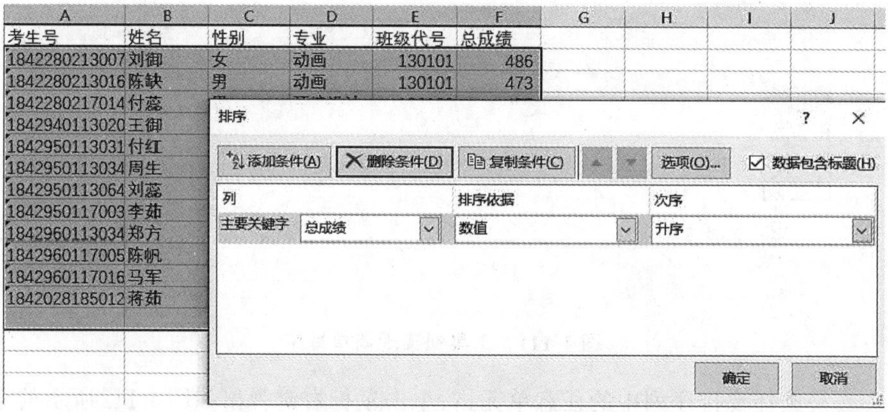

图 4-113　选择自定义排序后的条件设置对话框

方法二是定位表中任意单元格位置，单击鼠标右键弹出如图 4-112 所示的菜单，在其中选择“自定义排序”，即会弹出图 4-113 所示的自定义排序条件设置对话框，完成设置后即可实现按所给的组合条件进行的自定义的排序。

4.6.2　数据筛选

Excel 2016 的数据筛选功能包括自动筛选、自定义筛选和高级筛选，其中自动筛选和自定义筛选都是针对表中某一个关键字数据应满足的条件来进行的筛选，而高级筛选则是针对表中多个关键字数据应满足的条件组合来进行的筛选。

1. 自动筛选与自定义筛选

针对表中某一个关键字数据应满足的条件来进行的筛选可以分为自动筛选和自定义筛选两种，他们都可以通过单击“开始”→“编辑”组中“排序和筛选”下拉按钮中的“筛选”按钮在各个关键字列的列名处显示出下拉箭头，如图 4-114 所示。

考生号	姓名	性别	专业	班级代号	总成绩
1842280213007	刘御	女	动画	130101	486
1842280213016	陈缺	男	动画	130101	473
1842280217014	付蕊	男	环境设计	130102	477
1842940113020	王御	男	动画	130101	474
1842950113031	付红	女	环境设计	130102	496
1842950113034	周生	女	视觉传达设	130103	446
1842950113064	刘蕊	男	动画	130101	442
1842950117003	李茹	男	环境设计	130102	480
1842960113034	郑方	男	环境设计	130102	470
1842960117005	陈帆	女	环境设计	130102	450
1842960117016	马军	男	环境设计	130102	463
1842028185012	蒋茹	男	环境设计	130102	482

图4-114　通过“排序和筛选”下拉按钮中的“筛选”菜单激活“筛选”功能

在其中选择一个关键字列单击其右边的下拉箭头，弹出如图4-115所示的筛选方式选择菜单，我们可以在其中选择某一种自动筛选的方式，如前10项或直接选择自定义筛选进入到更复杂的筛选条件的设置，如图4-116所示。

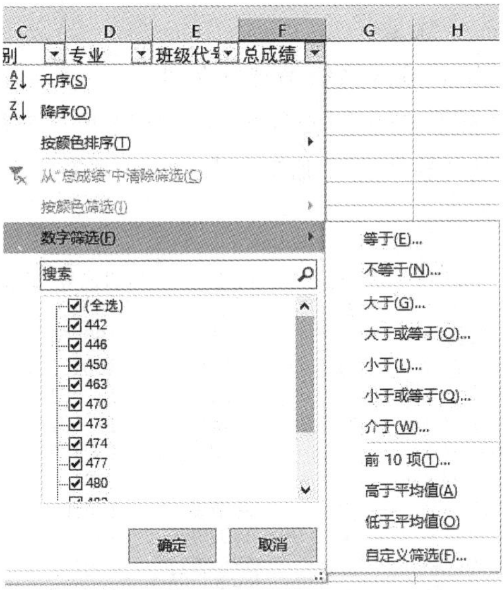

图4-115　选择某列进行筛选后的菜单

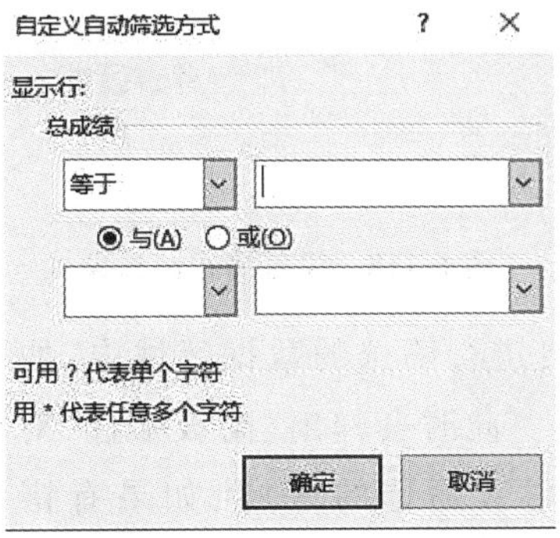

图4-116　选择对某列进行自定义筛选后的对话框

2.高级筛选

下面以在图4-117的表中筛选语文和数学成绩均为90分以上的考生的信息为例来介绍高级筛选。

考生号	姓名	性别	专业	班级代号	语文	数学
1842280213007	刘御	女	动画	130101	98	96
1842280213016	陈缺	男	动画	130101	85	92
1842280217014	付蕊	男	环境设计	130102	88	75
1842940113020	王御	男	动画	130101	78	83
1842950113031	付红	女	环境设计	130102	69	84
1842950113034	周生	女	视觉传达设	130103	89	86
1842950113064	刘蕊	男	动画	130101	87	73
1842950117003	李茹	男	环境设计	130102	68	66
1842960113034	郑方	男	环境设计	130102	86	58
1842960117005	陈帆	女	环境设计	130102	92	87
1842960117016	马军	男	环境设计	130102	79	75
1842028185012	蒋茹	男	环境设计	130102	80	69

图4-117 高级筛选示例用表

实现上述筛选任务的步骤是:

第一步:设置条件区域并输入高级筛选的条件。

注意:条件区域和数据区域中间必须要有一行以上的空行隔开,一般在与表中数据区域空两行之后的位置处输入高级筛选的条件,作为条件区域,如图4-118所示。

	A	B	C	D	E	F	G
1	考生号	姓名	性别	专业	班级代号	语文	数学
2	1842280213007	刘御	女	动画	130101	98	96
3	1842280213016	陈缺	男	动画	130101	85	92
4	1842280217014	付蕊	男	环境设计	130102	88	75
5	1842940113020	王御	男	动画	130101	78	83
6	1842950113031	付红	女	环境设计	130102	69	84
7	1842950113034	周生	女	视觉传达设	130103	89	86
8	1842950113064	刘蕊	男	动画	130101	87	73
9	1842950117003	李茹	男	环境设计	130102	68	66
10	1842960113034	郑方	男	环境设计	130102	86	58
11	1842960117005	陈帆	女	环境设计	130102	92	87
12	1842960117016	马军	男	环境设计	130102	79	75
13	1842028185012	蒋茹	男	环境设计	130102	80	69
14							
15							
16					条件区域 →	语文	数学
17						>=90	>=90
18							
19							

图4-118 设置高级筛选条件

第二步:把鼠标定位在要进行筛选的数据区域内,如下图中红线框内,单击“数据”菜单工具栏中的“高级”按钮。此时会弹出“高级筛选”对话框,并且其中的“列表区域”就自动判断出了你要进行高级筛选的区域,如果有错你可以重新获取,如图4-119所示。

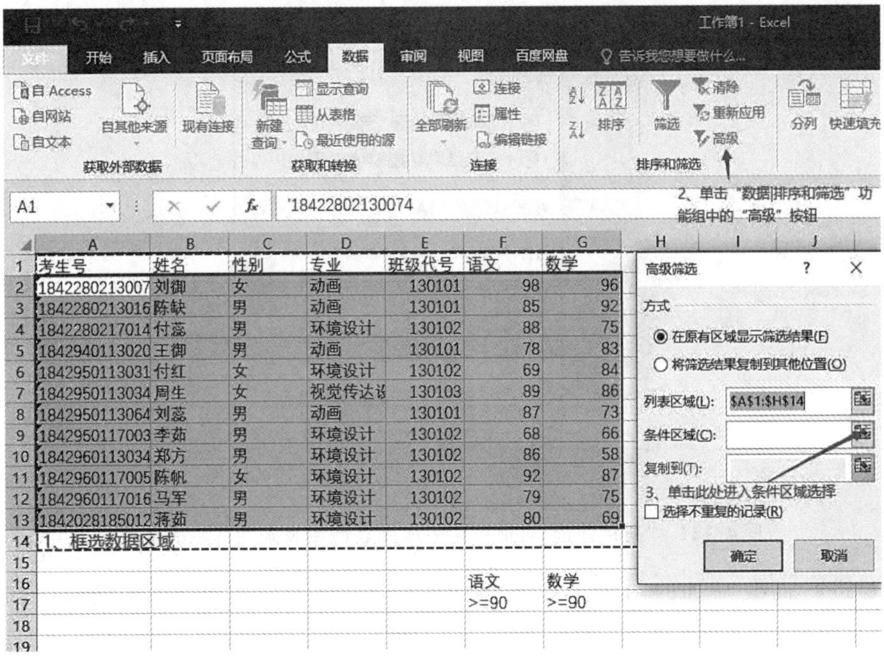

图4-119 “高级筛选”对话框的进入

第三步:单击“高级筛选”对话框中“条件区域”输入框右侧的按钮,进入到对条件区域的框选,将第一步中设置的条件区域框选后,该条件区域即在“高级筛选-条件区域”显示出来,如图4-120所示,单击“高级筛选-条件区域”右侧的还原高级筛选对话框按钮,回到图4-119所示的高级筛选对话框,此时的高级筛选对话框列表区域与条件区域均已选定范围(如图4-121),单击“确定”按钮即可以完成所需要的高级筛选操作。

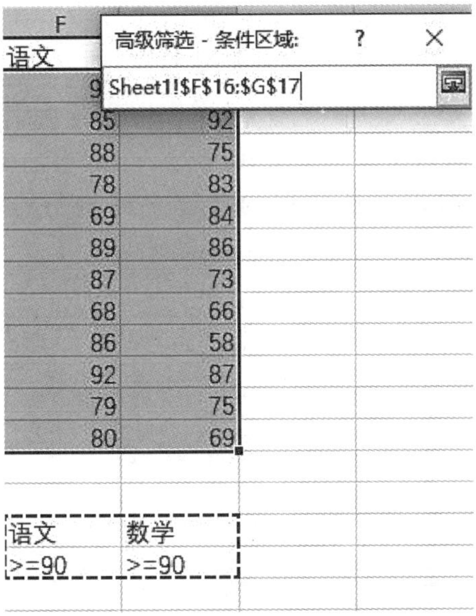

图4-120 “高级筛选”中选择条件区域

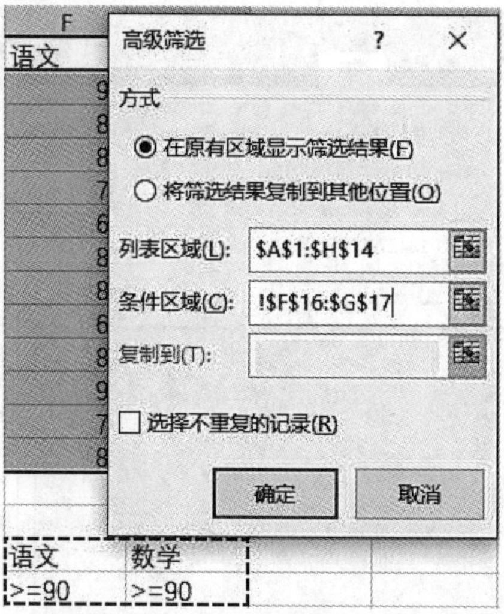

图 4-121　“高级筛选”对话框中完成列表区域及条件区域的选择

若要进行高级筛选的两个条件不是同时满足，而是只要其中一个满足，如语文大于等于 90 或数学大于等于 90，则条件区域的两个条件不应放在同一行上，而应放在不同行上，如图 4-122 所示。

二维码 4-15

语文	数学
>=90	
	>=90

图 4-122　“高级筛选”时多个条件是或的关系时的条件区域表示

4.6.3　分类汇总

分类汇总是指根据某一个关键字列的值对表中数值类型的单元格中的数据进行汇总，如我们可对图 4-117 中的语文成绩、数学成绩根据专业的不同进行分类汇总。下面简要介绍其方法。

二维码 4-16

首先对分类汇总所依据的关键字列进行排序，排序后的结果，如图 4-123 所示。

	A	B	C	D	E	F	G	H	I	J
1	考生号	姓名	性别	专业	班级代号	语文	数学			总成绩
2	1842280213007	刘御	女	动画	130101	98	96			486
3	1842280213016	陈缺	男	动画	130101	85	92			473
4	1842940113020	王御	男	动画	130101	78	83			477
5	1842950113064	刘蕊	男	动画	130101	87	73			474
6	1842280217014	付蕊	男	环境设计	130102	88	75			496
7	1842950113031	付红	女	环境设计	130102	69	84			446
8	1842950117003	李茹	男	环境设计	130102	68	66			442
9	1842960113034	郑方	男	环境设计	130102	86	58			480
10	1842960117005	陈帆	女	环境设计	130102	92	87			470
11	1842960117016	马军	男	环境设计	130102	79	75			450
12	1842028185012	蒋茹	男	环境设计	130102	80	69			463
13	1842950113034	周生	女	视觉传达设	130103	89	86			482

图 4-123　将要分类汇总的表按专业进行排序

然后选择排序后的任意单元格，单击“数据”→“分级显示”组中的“分类汇总”按钮，打开“分类汇总”对话框，如图4-124所示。

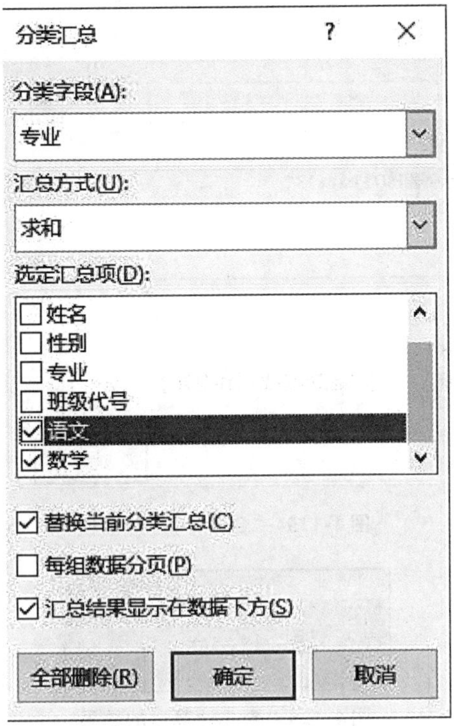

图4-124 “分类汇总”对话框

在图4-124所示的分类汇总对话框中对“分类字段”、“汇总方式”、“选定汇总项”等进行设置，完成后单击“确定”按钮即可。

注意：在完成一个分类汇总后，允许再进行一次分类汇总的设置，并在新的分类汇总设置中取消选中“替换当前分类汇总”复选框，单击“确定”按钮，即可完成一个嵌套的分类汇总的设置。

4.6.4 合并计算

在实际中，我们可能需要将几张工作表中的数据合并到一张工作表中，或者将一个表中的一部分区域的数据和另一部分区域的数据要进行合并，这时可以使用Excel 2016的合并计算功能。如对前面图4-117中的语文、数学成绩按专业进行合并计算(求和)，可按下面步骤来进行。

二维码4-17

首先定位单元格在要放置合并计算结果的地方，然后单击“数据”→“数据工具”组中的“合并计算”按钮，弹出合并计算对话框，如图4-125所示。在其中选中要合并计算的单元格区域，并设置要对单元格区域中要进行的是用哪一种函数，完了后单击鼠标左键或直接回车，合并后的结果如图4-126所示。

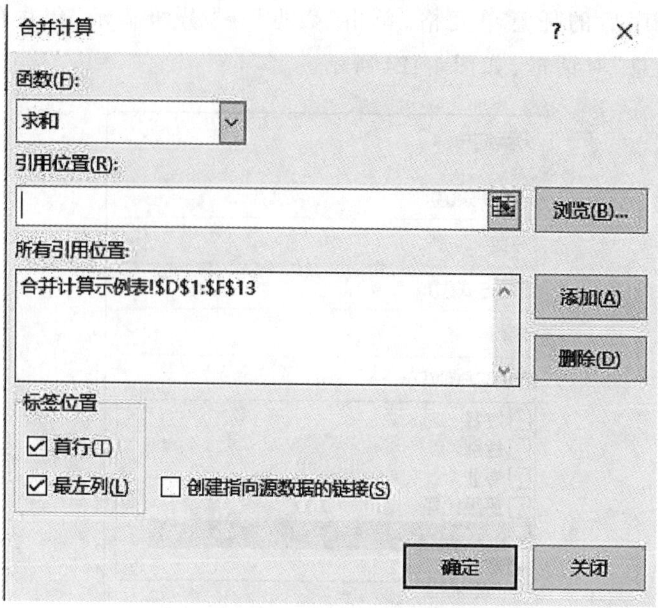

图 4-125　“合并计算”对话框

	语文	数学
动画	348	344
环境设计	562	514
视觉传达设	89	86

图 4-126　合并计算后的结果

上面的例子中是对一个表中同种类型数据进行的合并计算，实际中合并计算还可以将不同表中相同位置的数据进行合并计算，下面我们仍然结合一个实例来给大家介绍。

这个案例要求将学生的期中成绩表里的数据和期末成绩表里的数据合并到一个结果表里，图 4-127 是两个要合并的原始表。

二维码 4-18

期中成绩表

学号	期中成绩
1806010101	98
1806010102	85
1806010103	78
1806010104	87
1806010105	88

期末成绩表

学号	期末成绩
1806010101	69
1806010102	68
1806010103	86
1806010104	92
1806010105	79

图 4-127　合并计算两原始表

下面我们来看如何将他们进行合并计算，求出各位同学的期中、期末平均分的。

步骤一：打开期中成绩表、期末成绩表所在的工作簿。

步骤二：在期中成绩表、期末成绩表所在的工作簿中新建一个工作表，并将光标定位于其中某一单元格，作为合并计算数据的存放区域起始位置。然后单击“数据”选项卡中“数据工具”组的“合并计算”按钮，打开“合并计算”对话框。在“合并计算”对话框中，选择函数为求平均值，单击“引用位置”右侧的区域选择按钮，选定要合并的第一个工作表的数据区域，即除掉最上面的期中成绩表后的所有数据区域，选择完成后回到合并计算对话框再单击“添加”按钮将该区域添加到所有引用位置；同样的方法将第二个工作表的数据区域也添加进来，最后勾选标签位置下的最左列，但不要勾选首行，如图4-128所示。

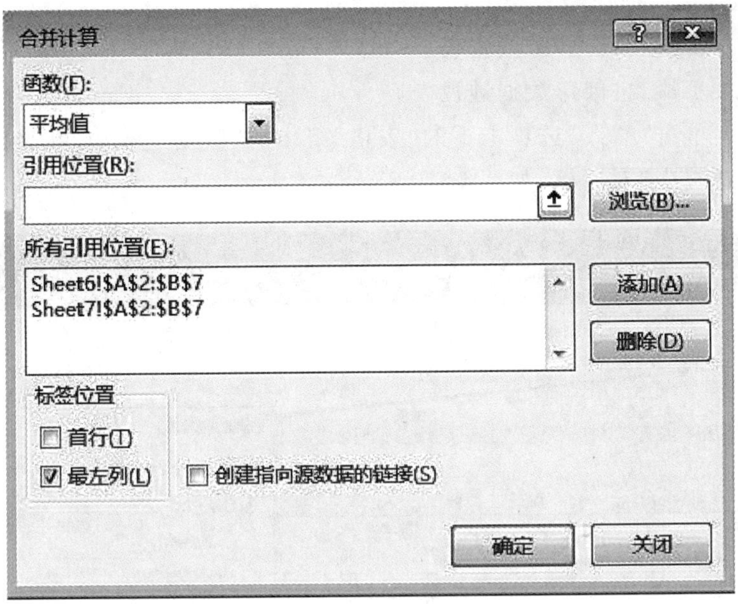

图4-128 “合并计算”对话框完成参数的选择与输入

单击“确定”按钮后，在新工作表选定的位置中即可显示出两张表合并计算后的各个学生的平均值，如图4-129所示。

	A	B
1	学号	
2	1806010101	83.5
3	1806010102	76.5
4	1806010103	82
5	1806010104	89.5
6	1806010105	83.5

图4-129 合并计算后的学生平均成绩

特别提醒，此例中在“合并计算”对话框里千万不能勾选了首行，否则得不到正确的结果，大家一定要把按位置进行的合并计算和按类型进行的合并计算区别开来。

4.6.5 数据透视

Excel 2016的数据透视是指在全部表数据的基础上可以选择部分字段列数据以直观的透视表或透视图的方式显示出来。它包括数据透视表和数据透视图两种技术。

1.数据透视表

数据透视表和一般数据表相比，是它可以根据需要选择部分字段进行透视，并允许更改透视时的汇总方式和显示方式，让人们能够从多方面分析数据。它是基于源数据而创建的，源数据一旦发生变化，它的显示内容也会发生变化。

下面以一个例子来给大家介绍下其制作方法。这个例子使用图4-117的示例用表作为源数据表，具体操作步骤如下：

二维码4-19

步骤一：打开源数据表。

步骤二：创建数据透视表。

单击“插入”选项卡下的“表格”组中的“数据透视表”按钮，弹出“创建数据透视表”对话框，如图4-130所示。

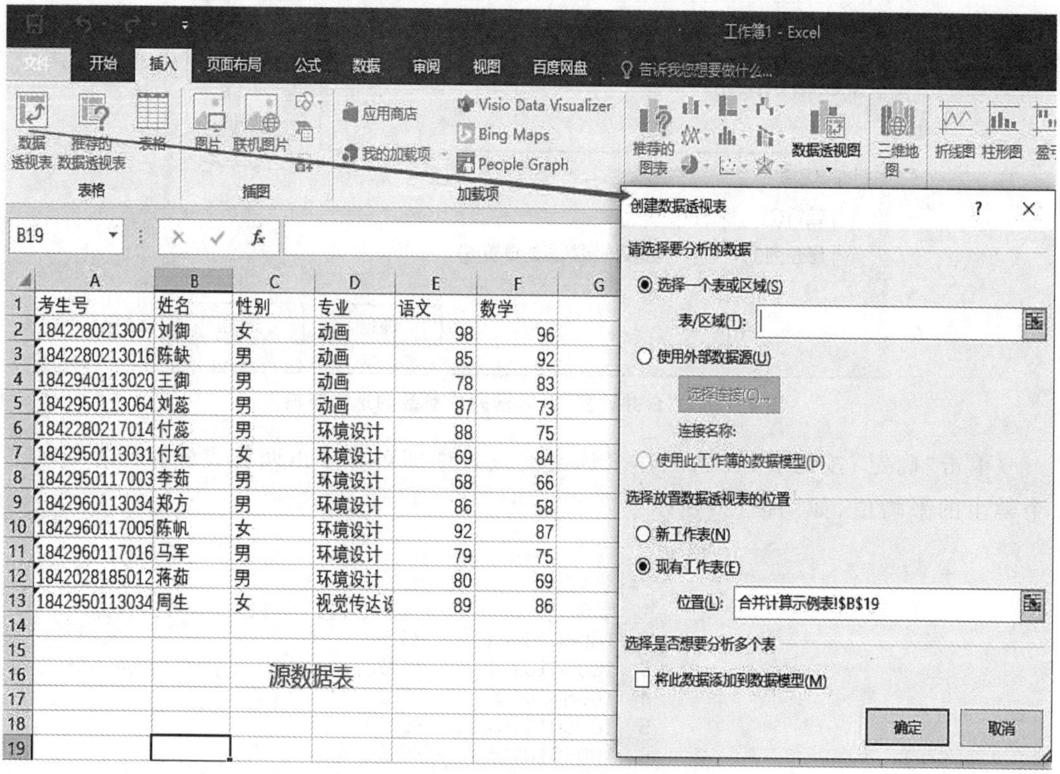

	A	B	C	D	E	F
1	考生号	姓名	性别	专业	语文	数学
2	1842280213007	刘御	女	动画	98	96
3	1842280213016	陈缺	男	动画	85	92
4	1842940113020	王御	男	动画	78	83
5	1842950113064	刘蕊	男	动画	87	73
6	1842280217014	付蕊	男	环境设计	88	75
7	1842950113031	付红	女	环境设计	69	84
8	1842950117003	李茹	男	环境设计	68	66
9	1842960113034	郑方	男	环境设计	86	58
10	1842960117005	陈帆	女	环境设计	92	87
11	1842960117016	马军	男	环境设计	79	75
12	1842028185012	蒋茹	男	环境设计	80	69
13	1842950113034	周生	女	视觉传达设	89	86

图4-130 弹出“创建数据透视表”对话框

在“创建数据透视表”对话框中，单击“表/区域”文本框右侧的按钮，选择数据透视表要用到的数据区域；单击“位置”文本框右侧的按钮，选择放置数据透视表的位置，然后单击“确定”按钮，如图4-131所示。

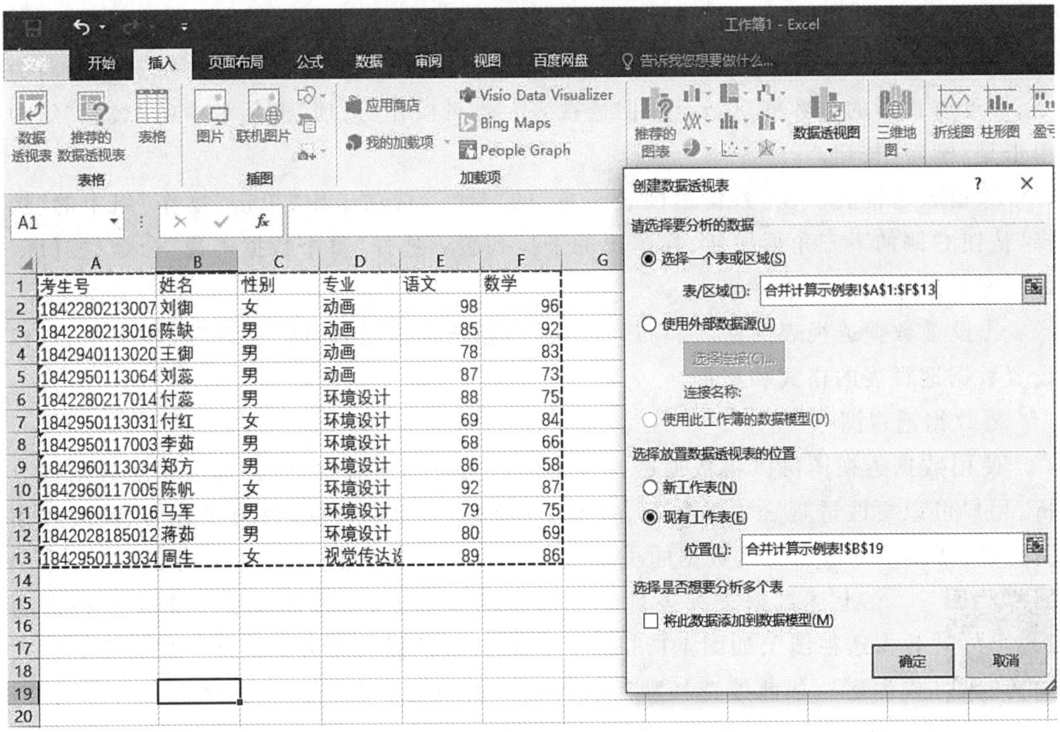

图4-131 选择要创建数据透视表的数据区域

然后在“数据透视表字段列表”窗格中，将专业拖至“行标签”，将性别拖至“列标签”，语文和数学拖至值区域，即可以创建一个分专业、性别显示出语文和数学成绩求和的数据透视表，如图4-132所示。

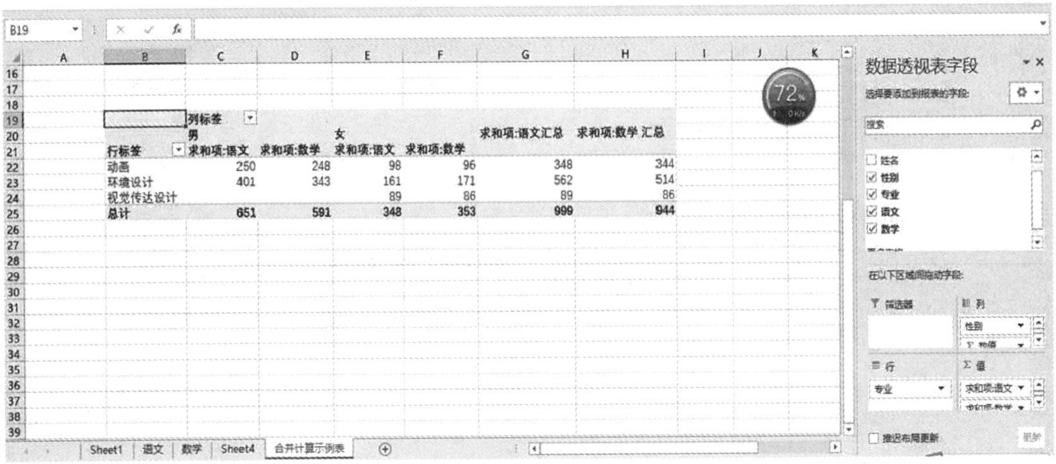

图4-132 完成数据透视表的创建

注意：

①删除字段。在“数据透视表字段列表”窗格中，只需要在字段列表中取消勾选某

个字段名复选框,就可以删除数据透视表的字段。

②刷新数据。选中数据透视表,单击鼠标右键,在弹出的快捷菜单中选择刷新命令,即可将最新的源数据更新至数据透视表。也可以在“选项”选项卡中的“数据”组中单击是“刷新”按钮。

③删除透视表。在“数据透视表工具”的“选项”选项卡中,单击“操作”组中的“选择”按钮右侧的下三角形按钮,在弹出的下拉列表中选择“整个数据透视”命令,按【Delete】键可以删除透视表。

④设置数据透视表的格式和布局。在“数据透视表工具”的“设计”选项卡中,可以设置数据透视表的格式和布局。

2.数据透视图

使用数据透视图可以将数据透视表中的数据更加地直观化,并提供交互式数据分析,用户可以更改透视表中的数据,查看不同级别的明细数据,以便于查看、比较和预测趋势,帮助用户做出关键数据的决策。

在上述数据透视表创建完成后的基础上,可以紧接着单击工具栏上的“数据透视图”,如图4-133所示,再在弹出的插入图表对话框中选择图表样式(或类型),如此处选择默认的簇状柱形图后单击“确定”(如图4-134所示)即可完成一个数据透视图的创建,如图4-135所示。

二维码4-20

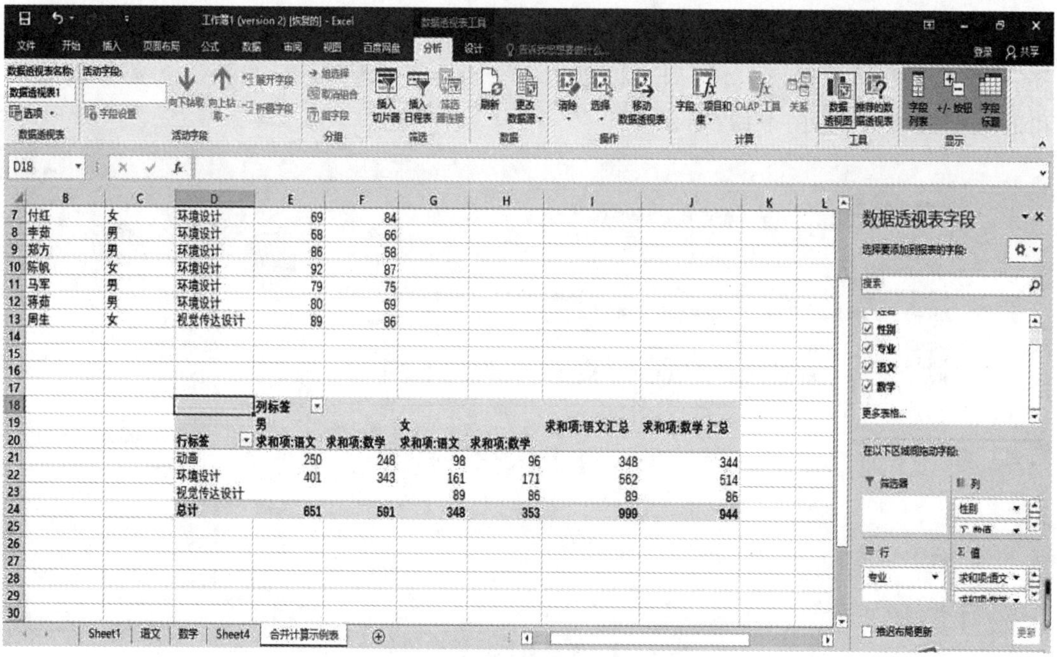

图4-133 单击工具栏上数据透视图

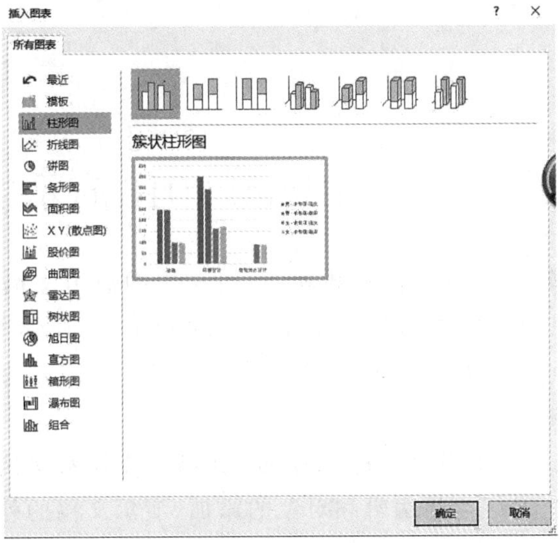

图4-134 选择图表类型

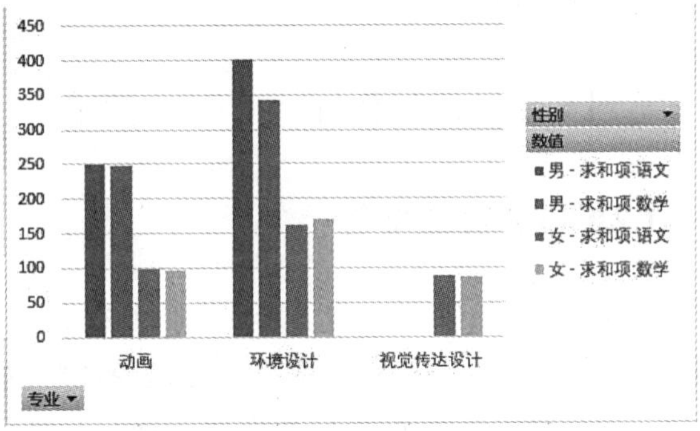

图4-135 完成数据透视图的创建

数据透视图也可以直接基于源数据表创建,其方法是通过"插入"→"图表"组里的"数据透视图"中创建"数据透视图"进入,此处从略。

二维码 4-21

思考题4

1.Excel中的"清除"和"删除"各有什么作用?

2.如何对多个工作表的单元格输入相同数据?

3.如何用"自动填充"功能在工作表中实现自动填充等差数列和等比数列?

4.列举常用的五种函数的使用方法?

5.相对引用和绝对引用有何区别?

6.简述创建图表的操作步骤?

7.怎样进行数据清单的自动筛选?

8.在Excel中数据汇总有何作用?

微信扫码
获取本章 PPT

第5章 PowerPoint 2016演示文稿

PowerPoint是微软办公自动化套装软件Office中的演示文稿制作组件，是一种功能强大并且可塑性强的图形文稿制作软件包。PowerPoint使学术交流、辅助教学、广告宣传和产品演示等信息以更轻松、更高效的方式表达出来。随着办公自动化普及，PowerPoint的应用也越来越广泛。

本章系统介绍了如何使用中文PowerPoint 2016制作演示文稿的过程和方法，主要包括演示文稿的创建、幻灯片的编辑和对象的添加、演示文稿的外观美化、演示文稿的动画效果和超级链接的设置以及演示文稿的放映与打包、打印等。通过本章学习，读者可制作出图文并茂、生动优美的各种演示文稿。

5.1 PowerPoint 2016简介

5.1.1 PowerPoint 2016的功能特色

使用PowerPoint可以轻松地制作出丰富多彩的，并带有各种特殊效果的幻灯片。用户可以通过计算机屏幕、投影仪、Web浏览器等多种途径放映这些幻灯片，也可以使用打印机将之打印出来，甚至可以直接将幻灯片保存为网页形式进行发布。自从1987年由微软公司推出第1版PowerPoint后，历经多次的更新、升级，其功能越来越完善。

相对于PowerPoint 2013来说，PowerPoint 2016新增了许多功能，以帮助用户快速完成更多的工作：

1. 主题色新增彩色和黑色

PowerPoint 2016在原有的白色和深灰色Office主题上新增了彩色和黑色两种主题色。

2. 丰富的Office主题

PowerPoint 2016在PowerPoint 2013版本的基础上新增了10多种主题。

3.“TellMe”助手功能

通过“TellMe”助手，可以快速获得你想要使用的功能和想要执行的操作。

4. 设计器

PowerPoint 2016设计器能够根据幻灯片中的内容自动生成多种多样的设计版面效果。

5.墨迹公式

PowerPoint 2016中提供了墨迹公式功能,通过它可快速将需要的公式手动写出来,并将其插入到幻灯片中。

6.屏幕录制

PowerPoint 2016提供了屏幕录制功能,通过该功能可以录制计算机屏幕中的任何内容。

7.开始墨迹书写

开始墨迹书写可手动绘制一些规则或不规则的图形,以及书写需要的文字内容,让PowerPoint 2016慢慢实现一些画图软件的功能。

5.1.2 PowerPoint 2016的启动和退出

1. PowerPoint 2016的启动

PowerPoint 2016有多种启动方法,在这里介绍最常用的三种方法:

(1)利用开始菜单启动

单击开始菜单按钮,在“所有程序”中单击“Microsoft Office”再单击“Microsoft PowerPoint 2016”,可以启动PowerPoint 2016。

(2)利用桌面上的快捷方式启动

若桌面上已经创建了PowerPoint 2016的快捷方式图标,双击PowerPoint 2016图标,可以启动PowerPoint 2016。

(3)利用PowerPoint 2016.exe文件来启动

双击桌面或某文件夹中已经存在的PowerPoint 2016文件名可以启动PowerPoint 2016并打开该文稿。

2. PowerPoint 2016的退出

PowerPoint 2016的退出主要有如下四种方式:

①单击菜单栏中的“文件”,选择“退出”命令。

②单击窗口标题栏右端的关闭按钮。

③双击窗口标题栏左端的控制菜单图标按钮。

④使用快捷组合键【Alt+F4】。

注意:如果在退出PowerPoint 2016之前没有对演示文稿进行保存,则系统会显示一个对话框,询问是否保存文稿,可以根据实际的需要选择“是”、“否”或“取消”操作。

5.1.3 PowerPoint 2016的窗口组成

启动PowerPoint 2016程序后,可看到打开的开始屏幕效果,如图5-1所示。在开始屏幕中单击“空白演示文稿”,屏幕上会出现PowerPoint 2016的工作界面,如图5-2所示。

这个工作界面是PowerPoint 2016和用户进行交互的窗口，要精通PowerPoint 2016的各种功能，则必须熟悉PowerPoint 2016的操作界面。

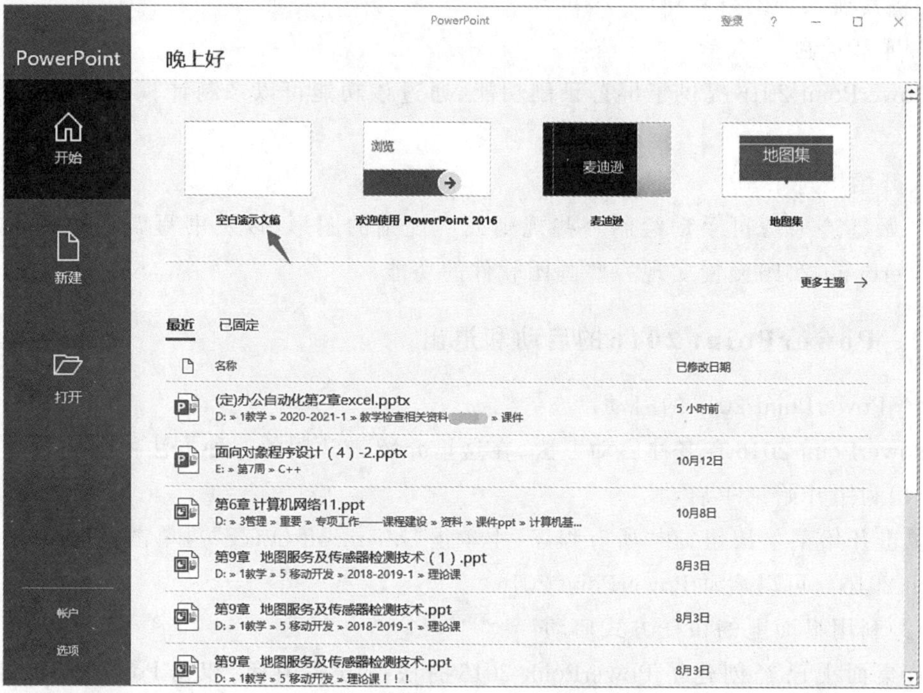

图5-1 PowerPoint 2016开始屏幕效果

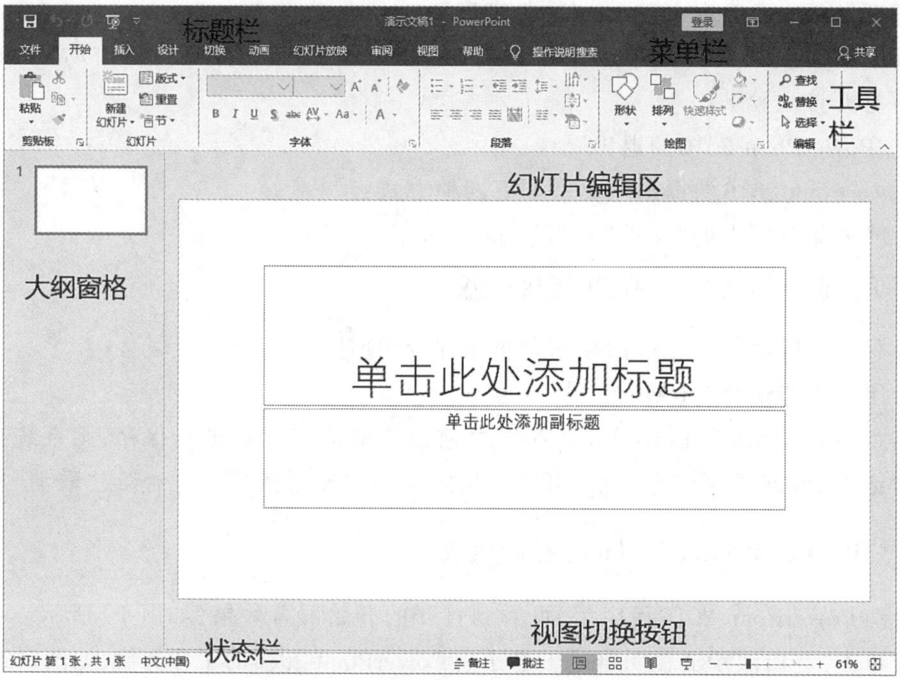

图5-2 PowerPoint 2016的工作界面

从图5-2中可以看出，中文版PowerPoint 2016的窗口主要由标题栏、菜单栏、工具栏、视图区、状态栏等部分组成。

二维码 5-1

1.标题栏

位于窗口的最上面，显示当前编辑的演示文稿的名字。首次启动PowerPoint 2016后，在默认情况下，PowerPoint 2016自动建立一个名字为“演示文稿1”的文件。

2.菜单栏

PowerPoint 2016菜单栏包括：“文件”、“开始”、“插入”、“设计”、“切换”、“动画”、“幻灯片放映”、“审阅”、“视图”等多个菜单项，单击其中的每个菜单项名字，相应的会在工具栏中展现相应的工具按钮。在每个菜单项对应的工具栏中都包括了一组相关操作或命令，可以根据需要选取相应的工具选项，完成相应的操作。

3.工具栏

PowerPoint 2016秉承了Office软件的特点，同样具有丰富的工具栏。在默认状态下，PowerPoint 2016窗口中只显示“格式”工具栏和“常用”工具栏，用户可根据实际需要，显示其余的工具栏。选择其他未出现在窗口中的工具栏方法是：单击“视图”菜单，选择“工具栏”，在其级联子菜单中选择具体的工具栏，如果单击相应的工具栏打开或关闭此工具栏。

4.视图区

PowerPoint 2016提供了多种视图显示形式，有普通视图、幻灯片视图、幻灯片浏览视图、幻灯片放映视图、大纲视图等，其中最常用的是普通视图和幻灯片浏览视图。视图区包括了各种视图的切换按钮及各种视图的幻灯片编辑区，通过单击窗左下角的视图切换按钮，可以实现在各种视图间进行切换。

5.状态栏

状态栏位于屏幕底端，显示有关当前的文稿的操作信息，如总的幻灯片数，当前正在编辑的幻灯片是第几张等。

5.2 PowerPoint 2016基本操作

5.2.1 制作文稿

1.新建幻灯片

默认情况下，启动PowerPoint 2016时，系统新建一份空白演示文稿，并新建1张幻灯片如图5-3所示。我们可以通过下面三种方法，在当前演示文稿中添加新的幻灯片：

二维码 5-2

方法①：快捷键法。按【Ctrl+M】组合键，即可快速添加1张空白幻灯片。

方法②：回车键法。在“普通视图”下，将鼠标定在左侧的窗格中，然后按下回车键【Enter】，同样可以快速插入一张新的空白幻灯片。

方法③:命令法。执行“插入”→“新建幻灯片”命令,也可以新增一张空白幻灯片。

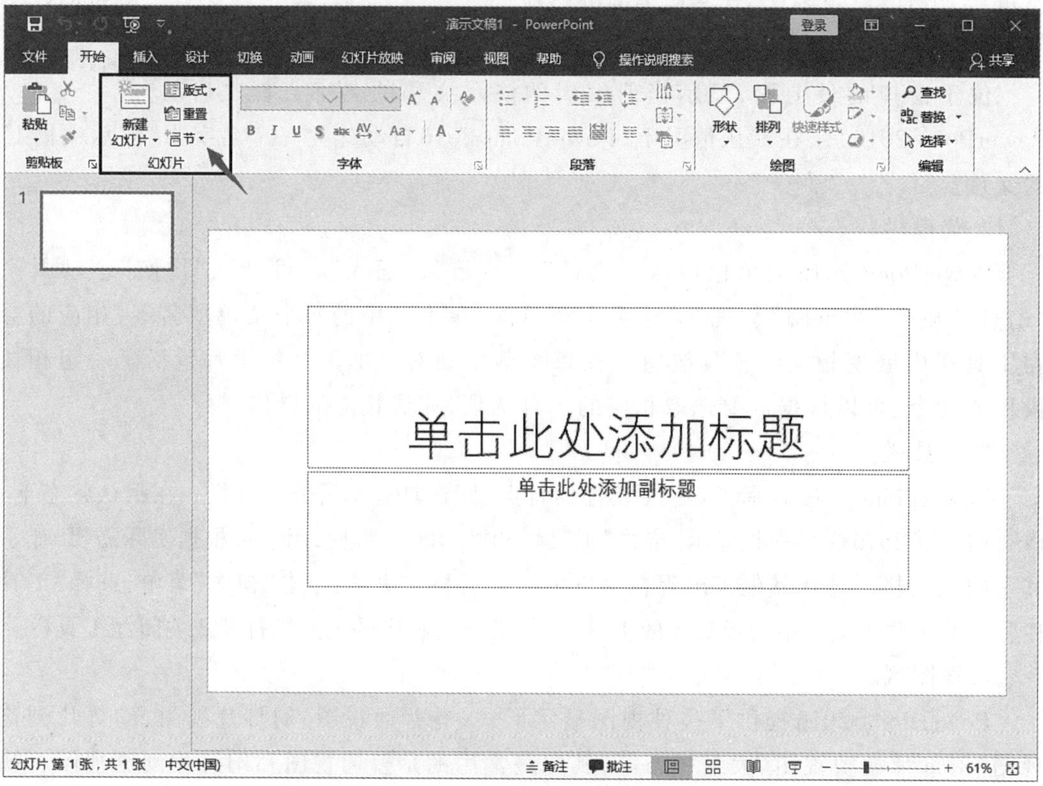

图 5-3　添加新的空白幻灯片

2.输入文本

如果演示文稿中需要编辑大量文本,推荐大家使用下面直接输入文本的方法。

在“普通视图”下,将鼠标定在左侧的窗格中,切换到“大纲”标签下,然后直接输入文本字符。每输入完一个内容后,按下【Enter】键,新建一张幻灯片,输入后面的内容。

注意:如果按下【Enter】键,仍然希望在原幻灯片中输入文本,只要按一下【Tab】键即可。此时,如果想新增一张幻灯片,按下【Enter】键后,再按一下【Shift+Tab】组合键就可以了。

3.修改母版

好的演示文稿一定需要好的版面、好的配色方案等。如果我们希望为每一张幻灯片添加上一项固定的内容(如公司的LOGO),可以通过修改“母版”来实现,如图5-4所示。

二维码 5-3

①执行“视图”→“幻灯片母版”命令,进入“幻灯片母版”编辑状态。

②使用插入图片的操作,将公司LOGO图片插入到幻灯片中,调整好大小、定位到合适的位置上,再单击“关闭母版视图”按钮退出“幻灯片母版”编辑状态。

③以后添加幻灯片时,该幻灯片上自动添加上公司LOGO图片。

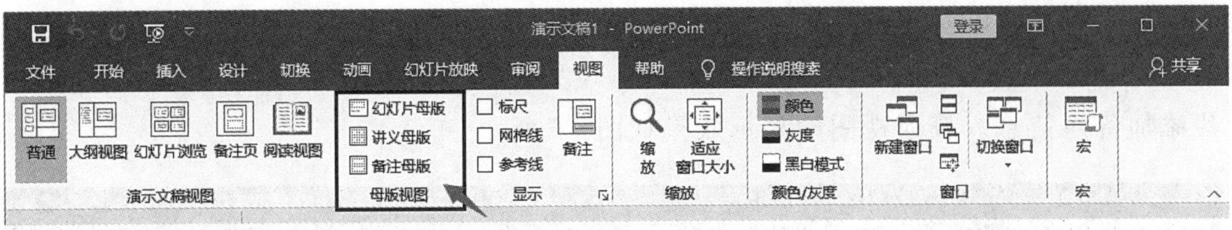

图5-4 修改幻灯片母版

4.隐藏幻灯片

对于制作好的PowerPoint 2016演示文稿，如果希望其中的部分幻灯片在放映的时候不显示出来，我们可以将其隐藏起来。

①在“普通视图”界面下，在左侧的窗口中，按住【Ctrl】键，分别点击需要隐藏的幻灯片，同时选中多张不连续的幻灯片。

二维码 5-4

②右击鼠标，在随后弹出的快捷菜单中，选择“隐藏幻灯片”选项即可。

注意：

●进行隐藏操作后，相应的幻灯片编号上有一条删除斜线。

●如果需要取消隐藏，只要选中相应的幻灯片，再进行一次上述操作即可。

5.制作建议

学完本章所有功能和操作后，要创建有效的演示文稿，还要注意以下的建议：

①最大限度地减少幻灯片数量。

②选择观众可从一段距离以外看清的字形和字号。

③使用项目符号或短句使文本简洁。

④使用图片有助于传达信息。

⑤使图表和图形的标签易于理解。

⑥使幻灯片背景精致且保持一致，背景颜色与文本颜色之间具有高对比度。

5.2.2 文稿的视图方式

视图就是观看工作的一种方式，为了便于设计者用不同的方式观看自己设计的幻灯片，PowerPoint 2016提供了多种视图显示模式。PowerPoint 2016幻灯片的视图呈现方式包括普通视图、幻灯片浏览视图、幻灯片放映视图、备注视图等四种。通过单击窗口左下角的“视图切换按钮”或“视图”菜单下的各个视图子命令实现在各种视图间的切换。用户可根据实际需要选择不同的视图方式进行编辑工作。下面简单介绍各种视图方式的特点。

1.普通视图

普通视图是PowerPoint 2016的最常用的视图方式，主要用来撰写或设计演示文稿。单击“普通视图”按钮，进入普通视图模式。在这种模式下观察演示文稿可以看到，整个窗口被分为3个区域：大纲区、幻灯片区和备注区。

二维码 5-5

在大纲区可以对幻灯片进行简单的编辑(如复制、删除、移动);在幻灯片区中可以对幻灯片进行编辑(如编辑文字、设置背景、设置动画等等);在备注区可以对当前幻灯片添加备注信息。普通视图的显示效果如图5-5所示。

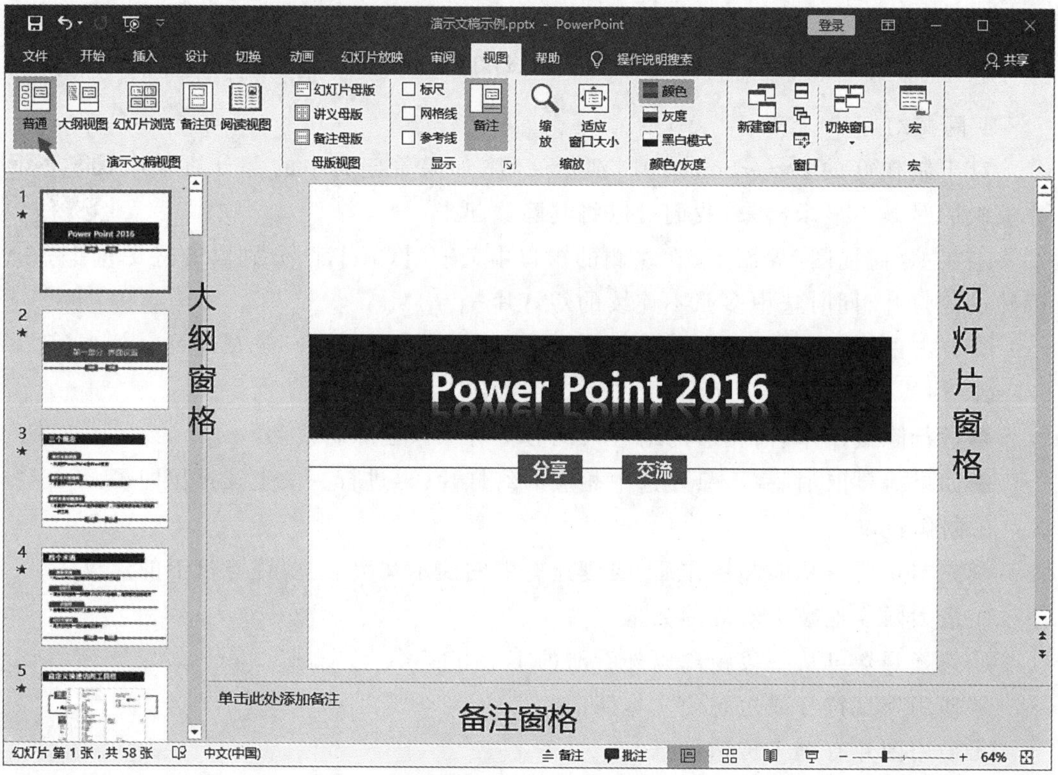

图5-5　普通视图显示形式

2.幻灯片浏览视图

单击“幻灯片浏览”按钮,系统切换到幻灯片浏览模式。在幻灯片浏览视图中,可以在屏幕上同时看到演示文稿中的所有幻灯片,这些幻灯片是以缩略图方式整齐地显示在同一窗口中。可以在此窗口中查看、查找、选定、插入、复制、删除幻灯片,进行幻灯片切换效果的设置。它不能对单张幻灯片进行编辑,如果要对单张幻灯片进行编辑,可双击该单张幻灯片,切换到其他视图方式下进行编辑。幻灯片浏览视图的显示效果如图5-6所示。

二维码 5-6

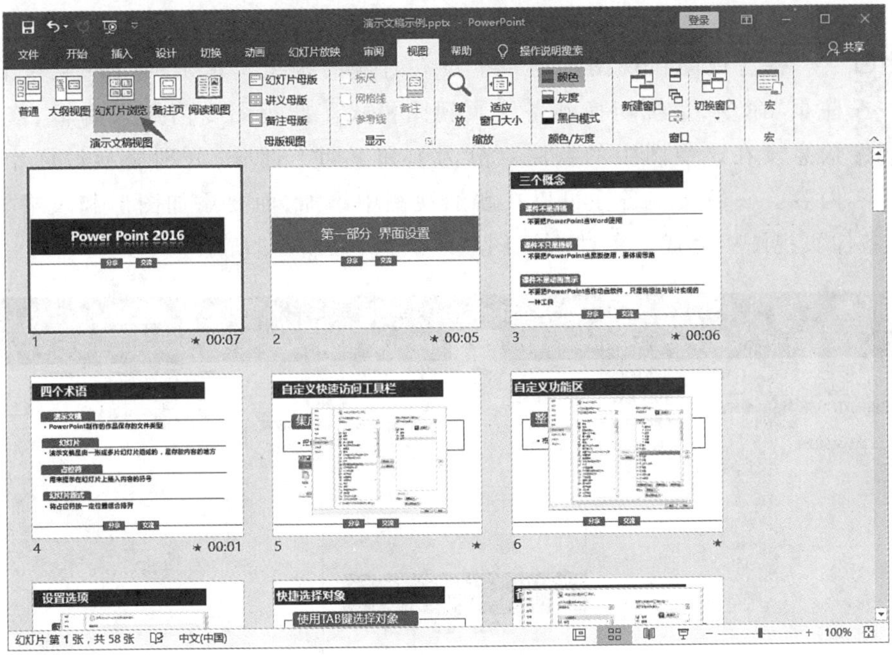

图5-6 幻灯片浏览视图显示方式

3.幻灯片放映视图

单击“幻灯片放映”按钮，系统切换到幻灯片放映视图。幻灯片放映视图是以动态的形式显示演示文稿中各张幻灯片，是一种全屏幕显示模式。在这种模式下可以看到图形、时间、影片、动画等元素，以及编辑好的各种切换效果。由于幻灯片放映视图是演示文稿的最后效果，所以当演示文稿创建到一个段落时，可以利用该视图来检查，从而可以对不满意的地方进行及时的修改。幻灯片放映视图的显示效果如图5-7所示。

二维码5-7

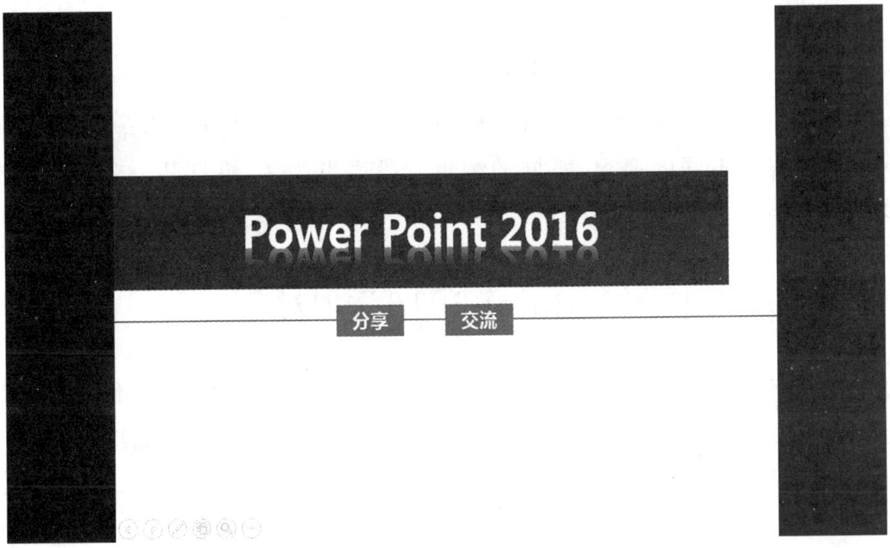

图5-7 幻灯片放映视图显示方式

4. 备注页

备注视图在视图按钮条上没有对应的按钮。单击“视图”菜单下的“备注页”命令,系统切换到备注页视图模式。此视图专门用来编辑、修改备注信息。在该视图中的备注页分为上和下两个部分,分别显示幻灯片和备注内容。一般文字备注可以在普通视图中添加,而要添加图形和表格等对象,必须在备注页视图中完成。备注页视图显示效果,如图5-8所示。

二维码 5-8

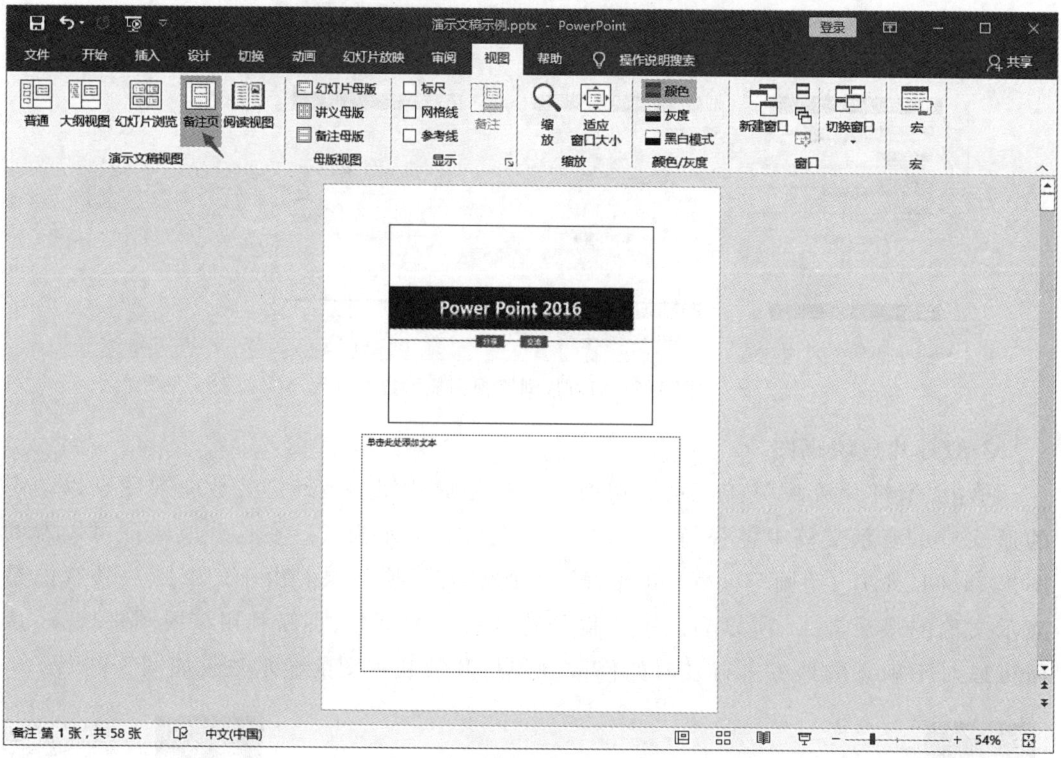

图5-8 备注页视图显示方式

以上是对PowerPoint 2016在创建演示文稿的过程中常用视图的简单介绍,在具体的创作过程中,可以根据不同的要求、不同的编辑时段适当选择,给自己一个最佳的演示文稿创作环境。

5.3 PowerPoint 2016添加对象

添加对象是制作演示文稿最常见的操作。PowerPoint 2016可以将文本、图片、图形对象、SmartArt图形、表格、图表、电影、声音、动画多种媒体素材有效地组织在幻灯片中,形象、生动地展现演讲的内容。

5.3.1 添加常用对象

1.插入文本框

通常情况下，在演示文稿的幻灯片中添加文本字符时，需要通过文本框来实现，如图5-9所示。

①执行"插入"→"文本框"→"横排"或"插入"→"文本框"→"竖排"命令，然后在幻灯片中拖拉出一个文本框来。

②将相应的字符输入到文本框中。

③设置好字体、字号和字符颜色等。

④调整好文本框的大小，并将其定位在幻灯片的合适位置上即可。

图5-9 插入文本框

注意：也可以用"绘图"工具栏上的文本框按钮来插入文本框，并输入字符。

2.插入图片

PowerPoint 2016可以将诸多不同来源的图片和剪贴画插入或复制演示文稿中，包括从网站下载、从网页复制、自己用软件创作、用扫描仪扫描或用数码相机拍摄并保存的图片文件。

在Office软件中自带很多剪贴画，与其他格式的图片相比，剪贴画具有文件空间小、色彩鲜艳、旋转或缩放不失真等优点。

①执行"插入"→"图片"命令，打开"插入图片"对话框，如图5-10和图5-11所示。

②定位到需要插入图片所在的文件夹，选中相应的图片文件，然后按下"插入"按钮，将图片插入到幻灯片中。

③用拖拉的方法调整好图片的大小，并将其定位在幻灯片的合适位置上即可。

图5-10 插入图片

图 5-11 “插入图片”对话框

注意:已定位图片位置时,按住【Ctrl】键,再按动方向键,可以实现图片的微量移动,达到精确定位图片的目的。

添加图片会显著增加演示文稿的文件大小。用户可以预先设置好外部文件的质量和大小,再添加,也可以在 PowerPoint 2016 中选择图片的分辨率、质量或压缩来控制演示文稿文件大小。

3. 插入图形

在 PowerPoint 2016 中也可以添加一个形状,或者合并多个形状以生成一个绘图或一个更为复杂的形状。利用“绘图”工具栏,如图 5-12 所示,可用的形状包括:线条、基本几何形状、箭头、公式形状、流程图形状、星、旗帜和标注。添加一个或多个形状后,还可以在其中添加文字、项目符号、编号和快速样式。

①执行“开始”→“形状”或“插入”→“形状”命令,展开“绘图”工具栏。

②点击快捷菜单中,选择相应的选项(如“线条”、“矩形”等),然后在幻灯片中拖拉一下,即可绘制出相应的图形。

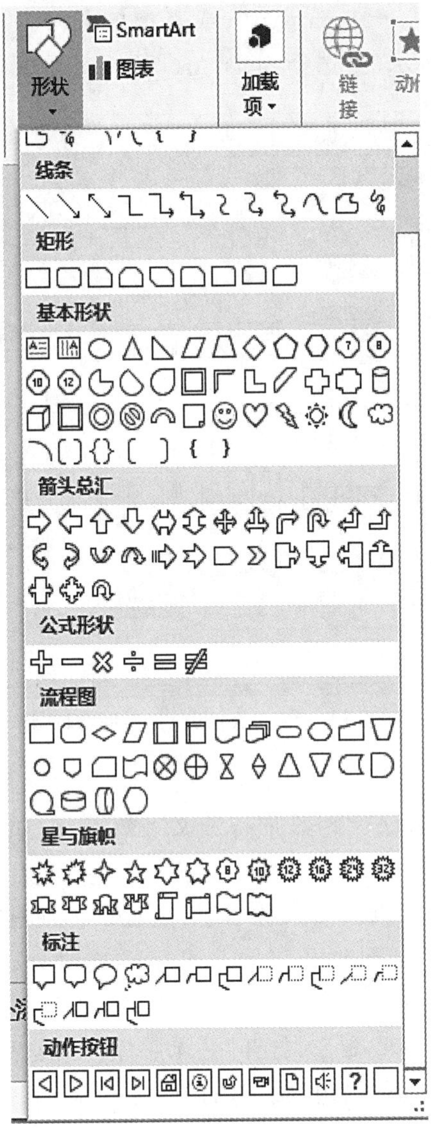

图5-12 “绘图”工具栏

注意：

●如果选择“自选图形”、“线条”下面的选项，可以绘制出个性化图形来。

●如果选中相应的选项（如“矩形”），然后在按住【Shift】键的同时，拖拉鼠标，即可绘制出正的图形（如“正方形”）。

与文字相比，插图和图形更有助于观众理解和记忆，SmartArt图形是信息和观点的视觉表示形式。通过SmartArt图形，可以快速、轻松地创建如“流程”、“层次结构”或“关系”类型美观插图。PowerPoint 2016还可以将幻灯片带有项目符号列表的文本或幻灯片中的图片转换为SmartArt图形。

单击“插入”→“形状”→“SmartArt”，或直接单击内容占位符中的“插入 SmartArt 图形”，将弹出如图5-13所示的“选择 SmartArt 图形”对话框。

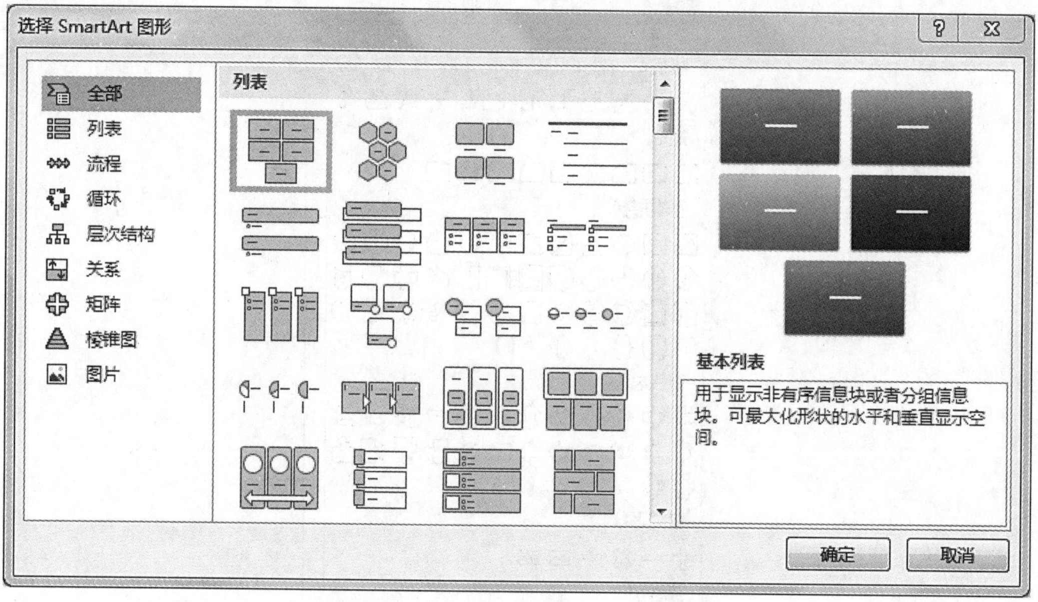

图5-13　“选择SmartArt图形”对话框

4.插入艺术字

使用艺术字可以为Office文档添加特殊文字效果，例如，可以拉伸标题、对文本进行变形、使文本适应预设形状，或应用渐变填充。

PowerPoint 2016中可以直接插入艺术字，也可以将现有文字转换为艺术字。对于已经存在的艺术字文本，当删除文字的艺术字样式时，文字会保留下来，变为普通文本。

①执行“插入”→“艺术字”命令，打开“艺术字库”对话框，如图5-14。

②选中一种样式后，按下“确定”按钮，打开“艺术字”工具栏，如图5-15。

③在艺术字编辑栏中输入艺术字字符后，设置好字体、字号等要素，确定返回。

④调整好艺术字大小，并将其定位在合适位置上即可。

注意：选中插入的艺术字，在其周围出来黄色的控制柄，拖动控制柄，可以调整艺术字的外形。

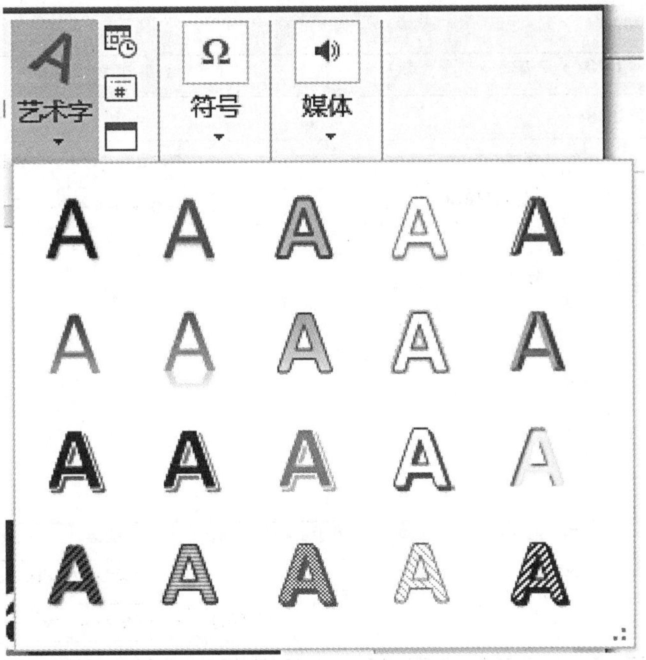

图5-14 “艺术字库”对话框

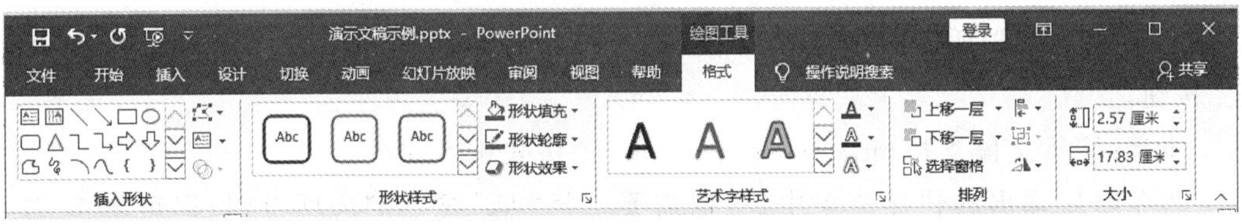

图5-15 “艺术字”工具栏

5.插入声音

在演示文稿中恰当地使用声音，能更好地吸引观众的注意力、烘托气氛、强化刺激、丰富表现力。PowerPoint 2016在演示文稿中可以添加音频，如音乐、旁白、原声摘要等等。

①执行“插入”→“媒体”→“音频”命令，打开“插入音频”对话框，如图5-16和图5-17所示。

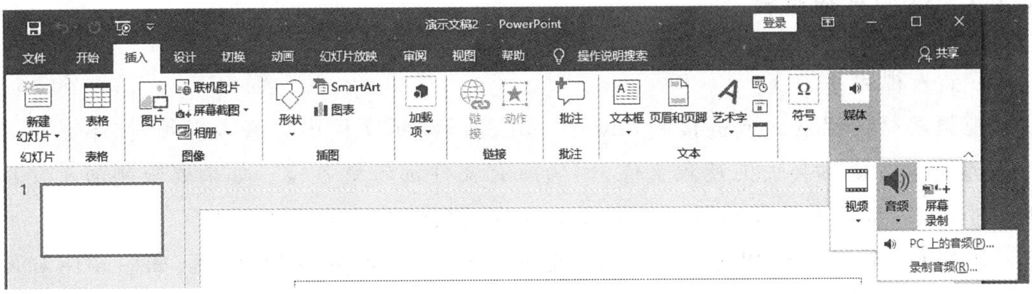

图5-16 插入音频

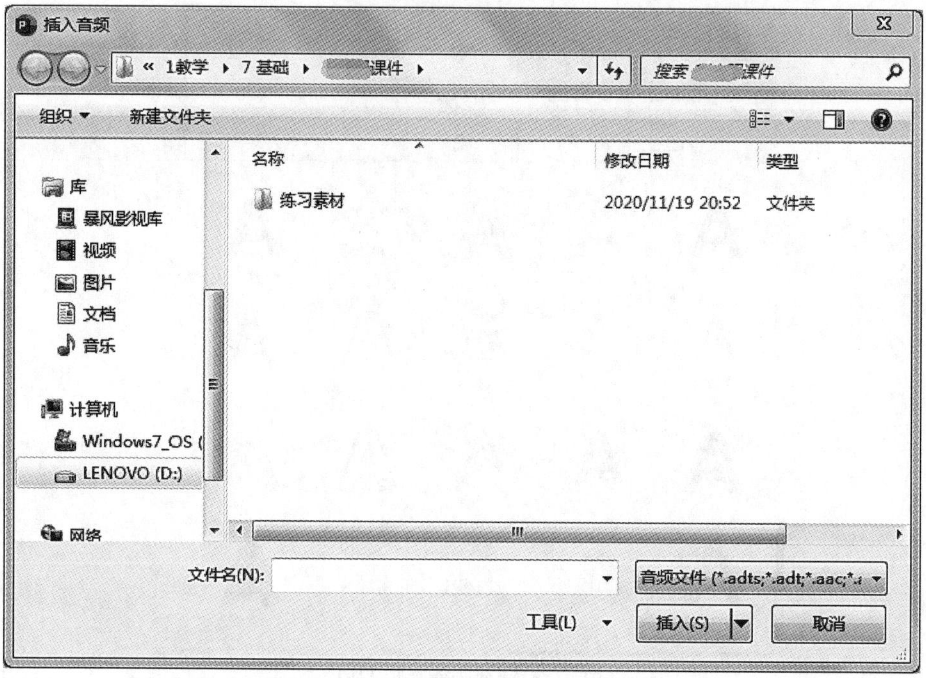

图 5-17 “插入音频”对话框

②定位到需要插入声音文件所在的文件夹，选中相应的声音文件，然后按下“确定”按钮。

注意：演示文稿支持 mp3、wma、wav、mid 等格式声音文件。

③在随后弹出的快捷菜单中，根据需要选择“是”或“否”选项返回，即可将声音文件插入到当前幻灯片中。

注意：插入声音文件后，会在幻灯片中显示出一个小喇叭图片，在幻灯片放映时，通常会显示在画面了，为了不影响播放效果，通常将该图标移到幻灯片边缘处。

在进行放映时，可以将音频剪辑设置为在显示幻灯片时自动开始播放、在单击鼠标时开始播放或播放演示文稿中的所有幻灯片，甚至可以循环连续播放媒体直至停止播放。单击声音图标，然后按【Delete】键，可以删除音频剪辑。

5.3.2 添加复杂对象

1. 插入视频

视频素材可以嵌入或链接到 PowerPoint 2016 演示文稿中。嵌入视频时，不必担心在传递演示文稿时会丢失视频文件，因为所有文件都各就各位。如果要限制演示文稿的大小，可以链接本地驱动器上的视频文件或视频网站上的视频文件。

①执行“插入”→“媒体”→“视频”命令，打开“插入视频”对话框，如图 5-18 和图 5-19 所示。

②定位到需要插入视频文件所在的文件夹，选中相应的视频文件，然后按下“确定”按钮。

注意：演示文稿支持avi、wmv、mpg等格式视频文件。

③在随后弹出的快捷菜单中，根据需要选择“是”或“否”选项返回，即可将声音文件插入到当前幻灯片中。

④调整视频播放窗口的大小，将其定位在幻灯片的合适位置上即可。

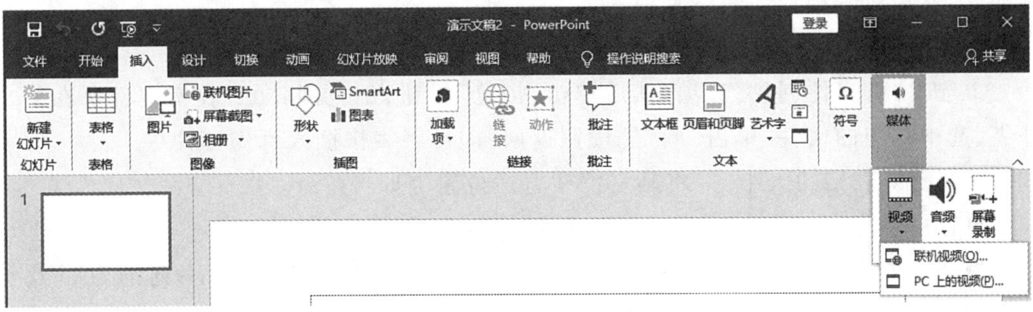

图5-18 插入视频

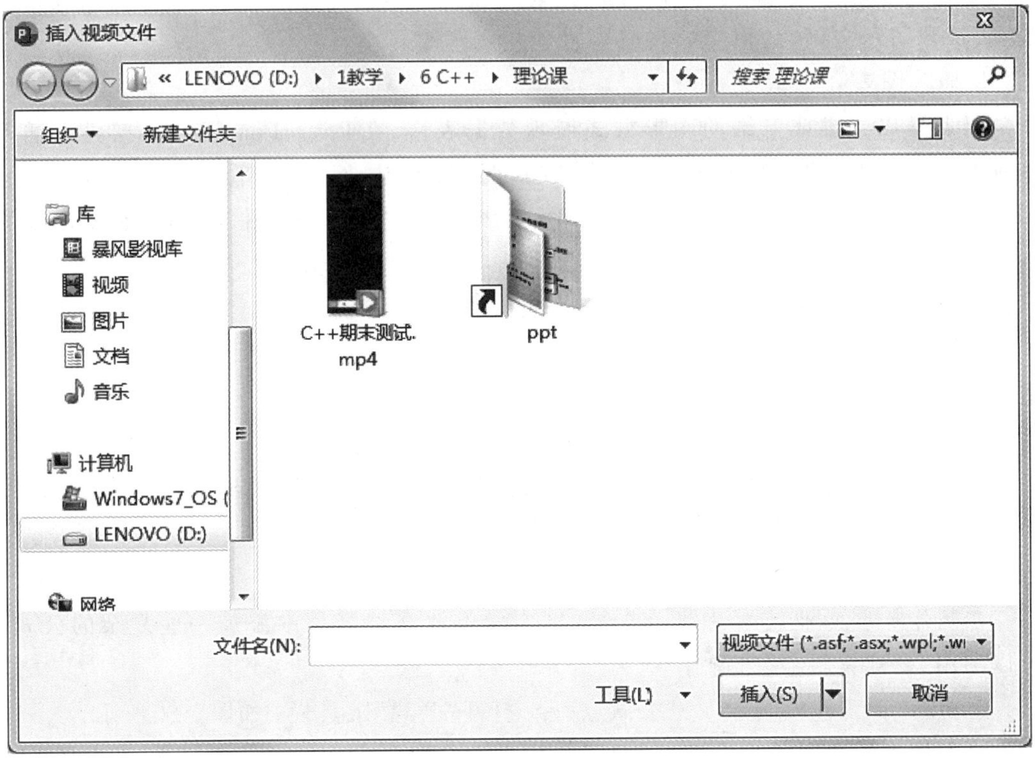

图5-19 “插入视频文件”对话框

如果在“插入视频文件”对话框选择“插入”选项，则视频文件是嵌入到演示文稿。如果在“插入视频文件”对话框选择“链接到文件”选项，则视频文件是链接到演示文稿。

2.插入表格

用户可以在PowerPoint 2016中创建表格以及设置表格格式,从Word中复制和粘贴表格,从Excel中复制和粘贴一组单元格,还可以在PowerPoint 2016中插入Excel电子表格。在PowerPoint 2016中编辑表格和在Word中编辑表格的操作类似。

由于PowerPoint 2016的表格功能不太强,如果需要添加表格时,我们先在Excel中制作好,然后将其插入到幻灯片中。

①执行“插入”→“对象”命令,打开“插入对象”对话框。

②选中“由文件创建”选项,然后单击“浏览”按钮,定位到Excel表格文件所在的文件夹,选中相应的文件,单击“确定”按钮返回,即可将表格插入到幻灯片中。

③调整好表格的大小,并将其定位在合适位置上即可。

注意:

●为了使插入的表格能够正常显示,需要在Excel中调整好行、列的数目及宽(高)度。

●如果在“插入对象”对话框,选中“链接”选项,以后在Excel中修改了插入表格的数据,打开演示文稿时,相应的表格会自动随之修改。

3.插入图表

图表是以二维或三维的图形方式展现数据表格,在PowerPoint 2016中,可以插入多种数据图表和图形,如柱形图、折线图、饼图、条形图、面积图、散点图、股价图、曲面图、圆环图、气泡图和雷达图。在PowerPoint 2016中编辑图表和在Word中编辑图表的操作类似。

①执行“插入”→“表格”命令,进入图表编辑状态。

②在数据表中编辑好相应的数据内容,然后在幻灯片空白处单击一下鼠标,即可退出图表编辑状态。

③调整好图表的大小,并将其定位在合适位置上即可。

注意:如果发现数据有误,直接双击图表,即可再次进入图表编辑状态,进行修改处理。

4.插入公式

在制作一些专业技术性演示文稿时,常常需要在幻灯片中添加一些复杂的公式,可以利用“公式编辑器”来制作。

①执行“插入”→“符号”→“公式”命令,打开“公式”工具栏,如图5-20所示。

②利用工具栏上的相应模板,即可制作出相应的公式。

③编辑完成后,关闭“公式编辑器”窗口,返回幻类片编辑状态,公式即可插入到其中。

④调整好公式的大小,并将其定位在合适位置上。

图5-20 “公式”工具栏

5.插入批注

审查他人的演示文稿时，可以利用批注功能提出自己的修改意见。批注内容并不会在放映过程中显示出来。

①选中需要添加意见的幻灯片，执行“审阅”→“批注”命令，进入批注编辑状态。如图5-21所示。

②选择新建批注，输入批注内容。

③当使用者将鼠标指针指向批注标识时，批注内容即刻显示了出来。

注意：批注内容不会在放映过程中显示出来。

④右击批注标识，利用弹出的快捷菜单，可以对批注进行相应的编辑处理。

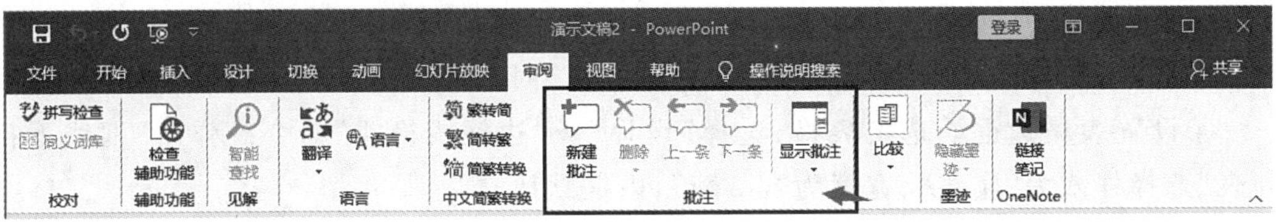

图5-21 插入批注

5.3.3 综合案例

新建一个演示文稿“环保生活.pptx”，在其中插入各种对象，并编辑格式，演示文稿由五张幻灯片组成。

操作步骤

1.创建文稿

打开Powerpoint 2016程序，创建一个空演示文稿，默认第一张幻灯片的版式为“标题幻灯片”版式。

2.第1张幻灯片

①在第1张幻灯片中，输入标题“空气、水、植物”，在副标题文本框内输入“——爱护环境从我做起主题晚会”。

②设置文字格式。选定标题文字，选择“格式”→“字体”，在打开的下拉列表中设置，设置字体为“黑体”，字号为“68磅”，颜色为“绿色”。

3.第2张幻灯片

①选择“插入”→“新幻灯片”→“只有标题”版式，创建第2张幻灯片。

②选择“开始”→“图片”→“自选图形”，在“自选图形”样式中选中“圆角矩形”，在幻灯片中用鼠标拖出一个矩形。

③选定圆角矩形，单击鼠标右键，在快捷菜单中选择“设置自选图形格式”，弹出“设置自选图形格式”对话框，设置图形的填充颜色为“蓝色”，“大小”高为“14cm”，“文本锁定点”为“顶部”。

④选定圆角矩形，单击右键，在快捷菜单中选择“添加文字”，输入“天空”，设置字号为“32磅”。

⑤同上第(2)步骤，插入一个“椭圆”，添加文字为“大地”，填充颜色为“橙色”。

⑥添加标注。选择“插入”→“形状”→“标注”。选中“标注”中的“云型标注”。在幻灯片右下部用鼠标拖出一个云型标注，在其中添加一段文字“环境优美”，字号为“24磅”。

4.第3张幻灯片

①选择“插入”→“新幻灯片”，选定右侧的“幻灯片版式”任务窗中的“只有标题版式”，创建第3张幻灯片。

②输入标题为“晚会节目一览表”。

③选择“插入”→“表格”命令。在“插入表格”列表中选择4行3列，单击“确定”。

④设置表格边框。选定表格，选择“设计”→“边框线格式”命令。弹出“框线下拉列表”选择样式为“实线“，宽度为“4.5磅”，内框默认。

⑤表格中文字对齐。选择“文本框“选项卡，文字对其为“中部对齐”。

⑥表格的第一行合并单元格。选定第一行，单击鼠标右键，在快捷菜单中选择“合并单元格”，然后输入文字“栏目清单”。

5.第4张幻灯片

①选择“开始”→“新建幻灯片”选定“只有标题”版式，建立第4张幻灯片。

②选择“开始”→“绘图”→“竖排文本框”命令，在幻灯片右上部单击鼠标左键，插

入一个竖排文本框。

③在竖排文本框内输入“现场猜灯谜”和“爱心捐款”两列文字。

④选中两列文字，选择“字体”，设置字体为“楷体”，字号为“44”磅，颜色为“黑色”。

⑤选中两列文字，选择“段落”→“行距”，设置行距为3行，单击“确定”。

⑥选中两列文字，选择“段落”→“项目符号和编号”命令，在弹出的对话框中选择“定义”按钮。在项目符号中选择Wingdings中的任意符号作为项目符号，单击“确定”。

6.第5张幻灯片

①选择“开始”→“新建幻灯片”→“空白”版式。

②选择“插入”→“艺术字”命令，选择“艺术字库”的第三行第四列，键入艺术字“空气、阳光、大地”，并设置字号为“32”，加粗，单击“确定”。

③选中艺术字，单击右键选择“设置形状格式”，设置艺术字格式。

④选择“插入”→“图片”，弹出“插入图片”对话框，在对话框中选择一张图片，单击“插入”。

⑤调整图片位置，选定图片，当鼠标指针变成“＋”形状时可以拖动图片到幻灯片左部适当位置。

⑥选择“插入”→“媒体”→“音频”命令，选择“文件中的音频”，单击“确定”。

⑦弹出“在幻灯片放映时如何开始播放声音”对话框，单击“自动”，则放映时自动播放声音。

7.保存

选择命令，在弹出的“另存为”对话框中选择文件保存路径、文件名和类型，将文件保存为“环保生活 .ppt”。

5.4 PowerPoint 2016动态设置

为对象设置动画，这是演示文稿的精华。设置动画可以给文本或对象添加特殊视觉或声音效果。PowerPoint 2016演示文稿中的文本、图片、形状、表格、SmartArt图形和其他对象都可以制作成动画，设置进入、退出等移动、大小或颜色变化等视觉效果。

5.4.1 基本动态设置

1.设置进入动画

动画是演示文稿的精华，在画中尤其以“进入”动画最为常用。下面我们以设置“渐变式缩放”的进入动画为例，看看具体的设置过程。

选中对象，直接点击工具栏上面的动画栏按钮，如图5-22所示。

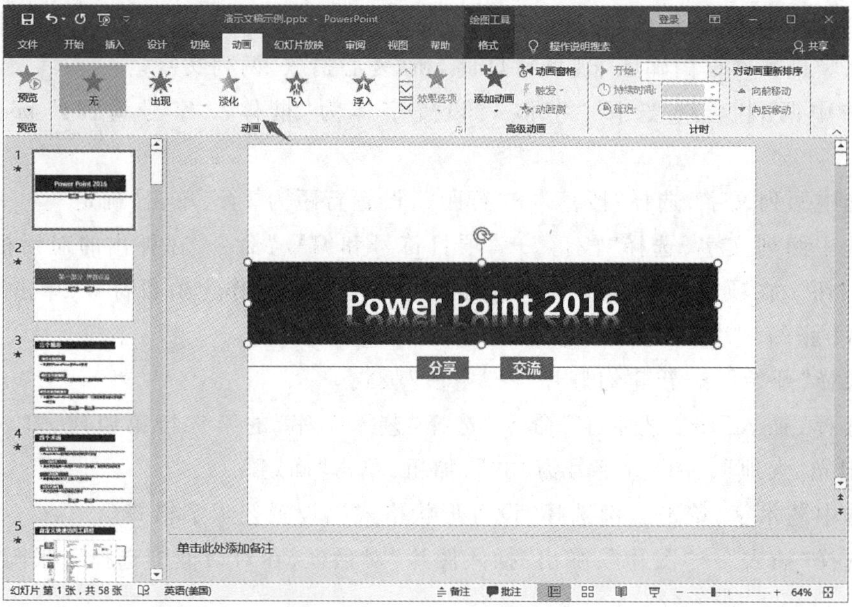

图 5-22　设置进入动画

2.设置动画播放方式

如果一张幻灯片中的多个对象都设置了动画，就需要确定其播放方式(是“自动播放”还是“手动播放”)。下面，我们将第二个动画设置在上一个动画之后自动播放。

选中对象，直接点击工具栏上面的“开始”→“排列”命令，打开下拉菜单，如图 5-23 所示。

图 5-23　设置动画播放方式

3.自定义动画路径

如果对PowerPoint 2016演示文稿中内置的动画路径不满意,可以自定义动画路径。

选中对象,直接点击工具栏上面的动画栏下的“添加动画”菜单下按钮,如图5-24所示。

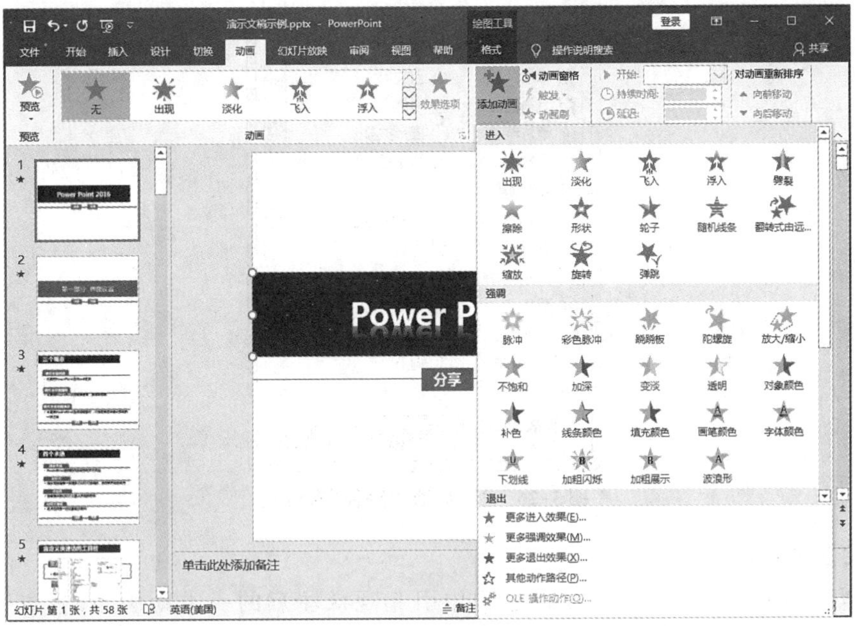

图5-24 “添加动画”菜单

选择其他动作路径,打开“添加动作路径”对话框,如图5-25和图5-26所示。

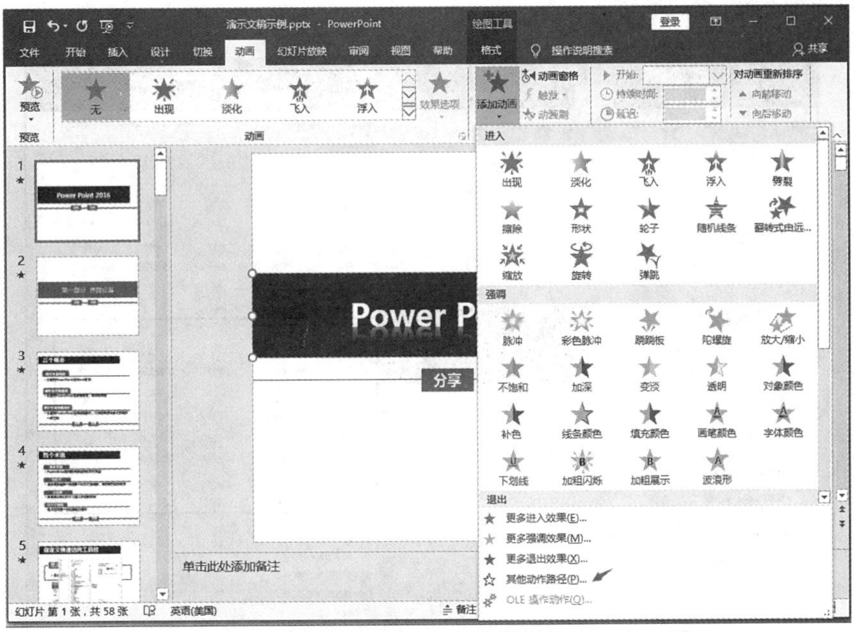

图5-25 选择“其他动作路径”

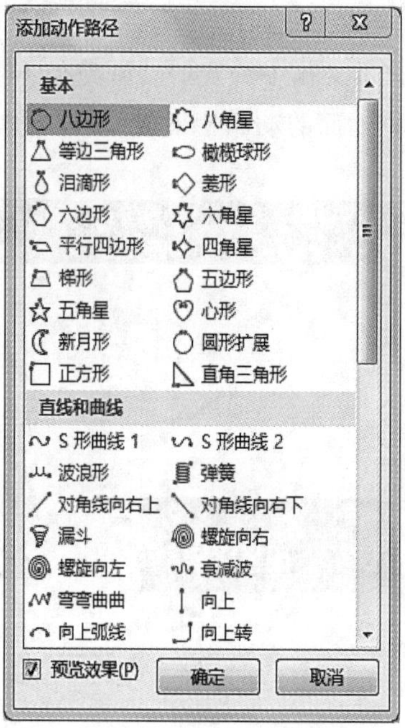

图 5-26 “添加动作路径”对话框

4.设置强调动画

所谓“强调”动画,就是在放映过程中引起观众注意的一类动画,设置方法同设置“进入”动画相似。

选中对象,直接点击工具栏上面的动画栏下的“添加动画”菜单下按钮,这里有很多强调效果,如图5-27所示。

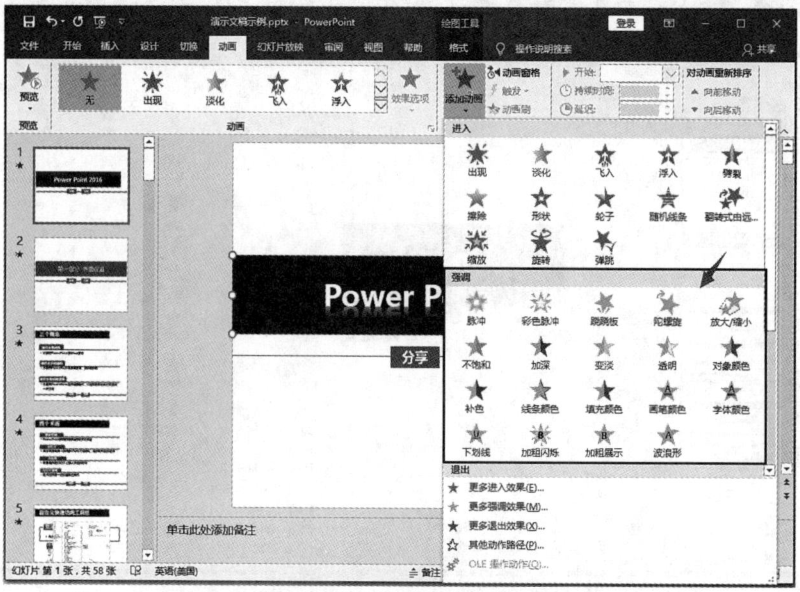

图 5-27 强调效果

5.设置退出动画

既然有进入动画，对应就有退出动画，即动画放映结束后对象如何退出。

选中对象，直接点击工具栏上面的动画栏下的“添加动画”菜单下按钮，这里有很多退出效果，如图5-28所示。

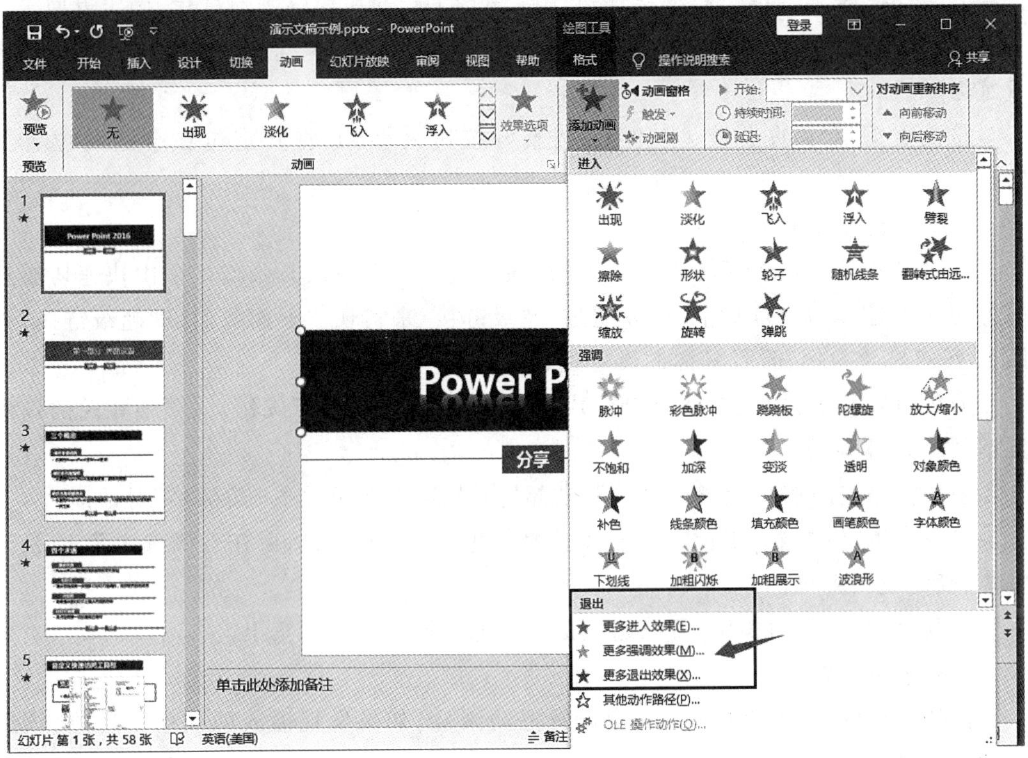

图5-28 退出效果

5.4.2 高级动态设置

1.设置幻灯片切换效果

为了增强幻灯片的放映效果，我们可以为每张幻灯片设置切换方式，以丰富其过渡效果。

①选中需要设置切换方式的幻灯片。

②执行“幻灯片放映”→“幻灯片切换”命令，打开“幻灯片切换”任务窗格。

③选择一种切换方式(如“横向棋盘式”)，并根据需要设置好“速度”、“声音”、“换片方式”等选项，完成设置。

注意：如果需要将此切换方式应用于整个演示文稿，只要在上述任务窗格中，单击一下“应用于所有幻灯片”按钮就可以了。

2.设置动作按钮

在演示文稿中经常要用到链接功能，我们可以用“动作按钮”功能来实现。下面我们建立一个“课堂练习”按钮,链接到第17张幻灯片上。

①执行“幻灯片放映动画按钮自定义”命令。

②在幻灯片中拖拉出一个按钮来,此时系统自动弹出“动作设置”对话框。

③选中“超链接到”选项,然后单击其右侧的下拉按钮,在随后弹出的下拉列表中,选择“幻灯片”选项,打开“超链接到幻灯片”对话框,选中第17张幻灯片,确定返回。

④右击按钮,在随后弹出的快捷菜单中,选择“添加文本”选项,并输入文本(如“课堂练习”)。

⑤设置好文本的字号、字体等,调整好按钮大小,并将其定位在合适的位置上即可。

3.设置超级链接

我们在PowerPoint 2016演示文稿的放映过程中,希望从某张幻灯片中快速切换到另外一张不连续的幻灯片中,可以通过“超级链接”来实现。下面我们以“超级链接”到第10张幻灯片为例,看看具体的设置过程。

①在幻灯片中,用文本框、图形(片)制作一个“超级链接”按钮,并添加相关的提示文本(如“陀螺旋”)。

②选中相应的按钮,执行“插入”→“超链接”命令,打开“插入超链接”对话框。

③在左侧“链接到”下面,选中“本文档中的位置”选项,然后在右侧选中第10张幻灯片,确定返回即可。

注意:仿照上面的操作,可以超链接到其他文档、程序、网页上。

4.调整动画顺序

在PowerPoint 2016演示文稿中设置好动画后,如果发现播放的顺序不理想,该怎样快速调整呢?下面,我们以将三个动画方案调整到第二个顺序播放为例,看看具体的操作过程。

选中需要调整的对象,右击鼠标,在随后出现的快捷菜单中,选择“自定义动画”选项,展开“自定义动画”任务窗格,选中第三个动画方案,按住鼠标左键,将其拖拉到第二个动画方案止方,松开鼠标即可。

注意:此处,利用右键菜单快速展开“自定义动画”任务窗格。

5.设置字幕式动画

我们经常看到一些课件在播放过程中,一些字符从左向右(从下向上)滚动出现,这种效果在PowerPoint 2016中可以用“字幕式”动画来实现。

①将字符输入到一个文本框中。

②选中文本框,单击“自定义动画”任务窗格中的“添加动画”按钮,在随后弹出的快捷菜单中,展开“进入”下面的级联菜单,选中“字幕式”动画选项就行了。

注意:如果“字幕式”动画选项不在“进入”级联菜单中,可以选择其中的“其他动画”选项来设置。

6. 设置背景音乐

为PowerPoint 2016演示文稿设置背景音乐，这是增强演示效果的重要手段。方法如下。

①仿照前面的操作，选择一首合适的音乐文件，将其插入到第一张幻灯片中。

②展开“自定义动画”任务窗格。

③选中声音播放方案（其实就是一种动画方案），双击打开“播放声音”对话框。

④在“效果”标签下，选中“在××幻灯片之后”选项，并输入一个数值（此处假定演示文稿共有28张幻灯片，我们就输入数值“28”），单击“确定”返回就行了。

注意：这样的设置，就相当于让声音播放动画在28张幻灯片之后停止，替代背景音乐的效果。

5.5 PowerPoint 2016放映及发布

5.5.1 放映文稿

演示文稿做好了，掌握一些播放的技能和技巧可以帮你做一场漂亮的讲解。

1. 设置幻灯片放映方式

PowerPoint 2016的演示文稿放映方式包括演讲者放映、观众自行浏览和在展台浏览放映三种方式。

①执行“幻灯片放映”→“设置放映方式”命令，打开“设置放映方式”对话框，如图5-29和图5-30所示。

②选择一种“放映类型”（如“观众自行浏览”），确定“放映幻灯片”范围（如第3至第8张），设置好“放映选项”（如“自动放映，按【Esc】键终止”）。

③再根据需要设置好其他选项，单击“确定”退出即可。

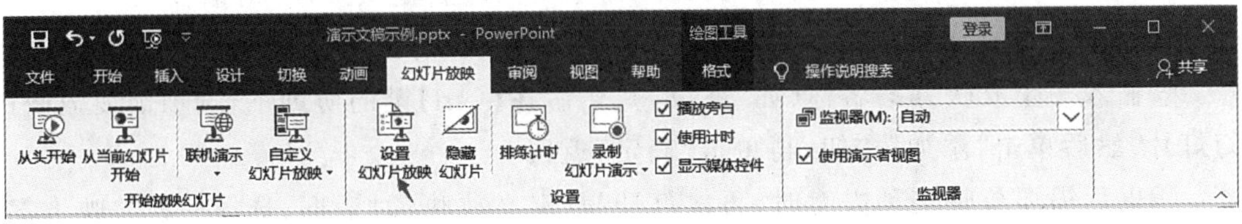

图5-29 幻灯片放映

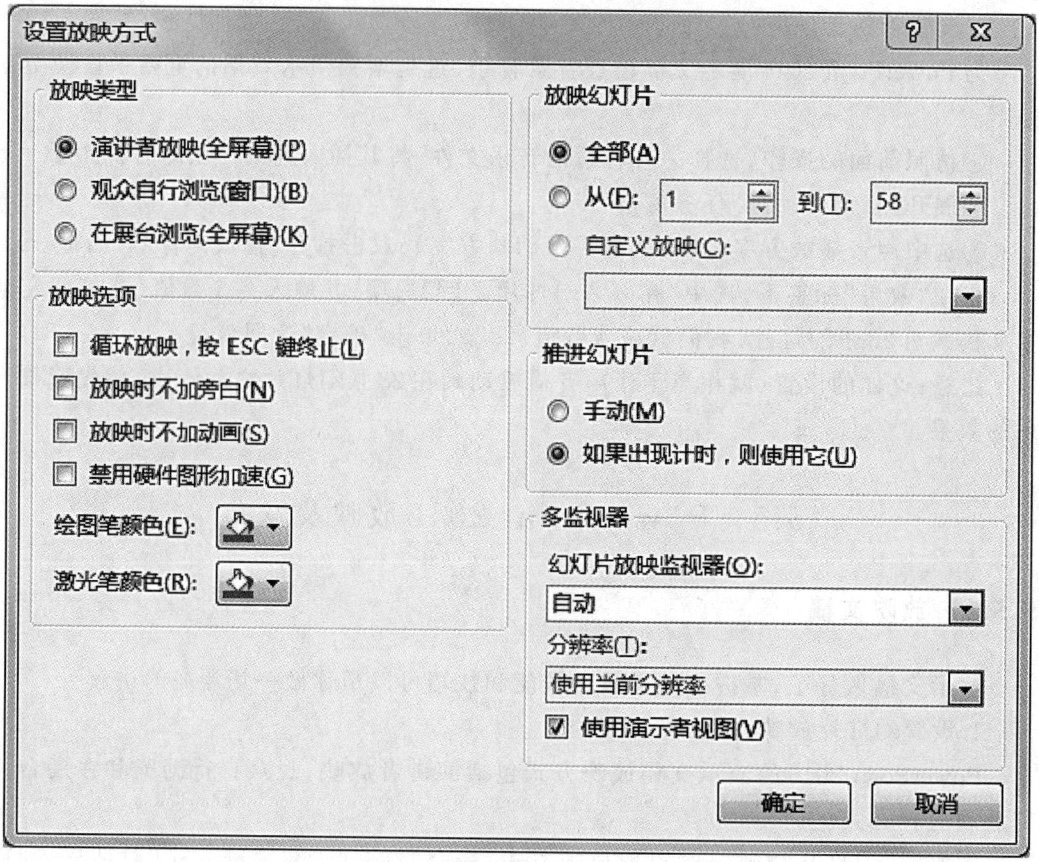

图 5-30 “设置放映方式”对话框

2.自定义播放方式

一份演示文稿,如果需要根据观众的不同有选择地放映,可以通过“自定义放映”方式来达到。

①执行“幻灯片放映”→“自定义放映”命令,打开“自定义放映”对话框。

②单击其中的“新建”按钮,打开“定义自定义放映”对话框。

③输入一个放映方案名称(如“高级”),然后在【Ctrl】键的协助下,选项需要放映的幻灯片,然后单击“添加”按钮,再单击“确定”返回。

④以后需要放映某种方案时,再次打开“自定义放映”对话框,选择一种放映方案,单击“放映”按钮就完成了。

3.启动放映

二维码 5-9

放映方式设置好后,启动放映有以下三种操作方法:

方法①:在“幻灯片放映”工具栏的“开始放映幻灯片”组,如图 5-31 所示,若单击“从头开始”按钮,则从第一张幻灯片开始放映;若单击“从当前幻灯片开始”,则当前选定了哪张幻灯片,放映就从这张幻灯片开始。

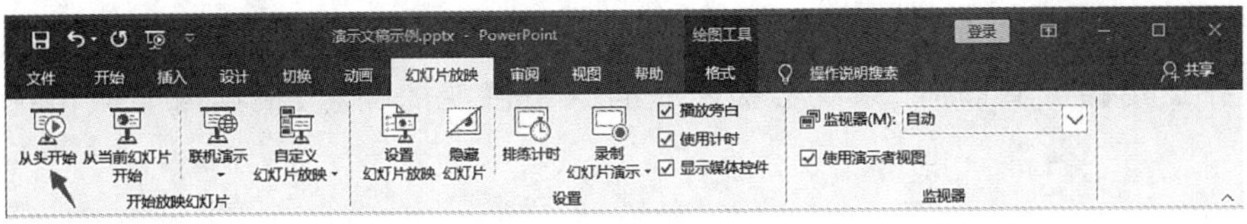

图5-31 “幻灯片放映”工具栏

方法②:单击应用程序窗口右下方,幻灯片视图切换按钮组中的“幻灯片放映按钮”,放映将从当前幻灯片开始。

方法③:按下键盘上的【F5】键,放映将从头开始。

如果选用“演讲者放映类型”,放映中幻灯片的切换方法有以下几种:

方法①:按切换效果中的设置,根据鼠标单击或按设定的换片时间自动向下一张切换。

方法②:可以通过键盘上的【Page Down】和【Page Up】键,或【←】和【→】键前后切换。

方法③:放映时,在屏幕上单击右键,在快捷菜单中,单击选择要跳转的幻灯片进行切换。

4.自动播放演示文稿(.ppsx)

如果演讲者是一位新手,本来就很紧张,再让他进行启动PowerPoint 2016打开演示文稿、进行放映等一连串的操作,可能有点为难他,可以将一连串操作保存一个自动播放的ppsx演示文稿。

①启动PowerPoint 2016,打开相应的演示文稿。

②执行“文件”→“另存为”命令,打开“另存为”对话框。

③将“保存类型”设置为“PowerPoint 2016放映(*.ppsx)”,然后单击“保存”按钮。

④以后,放映者只要直接双击上述保存的文件,即可快速进入放映状态。

5.记录下放映的感受

在演示文稿放映过程中,随时记录下自己的感受或者观众的意见,对进一步完善演示文稿大有益处。

在放映过程中,右击鼠标,在随后出现的快捷菜单中,选“屏幕”→“演讲者备注”选项,打开“演讲者备注”对话框,输入自己的感受或者观众的意见,然后“关闭”对话框,返回继续播放。

注意:记录下来的内容会保存在幻灯片的备注窗口中。

6.在播放时画出重点

在演示文稿放映过程中,如果我们想临时标记一下幻灯片中的重点内容,如何实现呢?

在播放过程中,可以在屏幕上画出相应的重点内容:在放映过程中,右击鼠标,在随后出现的快捷菜单中,选“指针选项”→“毡尖笔”选项,此时,鼠标指针变成一支“笔”,可以在屏幕上随意绘画。

注意:

●右击鼠标,在随后弹出的快捷菜单中,选择“指针选项”→“墨迹颜色”选项,即可修改“笔”的颜色。

●在退出播放状态时,系统会提示是否保留墨变的提示,根据需要做出选择就可以了。

5.5.2 发布文稿

当演示文稿制作完成,除了直接放映,PowerPoint 2016还可以根据使用什么设备、由谁传递该演示文稿、传递到何处等目的来决定演示文稿的传送和分发。

二维码 5-10

如图5-32所示,单击“文件”菜单,打开Backstage视图,单击窗口左侧的“导出”,可以看到右侧列出多种保存和发送选项。

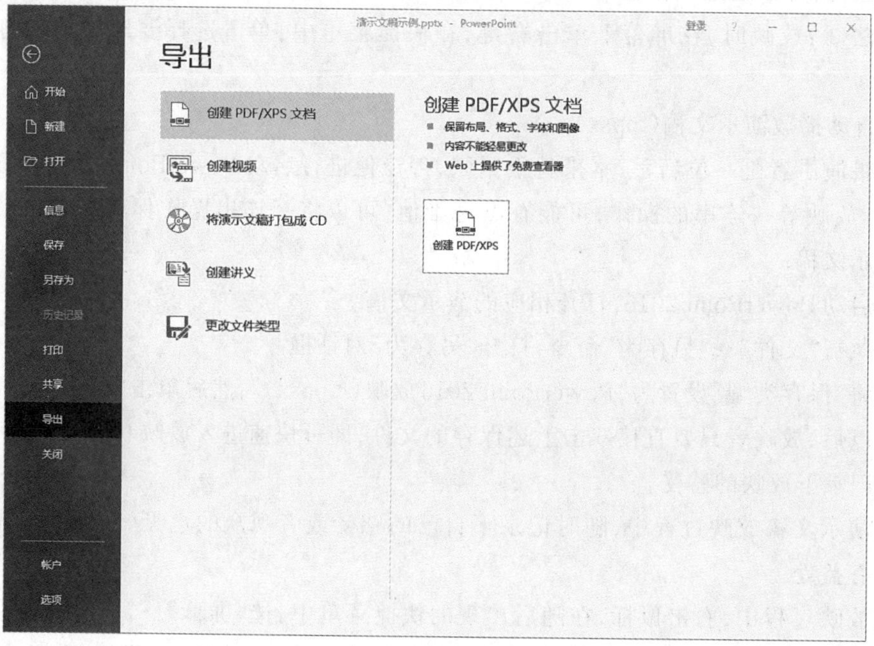

图5-32 “导出”选项

通常可以采取以下几种方式传送和分发演示文稿。

1.创建并打印备注页

在“普通”视图中使用备注窗格或直接切换到“备注页”视图,可以创建和编辑关于幻灯片的备注。准备好的备注可以通过“演示者”视图,在两台监视器上分别播放演示文稿和查看备注。也可以通过“打印”操作,打印包含幻灯片缩略图的备注页,以便分发给观众。

2.打印幻灯片或演示文稿讲义

演示文稿的幻灯片也能以演示文稿讲义(每页打印1张、2张、3张、4张、6张或9张幻灯片)形式直接打印。或通过图5-32所示Backstage视图中“创建讲义”选项,先创建可在Word中编辑和设置格式的讲义，再对该Word文档进行打印。讲义可以便于观众可以在演示时参考，或者留作以后参考。

3.将演示文稿打包成CD

通过图5-32所示Backstage视图中“将演示文稿打包成CD”选项，PowerPoint 2016可以将演示文稿保存到CD，而不是网络或计算机上的本地磁盘驱动器。这样便于演示文稿在其他计算机上进行幻灯片放映。

4.将演示文稿转换为视频

通过图5-32所示Backstage视图中“创建视频”选项，PowerPoint 2016支持将演示文稿另存为Windows Media视频(.wmv)文件或其他视频格式(.avi、.mov等)文件。创建好的视频，可以通过电子邮件发送、将幻灯片刻录到DVD光盘、将视频上载到视频共享网站或者保存到文件共享位置等方式发布。这样不仅更易于分发，还更易于观看。

5.5.3 综合案例

制作“神秘的国度.pptx”演示文稿，第1张幻灯片和第3张幻灯片效果分别如图5-33和图5-34所示。为演示文稿设置自定义放映方式，只放映第1、3张幻灯片。

图5-33 第一张幻灯片效果图

图5-34 第三张幻灯片效果图

操作步骤

①打开“神秘的国度.pptx”演示文稿，如图5-33选中主标题“神秘的国度”，单击“动画”→“添加动画”命令，在演示文稿的右边会打开“自定义动画”对话框选择“进入”→“向内溶解”。

②选中副标题“——让我们认识地球”，单击“添加效果”按钮，选择“进入”→“飞入”命令，在“自定义动画”任务窗格中的选择“开始”→“之后”。

③选择第3张幻灯片的艺术字标题“中国——四大文明古国”，为其添加自定义动画效果，选择“进入”→“其他效果”命令，选择基本型中的“菱形”效果，单击“确定”。

④在“中国——四大文明古国”的幻灯片中设置图片的动画效果。选中“图片”→“动画”→“添加动画”中的“盒状”效果，然后再自定义动画任务窗格中，单击该动画效果的下拉菜单，在“效果”选项卡中设置方向“外”，“声音”设置为“风声”。

⑤选中第1张幻灯片，点击“幻灯片放映”→“幻灯片切换”命令，演示文稿右边会出现任务窗格，在“应用于所选幻灯片”栏中选择“水平百叶窗”效果，“速度”栏选择“中速”，“声音”栏选择“风铃”，“换片方式”栏选择“单击鼠标时”。

⑥选择“幻灯片放映”→“自定义放映”命令，单击“新建”按钮，打开“定义自定义放映”对话框，可以输入幻灯片放映名称，可以通过“添加”和“删除”按钮添加和删除自定义放映中的幻灯片。

思考题5

1. 常用的PowerPoint 2016视图有哪几种？各适合于哪些操作？
2. 如何在空白的幻灯片上插入文本框以及其他对象？
3. 什么是母版？其作用有哪些？如何编辑幻灯片的母版？
4. 如何使演示文稿中的幻灯片具有统一的外观？
5. 如何使演示文稿中的部分幻灯片具有独特的外观？
6. 如何设置幻灯片内部的动画效果？
7. 如何设置幻灯片切换之间的动画效果？
8. 幻灯片的放映方式有几种？

微信扫码
获取本章 PPT

第6章 计算机网络

21世纪的一些重要特征就是数字化、网络化和信息化,它是一个以网络为核心的信息时代。由于网络迅速地传递着信息,因此实现信息化必须依靠完善的网络。网络现在已经成为信息社会的命脉和发展知识经济的重要基础。网络对社会生活的很多方面以及对社会经济的发展已经产生了不可估量的影响。

现在人们的生活、工作、学习和交往都已离不开计算机网络。计算机网络向用户提供了两个最重要的功能,分别是连通性和共享,正是这两大功能为计算机的网络的普及和发展奠定了重要的基础。本章主要概述计算机网络的发展,计算机网络的组成、分类及Internet应用。

6.1 计算机网络概述

6.1.1 计算机网络的定义

一般而言,计算机网络可看成是计算机与通信技术相结合的产物。它可通过通信链路或传输介质将多个基于计算机系统的节点互连起来,其中包括特定的网络硬件、网络软件及协议,可实现节点之间的相互通信和资源共享。

计算机网络的主要功能是:数据通信、资源共享和分布式处理。

1.数据通信

数据通信是网络的基本功能,数据通信传送的信息有字符、声音、图片、动画和视频等多媒体信息。

2.资源共享

资源共享是网络能够将系统内、外的所有软、硬件资源,包括数据提供给系统内、外的所有用户使用的一种能力,资源共享可以节约大量的投资。

3.分布式处理

网络的分布式处理的功能可以使网络内的微型计算机构成高性能的计算机并行处理体系,因而使PC具有了处理大型综合性问题的能力。分布式处理模式可以充分地利用网络资源,将一个完整的大问题分解成多个子问题,交由多台PC并行处理。其解决复杂问题的能力完全不逊于高性能的大型计算机。

6.1.2 计算机网络的分类

计算机网络有多种类别,从不同的角度出发,计算机网络的分类也不尽相同,但是其中的两个维度非常重要：网络覆盖尺度和传输技术，下面对其进行简单的介绍。

根据网络节点的地理距离和系统的复杂性，网络分为局域网（LAN）、城域网（MAN）和广域网（WAN）。

1.局域网

局域网属于私有网络，具有高宽带、低延时、低差错率和网内广播能力。局域网内的节点位置一般在比较小的地理范围以内。例如在一间或者多间办公室内、一栋或者多栋建筑物的范围内。局域网的种类有以太网、快递以太网、千兆位以太网、令牌环网和光纤分布式数据接口FDDI。

2.城域网

城域网可以是私有网络也可以是公用网络，它是利用局域网技术在城市范围内建立的一种大型网络。城域网通过专用光缆连接城市中的某些重要部门如政府机关、电信机构、医院、学校和企业等单位的主机、外设和局域网，可以实现用户之间的数据、语音、图形与视频等多种信息的传输。其覆盖的范围可以达到100公里左右。

3.广域网

广域网一般是公用网络。广域网内的节点位置跨越比较大的地理范围，例如跨越省界、国界或洲界。最典型的广域网是因特网，此外还有公用电话交换网PSTN、公用分组交换网（X.25）、数字数据网DDN、帧中继通信FR、交换式多兆位数据服务SMDS和异步传输模式ATM等。

在局域网中又可以按照拓扑结构对网络进行分类，网络拓扑结构（Network Topology）是组建通信网络结构的策略。通信子网常见的网络拓扑结构有星型（Star Topology）局域网、总线型（CommonBus Topology）局域网、环型（Ring Topology）局域网三种，如图6-1所示。

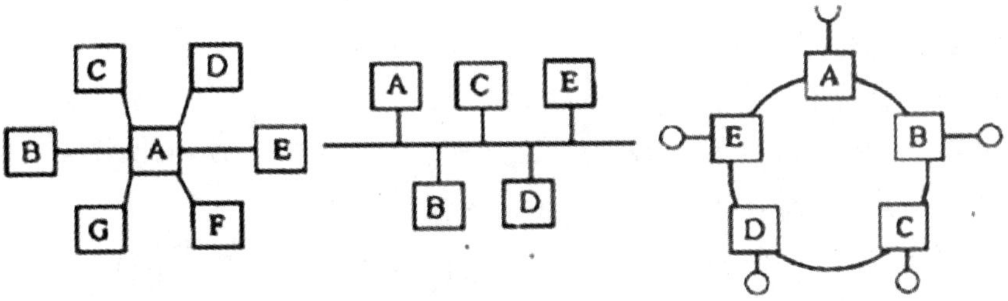

(a)星型拓扑　(b)总线型拓扑　(c)环型拓扑

图6-1　网络拓扑结构

1.星型

星型拓扑结构的特点是网络中有一台中央设备来连接网络中的所有节点。这台中央设备可以是集线器或者交换机，用双绞线连接网络中的所有节点并提供独立的数据传输。星型拓扑结构为任意两个节点之间提供了最短的传输路径。

2.总线型

总线型拓扑结构局域网的介质访问控制方法采用的是“共享介质”方式,网络中所有节点都连接到一条作为公共传输介质的总线上,不需要额外的连接设备。总线传输介质通常采用阻抗为50Ω的基带同轴电缆,发送或接收数据的方式为“广播”方式。总线型拓扑结构的缺点是只能够支持一个通道端口到端口的信号传输,因此网络上的“冲突”会造成传输失败。

3.环型

环型拓扑结构的特点是网络中每个节点只与和它相邻两个节点相连接,整个网络形成一个封闭的“环”。环型结构中计算机要依靠一个长度为3字节的“令牌”发送信息,因此环型拓扑结构的网络称为“令牌环网”。环型结构的缺点是网络建成后难以增加新的节点。数据在环中单向传输,环中任何一个节点发生故障都会导致数据传输中断,整个网络也就瘫痪了。优点是抗干扰性较强,因此适合于电磁辐射较强的工厂环境。

6.1.3 计算机网络体系结构

为了降低网络设计的复杂性,绝大多数网络都组织成一个层次栈,每一层都建立在下一层的基础之上,每一层向上一层提供特定的服务。目前,主要存在两种网络体系结构参考模型:OSI参考模型和TCP/IP参考模型。

1.OSI参考模型

OSI参考模型是国际标准化组织(ISO)提出的开放系统互连参考模型(Open Systems Interconnection Reference Model),它从功能上划分为七层,每一层都执行一个明确定义的功能,层与层边界的选择应该使跨越接口的信息流最小。从底层开始分别为物理层、数据链路层、网络层、传输层、会话层、表示层、应用层。

这七层的主要功能如下:

①物理层:主要任务在一条通信信道上传输原始比特。物理层主要涉及机械、电子和时序接口,以及物理层之下的物理传输介质等。

②数据链路层:主要任务是将一个原始的传输设施转变成一条没有漏检传输错误的路线。在两个相邻节点之间传送数据时,数据链路层将网络层传下来的IP数据报组装成帧,在两个相邻节点间的链路上透明地传送帧中的数据。每一帧包括数据和必要的控制信息(如同步信息、地址信息、差错控制等)。

③网络层:主要任务是控制子网的运行、处理拥塞、保证网络所提供的服务质量(延迟、抖动传输时间等),网络层解决网络运行中遇到的流量控制、路由选择、分组传送等问题,从而允许异构网络相互连接成为互联网。

④传输层:主要任务是接收来自上一层的数据,在必要的时候把这些数据分割成

较小的单元,然后把这些数据单元传递给网络层,并保证数据单元正确地到达另一端。

⑤会话层:主要任务是为不同机器上的用户建立对话,对话提供对话控制、同步功能、令牌管理等各种服务。

⑥表示层:主要任务是管理抽象的数据结构,并允许定义和交换更高层的数据结构。由于不同的计算机有不同的内部数据表示法,为了使这些计算机能够进行通信,它们所交换的数据结构必须以一种抽象的方式来定义,表示层就对这些抽象的数据结构进行管理。

⑦应用层:是体系结构的最高层,直接为用户的应用进程提供服务,包括用户通常需要的各种各样的协议,如超文本传输协议、支持电子邮件的SMTP协议、支持文件传送的FTP协议等。

2.TCP/IP参考模型

在计算机网络中要保证流畅的交换数据,必须事先约定好一些好的规则。这些为在网络中的数据交换而建立的规则、约定和标准就称为网络协议。

TCP/IP是一组用于实现网络互连的通信协议。和OSI参考模型不同,TCP/IP参考模型只有四层。从下往上依次是网络接口层、Internet层、传输层和应用层,如图6-2所示。

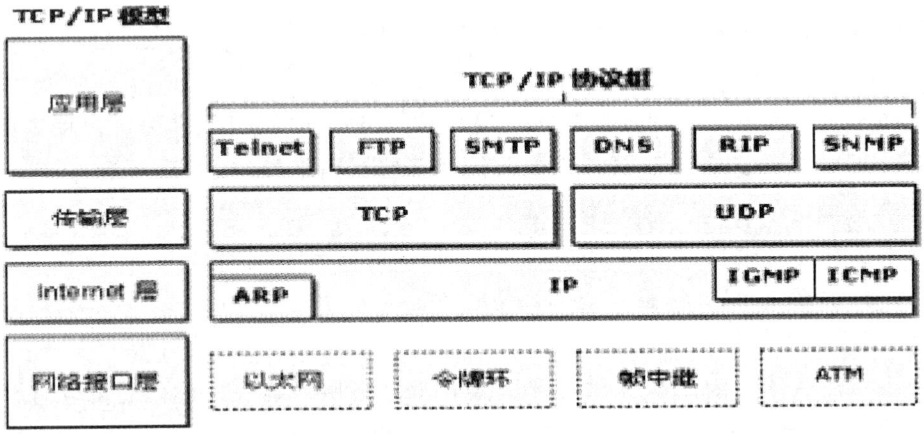

图6-2 TCP/IP参考模型

6.1.4 计算机网络的基本组成

计算机网络系统由通信子网和资源子网组成,而网络硬件系统和网络软件系统是计算机网络赖以存在的基础。

1.网络硬件系统

网络硬件是计算机网络系统的物质基础,要构建一个网络,首先要将计算机及其附属硬件设备与网络中的其他计算机系统连接起来,不同的网络系统在硬件方面有所差别,但是大部分都会包括终端设备、传输介质、控制设备等。

(1)网络终端设备

网络终端设备包括:计算机、服务器(文件服务器、数据库服务器、打印服务器等)、网络设备、共享设备等。

(2)网络传输介质

传输介质是数据传输系统中发送装置和接收装置间的物理媒体。传输介质可分为两大类:有线传输介质和无线传输介质。

常用的网络有线传输介质主要有双绞线、同轴电缆和光纤。无线传输媒体不需要架设或铺埋电缆或光纤,而通过大气传输,目前主要有三种技术:微波通信、红外线通信与无线电波通信。

(3)网络控制设备

网络因为完成不同的功能而需要各式各样的设备构成,保障网络各项功能的实现,从而实现网络的互联。网络连接设备包括用于网内连接的网卡、中继器、调制解调器、集线器、交换机等和网间连接的路由器、网桥等。

2.网络软件系统

计算机网络除了拥有硬件系统之外,还必须安装网络软件系统来协调系统资源,通过软件工具对网络资源进行全面的管理、分配和调动,这样才能保证用户对系统的控制,防止出现系统混乱以及信息数据的破坏和丢失。

网络软件系统又分为网络系统软件和网络应用软件。

(1)网络系统软件

网络系统软件负责管理及控制网络运行和网络资源的使用,并为客户提供访问网络和操作网络的人机接口。网络系统软件通常包括网络操作系统、网络通信软件、数据库管理系统、网络协议和协议软件等。

网络操作系统是网络系统软件的核心,是用以实现系统资源共享、管理用户对不同资源访问的系统程序,是最主要的网络软件。

(2)网络应用软件

网络应用软件指为用户提供特定服务并为网络用户解决实际问题的软件。如网络浏览器、网络聊天工具、邮件客户端软件、FTP软件等都属于网络应用软件。

6.2 Internet简介

6.2.1 Internet概述

Internet是一个全球性的计算机互联网络,也叫"因特网"或"国际互联网络",它将全世界成千上万的计算机连接起来,组成一个跨越国界的庞大的互联网。通过Internet,用户不仅可以获取海量的信息资源,也可将自己的资源共享到网络上,供其他用户查看和下载。随着Internet的发展,用户可以获得越来越多的服务,不仅可以阅读海量的文档资料、下载最新的应用软件、与世界各地的人聊天互动,还可以实现网上购物等。正是由于Internet的出现,使得人与人之间的距离越来越短,让用户足不出户,就可以万里行空。

Internet之所以如此迅猛地发展,主要是因为它提供了许多实用的服务。以下将介绍Internet提供的最常用的服务。

1.WWW服务

WWW是World Wide Web的缩写,中文译名为“万维网”,是近年来发展最迅速的服务。WWW服务将信息以网页的形式进行展示,并将各种资源放在遍布世界各地的Web服务器上,使Internet用户可以方便快速地获取各种信息和资源,如新闻、科技、艺术、教育、金融、医疗、生活和娱乐等等,几乎无所不包,这也是Internet迅速流行的原因之一。

2.电子邮件服务

电子邮件E-mail(Electronic Mail),是通过电子形式进行信息交换的通信方式,它是Internet提供得最早、最广泛的服务之一。通过电子邮件,人们可以与世界上任何地方的人进行信息交流。发送速度快、信息丰富多样、收发便捷、成本较低是人们愿意使用电子邮件服务的主要原因。

3.文件传输服务

文件传输服务的主要作用是计算机之间传递文件。通过该服务,Internet的用户之间可以相互传送任何类型的文件,如图像、声音、数据压缩文件等。该服务采用基于TCP/IP协议的文件传输协议FTP(File Transfer Protocol),是一种实时的联机服务。

4.远程登录服务

远程登录服务的主要用途是使得本地计算机可以与另一远程计算机之间建立连接,本地计算机将成为远程计算机的一个终端,使得用户可以很方便的操纵世界另一端的主机。人们将这种将自己的计算机连接到远程计算机的操作方式叫“登录”,将这种登录技术称为Telnet。

6.2.2 Internet接入方式

只有当计算机接入网络之后,才可以获取网络之上的各种资源、获取Internet提供的各种服务等等。将计算机接入Internet的方法主要有以下几种。

1.拨号接入

拨号接入是个人用户接入Internet最早使用的方式之一,也是目前为止我国个人用户接入Internet使用最广泛的方式之一。拨号接入Internet是利用电话网建立本地计算机和ISP(Internet服务供应商)之间的连接。这种情况一般出现在不能直接接入Internet某个子网的情况,例如在家中使用电脑访问Internet。拨号接入主要分为电话拨号、ISDN和ADSL三种方式。

ADSL(Asymmetrical Digital Subscriber Line)非对称数字用户线与ISDN综合业务数字网(Integrated Service Digital Network)都是目前应用非常广泛的接入手段。与ISDN相比,ADSL的速率要高得多,它可以在普通电话线上传输高速数字信号。

2.局域网接入

如果用户所在的单位或者社区已经架构了局域网并与Internet相连接,则用户可以通过该局域网接入Internet。例如校园内学生寝室的计算机可以通过接入学校校园网,而达到上网的目的。

使用局域网方式接入Internet,由于全部利用数字线路传输,不再受传统电话网带宽的限制,可以提供高达十兆甚至上千兆的桌面接入速度,比拨号接入速度要快得多,因此也更受用户青睐。

采用局域网接入Internet非常简单,在硬件配置上只需要一台计算机、一块以太网卡和一根双绞线,然后通过ISP的网络设备就可以连接到Internet。局域网接入方式如图6-3所示。

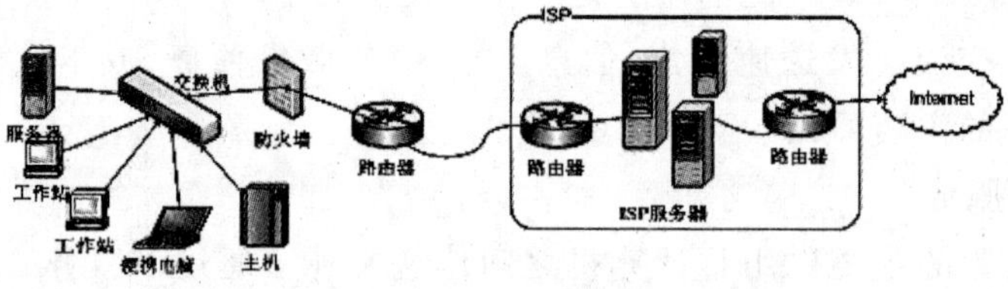

图6-3 局域网接入

3.无线接入

通过无线接入Internet可以省去铺设有线网络的麻烦,而且用户可以随时随地上网,不再受到有线的束缚,特别适合出差在外使用,因此受到商务人员的青睐。

目前个人无线接入方案主要有两大类:

一类是使用无线局域网(WLAN)的方式,网络协议为IEEE802.11a、802.11b、802.11g等,用户端使用计算机和无线网卡,服务端则使用无线信号发射装置(AP)提供连接信号,如图6-4所示。这种方式连接方便且传输速度快,最高可达到54Mbps。每个AP覆盖范围可达数百米,适用于构建家庭和小企业的无线局域网。

图6-4 WLAN接入

第二类方案是直接使用手机卡,通过移动通信来上网。这种上网方式,用户端需要购买额外的一种卡式设备(PC卡),将其直接插在笔记本或者台式电脑的PCMCIA槽或USB接口,实现无线上网。服务端则是由中国移动(GPRS)或中国联通(CDMA)等服务商提供接入服务,如图6-5所示。这种方法的优点是没有地点限制,只要有手机信号并开通数字服务的地区都可以使用,其缺点是速度不是非常理想。

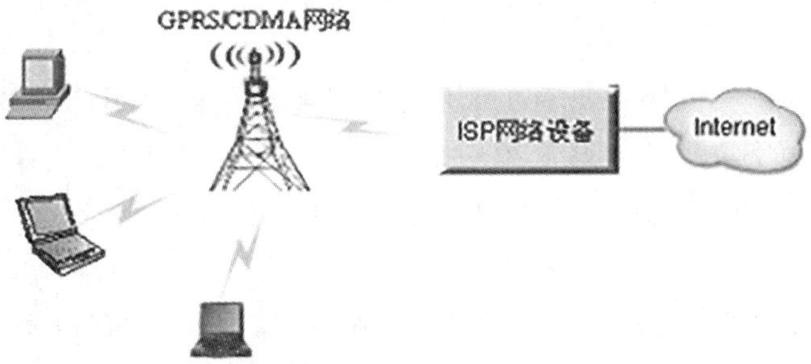

图6-5 GPRS/CDMA接入

4.光纤接入

光纤接入是指局端与用户之间全部或部分以光纤作为传输媒体。光纤是一种由玻璃或塑料制成的纤维,利用"光的全反射"原理进行信号传输,可提供10 MBPS,100 MBPS,1000 MBPS的高速宽带。光纤具有传输距离远、保密性好、损耗低、保真度高、抗干扰能力强等优点,缺点是价格高,因此未来随着价格的减低,光纤接入方式将成为长远的发展方向和最终的接入网解决方案。

光纤接入技术可以分为两类:有源光纤入网和无源光纤入网。有源光纤入网适用于高带宽、对保密性具有较高要求的企事业单位的接入;无源光纤入网主要面向于住宅用户和中小型企事业用户的接入,并且服务的范围不能超过20公里,可以通过"有源+无源"混合组网的方式,解决服务方位的问题。图6-6展示是光纤接入的案例。

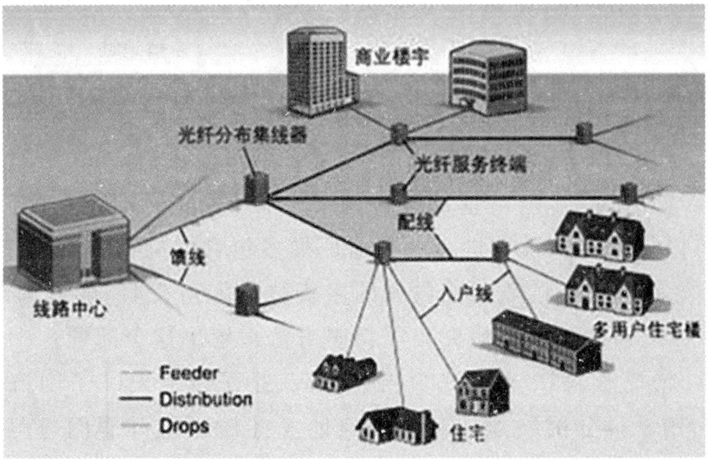

图6-6 光纤入网拓扑结构图

6.2.3 Internet地址

Internet将全世界的计算机连成一个整体,当然这些计算机并不是直接与Internet相接,而是通过本地局域网接入的。Internet将现有的局域网根据一定的标准连接起来,各个局域网之间可以进行信息交流,从而把整个世界联系在一起。因此,如何标识计算机在Internet中的位置,成为Internet互联的关键。

1.IP地址

网络数据传输是根据协议进行的,不同的局域网可能有不同的协议,但要使它们在Internet上进行通信,就必须遵从统一的协议,这就是TCP/IP协议。该协议中要求网上的每台计算机拥有自己唯一的标志,这个标志就称为IP地址。

(1)IPv4

目前Internet上最常使用的IP地址是第4版本,称为IPv4,它由32位(bit)二进制组成,IPv4的地址通常使用“点分十进制”的形式来表示,每8位为一组分为四组,每一组用0～255间的十进制表示,组与组之间以圆点分隔,如:202.103.0.68。IPv4地址就标明了网络上某一计算机的位置,在同一个遵守TCP/IP协议的网络中,不应出现两个相同的IP地址。IP地址不是随意分配的,在需要IP地址时,用户必须向网络中心NIC提出申请。中国最顶级的IP地址管理机构是中国互联网络信息中心CNNIC。

IP地址划分为五类:A、B、C、D、E类,其中分配给网络服务提供商(ISP)和网络用户的是前三类地址,D类地址为多播地址,而E类地址并未使用,各类IP地址结构如图6-7所示。

0 7 15 23 31

A类	0	网络号	主机号		
B类	1	0	网络号	主机号	
C类	1	1	0	网络号	主机号
D类	1	1	1	0	多播地址
E类	1	1	1	1	保留为今后使用

图6-7 IP地址中的网络号字段和主机号字段

从图中可以看出,各类IP地址都包含网络号和主机号两部分,主机部分表明某一网络中,最多可以包含多少台主机。A类地址最多包含主机数为16 777 214,B类地址最多包含主机数为65 534,C类地址包含的主机数最多为254。随着网络的发展,IPv4地址早已枯竭,因此研究人员才研究出了许多方法来解决这个问题。

另外还有一个概念与IP地址密切相关,那就是子网掩码。子网掩码也是一个32位二进制数,它用来区分网络地址和主机地址。将IP地址和子网掩码按位做“与”运算,就得到该IP所属的网络地址。

(2)IPv6

IPv6是下一版本的互联网协议,它的提出最初是因为随着互联网的迅速发展,IPv4采用32位地址长度,只有大约43亿个地址。根据统计报告显示,全球IPv4地址数已于2011年2月分配完毕,IP地址的短缺严重限制了Internet的进一步发展。当前IP地址的增长已转向IPv6。IPv6采用128位地址长度,几乎可以不受限制地提供地址。按保守方法估算IPv6实际可分配的地址,整个地球每平方米面积上可分配1000多个地址。

IPv6除了一劳永逸地解决地址短缺问题以外,IPv6还有许多其他优势,体现在以下几方面:扩大地址空间、提高网络的整体吞吐量、改善服务质量(QoS)、安全性有更好的保证、支持即插即用和移动性、更好实现多播功能等。

2.域名地址

根据IP地址,当想要访问某个网站时,就可以把该网站服务器的IP地址输入在浏览器地址里,但这也带来一些问题,因为分布在网上的计算机有成千上万,如果都用像202.103.0.68这样的数字来识别,那么就既生硬又难记忆。

因此TCP/IP协议还提供了另一种方便易记的地址方式:域名地址,即用一组英文简写来代替难记的数字。Internet通过域名服务器DNS(Domain Name Server)将域名地址解析成IP地址,用户只需记住这些形象的域名地址就可以访问远程主机。

每个域名地址包含几个层次,每部分称为域,并用圆点隔开。域名地址是从右至左来表述其意义的,最右边的部分为顶层域名,最左边的则是某台主机的机器名称。一般域名地址可表示为:主机名.单位名.网络名.顶层域名。顶层域名一般是组织机构或国家/地区的名称缩写。

(1)组织机构顶层域名

顶层域名中的组织机构代码一般由三个字符组成,表示了域名所属的领域和机构性质,如表6-1所示。

表6-1 常见域名组织机构代码

域名代码	机构性质
Com	商业机构
Edu	教育机构
Gov	政府部门
Mil	军事机构
Net	网络组织
Int	国际机构
Org	其他非营利组织

(2)国家/地区顶层域名

顶层域名中的国家/地区代码一般用两个字符表示,世界上每个申请加入Internet

的国家或地区都有自己的域名代码。由于Internet起源于美国,且早期并没有考虑到其他国家将来会加入该网络,所以美国的网络站点大都直接使用组织机构作为顶层域,因此只有美国没有国家域名。表6-2列出了一些常见的国家或地区代码。

表6-2 部分国家或地区代码

域名代码	国家或地区	域名代码	国家或地区
ar	阿根廷	nl	荷兰
au	澳大利亚	nz	新西兰
at	奥地利	ni	尼加拉瓜
br	巴西	no	挪威
ca	加拿大	pk	巴基斯坦
fr	法国	ru	俄罗斯
de	德国	sa	沙特阿拉伯
gr	希腊	sg	新加坡
is	冰岛	se	瑞典
in	印度	ch	瑞士
ie	爱尔兰	th	泰国
il	以色列	tr	土耳其
it	意大利	uk	英国
jm	牙买加	us	美国
jp	日本	vn	越南
mx	墨西哥	tw	中国台湾地区
cn	中国	hk	中国香港地区

(3)域名分配

域名由申请域名的组织机构选择,然后再向Internet网络信息中心或子域管理机构登记注册。当然现在有很多Internet网络信息中心的代理机构,也可受理域名申请。需要说明的是域名地址也是唯一的,所以尽早注册域名,可以保证域名更有其实际意义。

下层域名一般由其上层域名的管理者分配和定义,例如微软公司向.com管理机构申请了域名"microsoft.com",该域名的下层域名地址管理由微软公司自己负责。例如微软公司可在DNS服务器中为WWW服务创建域名www.microsoft.com,为FTP服务创建域名ftp.microsoft.com等等。

6.2.4 综合案例

案例一:设置"网络和Internet"。

我们经常会要进行的网络IP地址的设置,它需要通过系统"设置"对话框中"网络和 Internet”进去，进去后界面如图6-8所示：

之后单击“高级网络设置”下的“更改适配器选项”，进入“网络连接”设置对话框，如图6-9所示，允许我们选择具体要进行设置的网络连接。

具体选择WLAN或是以太网单击右键即可进入到具体的有线网络或无线网络的属性设置，对于有线的以太网来说，单击右键后会弹出如图6-10所示的“以太网属性”对话框。

在该属性对话框中选择“Internet 协议版本4(TCP/IPv4)”可进入到对网卡IP地址的设置，如图6-11所示。

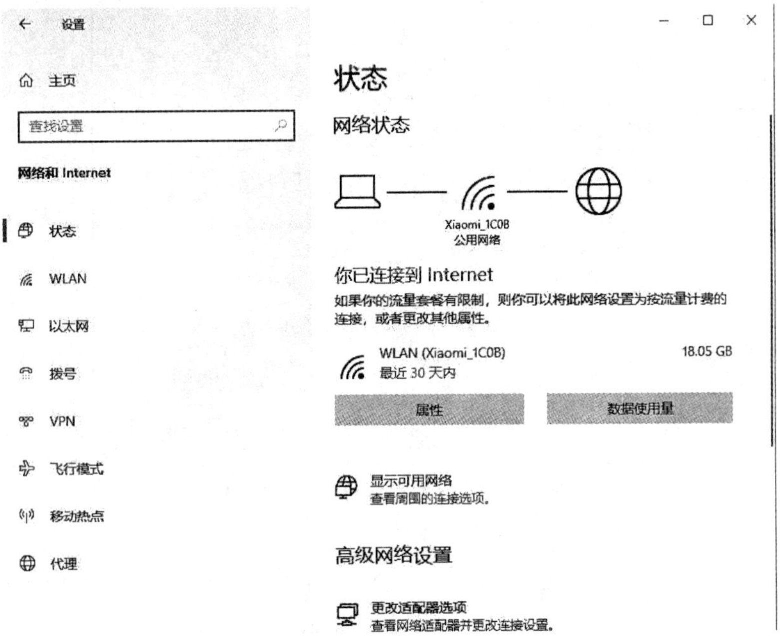

图6-8 进入“网络和Internet”设置对话框

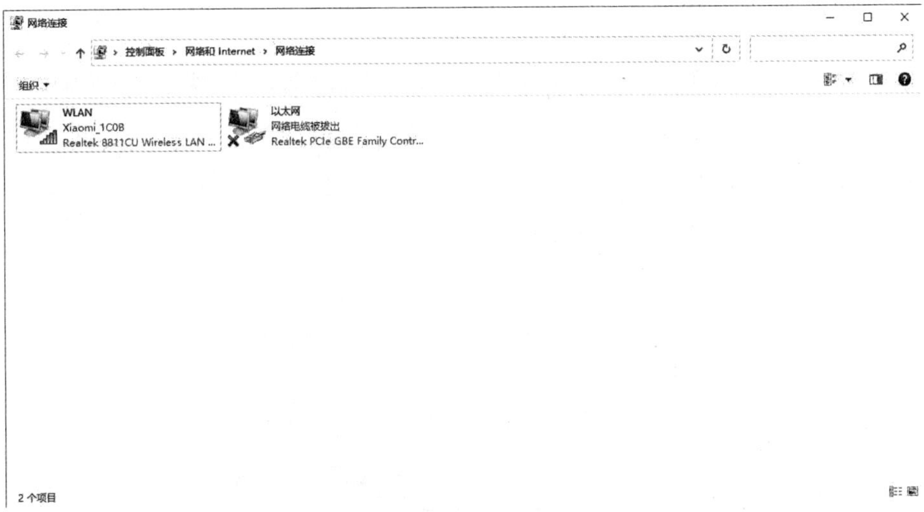

图6-9 进入“网络连接”设置对话框

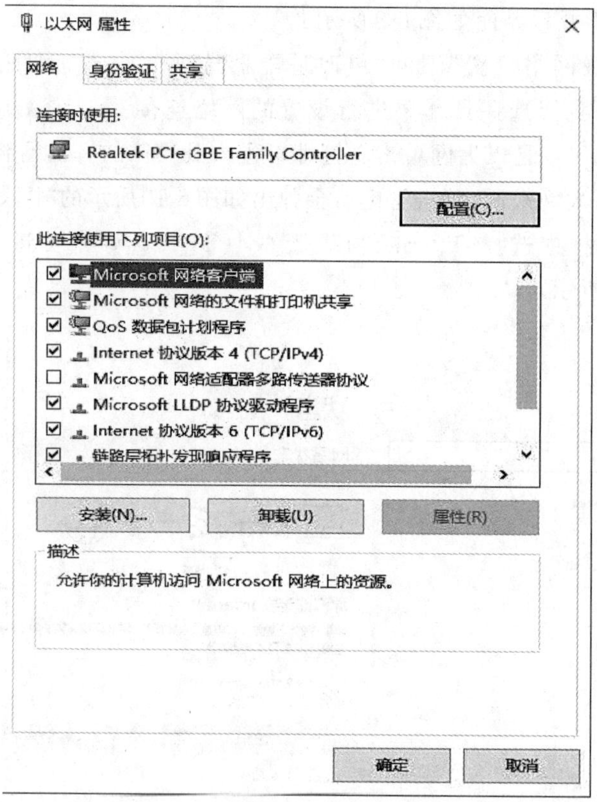

图 6-10　“以太网属性”设置对话框

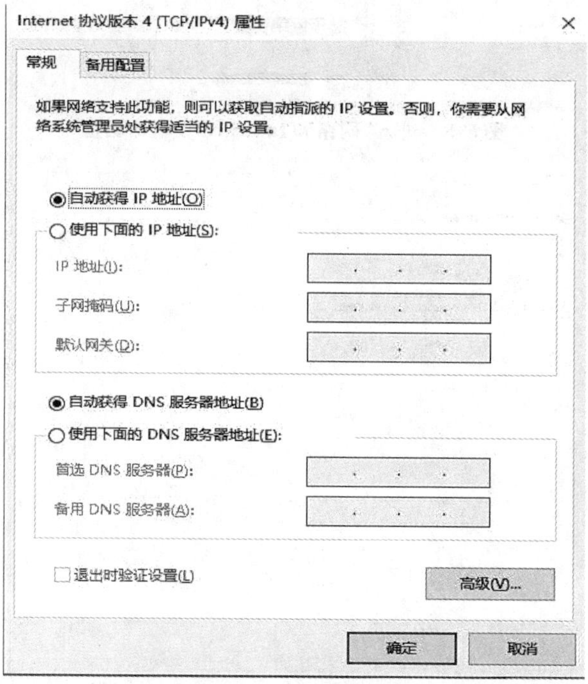

图 6-11　IP 地址设置

我们也可以通过单击任务栏上网络图标显示出当前网络状态,后再单击其下边的“网络和Internet设置”进入到相关的设置,如图6-12所示。

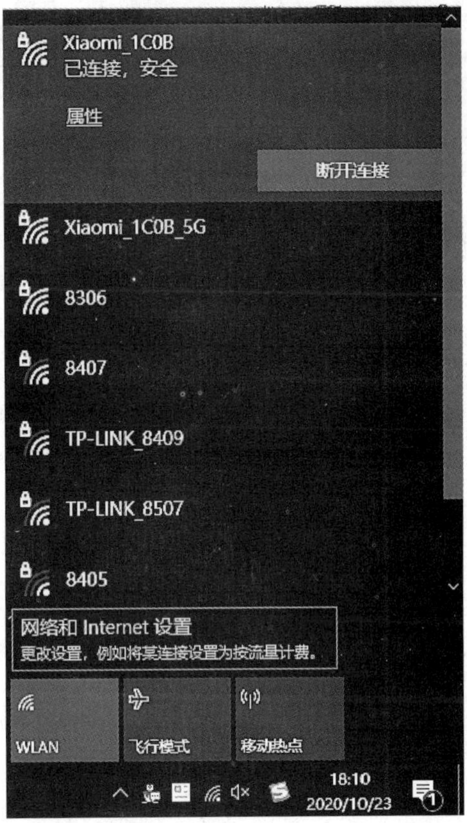

图6-12 通过任务栏进入“网络和Internet设置”对话框

案例二:使用网络资源完成相关信息的查询。

①打开IE,在IE地址栏中输入www.baidu.com,登录百度网站,如图6-13所示。

图6-13 百度搜索引擎首页

②在引擎搜索中输入要搜索的相关内容的关键词“计算机二级历年真题”,默认是网页搜索,搜索结果如6-14所示。

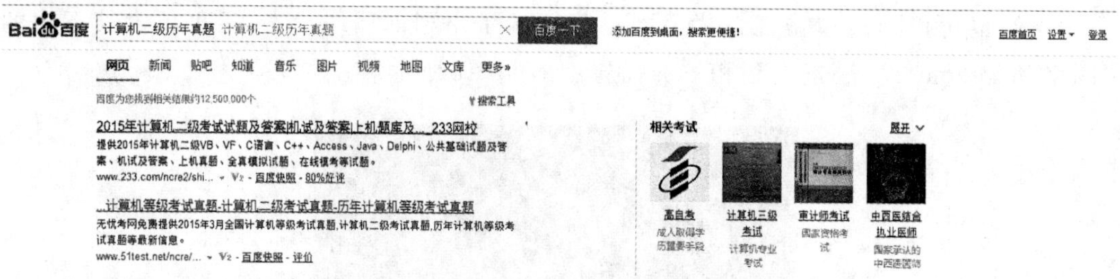

图6-14 搜索关键字

可以发现,在出现的搜索结果中,“计算机二级历年真题”被切分开了,这个时候需要借助一些百度搜索的搜索技巧,通过这些搜索技巧可以大大提高搜索精度与速度。

③保存网页。

如果在浏览信息的过程中发现感兴趣的网页,想要保存下来,以便以后随时进行浏览,只需要在网页上点击鼠标右键,在右键菜单中选择“网页另存为”,在打开的对话框中选择输入文件存放的路径、文件名和保存类型,然后点击“保存”按钮就可以保存到本地了,如图6-15所示。

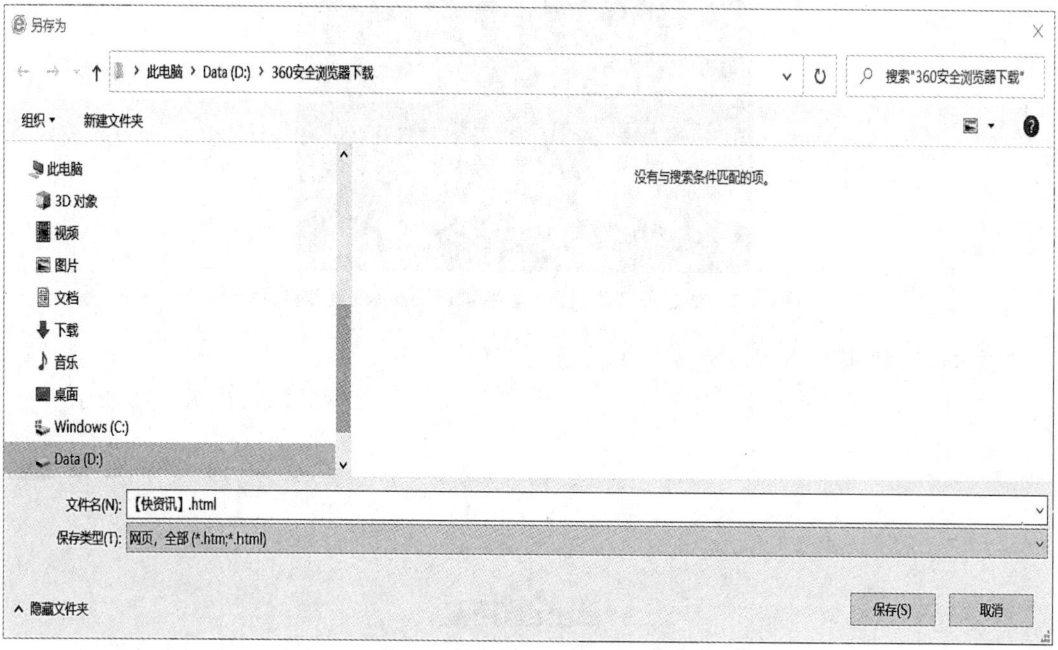

图6-15 选择网页保存路径窗口

案例三:收发邮件。

收发电子邮件可以通过Web邮件服务,也可以通过电子邮件客户端来进行电子邮件的收发。发件人需要先申请自己的E-mail地址,然后获得收件人的E-mail地址。利用Web方式收发邮件,简单易学,但所有的邮件都保存在服务器上,所以必须上网才能看到以前的邮件。

1. 登录Web邮箱

现在比较常用的电子邮箱包括QQ邮箱、网易邮箱、新浪邮箱等。下面以QQ邮箱为例，进行介绍。先登录QQ邮箱，如图6-16所示。在邮箱界面中，点击“收信”按钮就可以查看已收到的邮件，点击“写信”按钮可以进行邮件编辑，如图6-17所示。

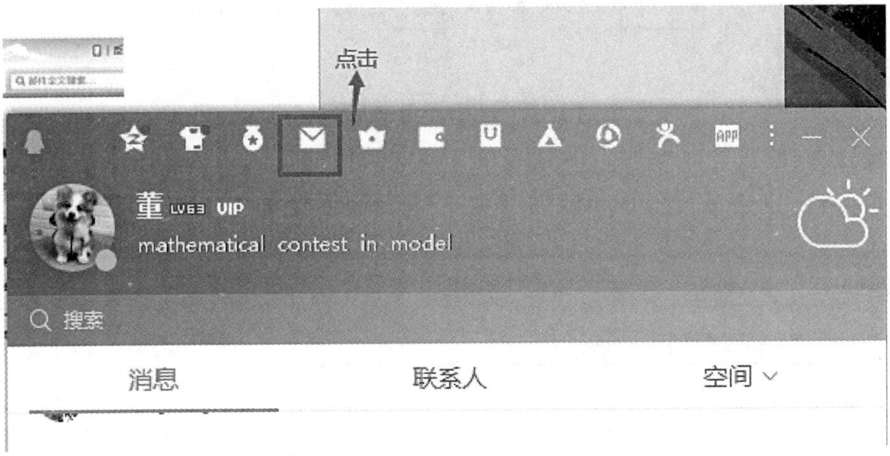

图6-16 登录QQ邮箱

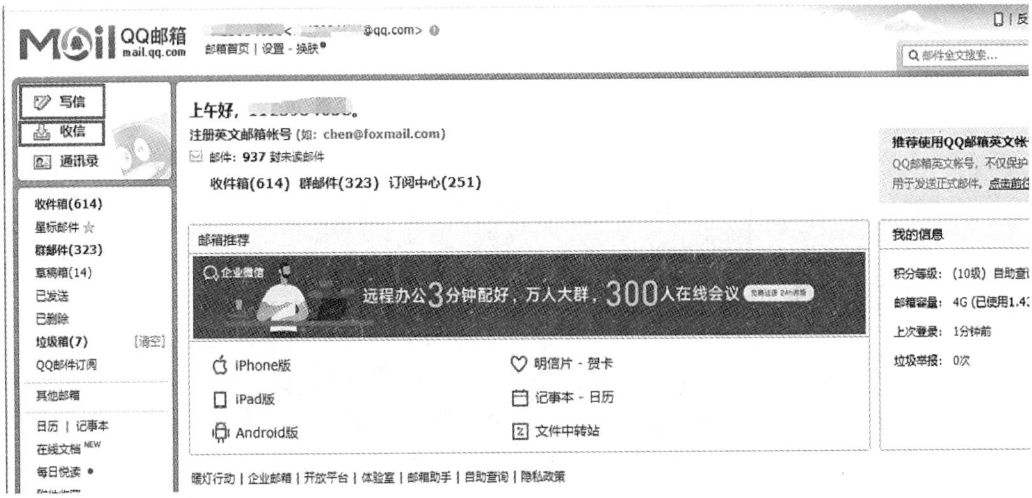

图6-17 QQ邮箱界面

2. 写新邮件

依次将收件人、主题及文本信息的填写完毕即可发送，如图6-18所示。在这里，主题为“学号＋姓名＋班级”。

有时，要传送的信息不只是一些单纯的文本，比如要将某个应用软件、游戏或者声音、图像文件同时传递给对方，这时就要在邮件里插入附件一起发送。选择“添加附件”按钮，出现选择文件对话框，选择要传送的文件或直接键入文件名，然后点击“打开”按钮即可，可以用相同的方法附加多个附件。

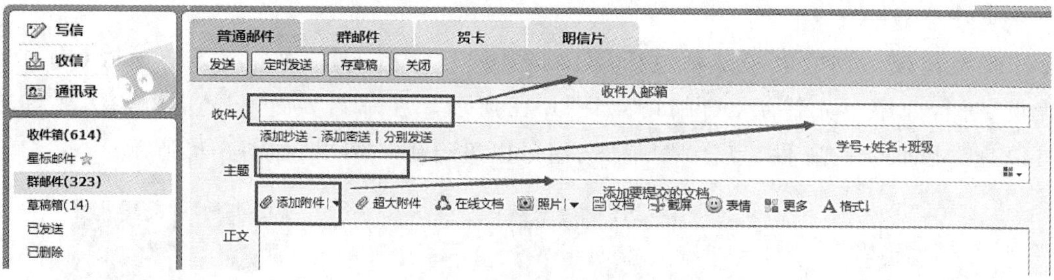

图 6-18　写新邮件

3. 发送邮件

写好邮件,点击“发送”按钮就可以实现邮件的发送,如图 6-19 所示。

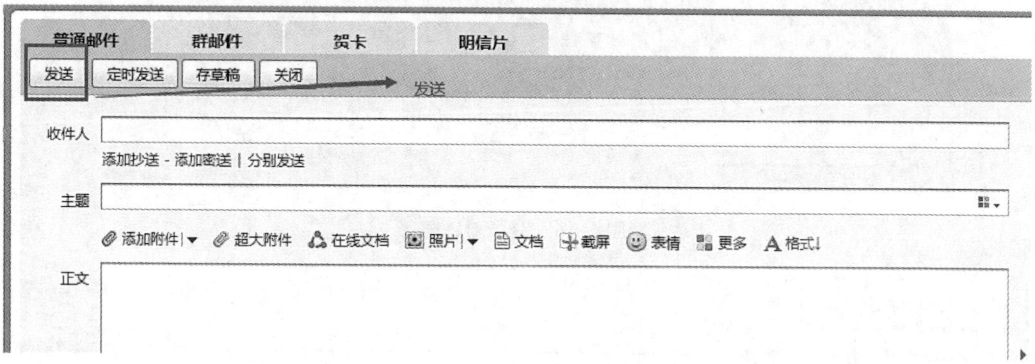

图 6-19　发送邮件

6.3　网络信息安全

6.3.1　网络上的常用骗术

现在的一些不法分子利用高科技手段移花接木,借用正规企业的名号行骗。其实网络只是交易的一个平台,通过网络获得商业信息后,必须进行网下的考虑。特别是涉及找工作、报名等方面对同学们来说风险相对较高,大家更要小心谨慎,亲自走访是非常必要的,不能仅是坐在家中敲敲键盘。有条件的话,可请投资、法律方面的专家把关。

骗术一:骗取资料出售牟利。张同学在一招聘网站上看到沿海某省重点高中招聘教师,填写自己的详细资料以后一星期,开始频繁地收到莫名其妙的短信和邮件。原来是非法网站以招聘为幌子,骗取网民的详细资料后出售给中介公司牟利。

骗术二:利用照片赚取点击量。长相不错的王同学听说某航空公司网上招聘“空姐”,于是就按照要求寄去自己的资料和艺术照,半个月后复试通知没有等到,却在该网站上看到自己的照片,被命名为“某少妇玉照”,点击量高达 2 万次。

骗术三：骗取报名费。许多上网求职者填写资料以后会收到索要报名费或者考试费之类的电子邮件，而一旦将钱汇出，通常没有“下回分解”。

骗术四：拉人做传销。周同学通过网络求职网站被一家“公司”“录用”了。到该公司上班时被告之必须交5000元户口费。交钱以后才知道上班还要先拉5个人前“来工作”。

骗术五：模糊概念，偷梁换柱。周同学在网上应聘到私立高中任教，签合同的时候，该校承诺待遇从优，月薪2000元包食宿，年终福利另算。正式上班时才发现食宿条件恶劣，待遇也无法落实，但是迫于高额违约金，有苦难言。网络招聘效率高、即时性和针对性强，因此很多企业的人才招聘都通过网络进行。进入夏季，省内各大高校迎来了应届毕业生求职的高峰，一些非法网站就是利用毕业生求职心切的心理，进行诈骗等违法活动。

6.3.2 网络钓鱼

网络钓鱼（Phishing，与钓鱼的英语fishing发音相近，又名钓鱼法或钓鱼式攻击）是通过大量发送声称来自银行或其他知名机构的欺骗性垃圾邮件，意图引诱收信人给出敏感信息（如用户名、口令、账号ID、ATM PIN码或信用卡详细信息）的一种攻击方式。最典型的网络钓鱼攻击将收信人引诱到一个通过精心设计与目标组织的网站非常相似的钓鱼网站上，并获取收信人在此网站上输入的个人敏感信息，通常这个攻击过程不会让受害者警觉。它是“社会工程攻击”的一种形式。

网络钓鱼攻击者利用欺骗性的电子邮件和伪造的Web站点来进行网络诈骗活动，受骗者往往会泄露自己的私人资料，如信用卡号、银行卡账户、身份证号等内容。诈骗者通常会将自己伪装成网络银行、在线零售商和信用卡公司等可信的品牌，骗取用户的私人信息。如果涉及金钱交易、商业合同、工作安排等重大事项，不要仅仅通过网络完成，有心计的骗子们可能通过这些途径了解用户的资料，伺机进行诈骗。不要轻易相信通过电子邮件、网络论坛等发布的中奖信息、促销信息等，除非得到另外途径的证明。正规公司一般不会通过电子邮件给用户发送中奖信息和促销信息，而骗子们往往喜欢这样进行诈骗。

早期的案例主要在美国发生，但随着亚洲地区的因特网服务日渐普遍，有关攻击亦开始在亚洲各地出现。从外观看，与真正的银行网站无异，但却在用户以为是真正的银行网站而使用网络银行等服务时将用户的账号及密码窃取，从而使用户蒙受损失。

如何防备？

①不要在网上留下可以证明自己身份的任何资料，包括手机号码、身份证号、银行卡号码等。

②不要把自己的隐私资料通过网络传输,包括银行卡号码、身份证号、电子商务网站账户等资料不要通过QQ、MSN、E-mail等软件传播,这些途径往往可能被黑客利用来进行诈骗。

③不要相信网上流传的消息,除非得到权威途径的证明。如网络论坛、新闻组、QQ等往往有人发布谣言,伺机窃取用户的身份资料等。

④不要在网站注册时透露自己的真实资料。例如住址、住宅电话、手机号码、自己使用的银行账户、自己经常去的消费场所等。骗子们可能利用这些资料去欺骗你的朋友。

6.3.3 网页挂马

网页挂马指的是把一个木马程序上传到一个网站里面然后用木马生成器生成一个网马,再上到空间里面,再加代码使得木马在打开网页时运行。

2009年6月,微软公司向MAPP伙伴公布其DirectShow软件中存在的一个严重漏洞,利用该漏洞的挂马网站已经在互联网上出现,用户浏览这些网站后就会中毒。作为中国的MAPP合作伙伴,瑞星公司在收到微软提供的相关技术资料后,针对此漏洞进行了紧急分析,并通过"云安全"系统成功截获了利用该漏洞的挂马网站。

据了解,微软DirectShow漏洞在播放某些经过特殊构造的QuickTime媒体文件时,可能导致远程任意代码执行。攻击者可随意查看、更改或删除数据或者创建拥有完全用户权限的新账户。其中Windows 2000 Service Pack 4、Windows XP和WindowsServer 2003容易受攻击,Windows Vista和Windows Server 2008的所有版本不容易受影响。

防范挂马所应用的主要手段:

①对网友开放上传附件功能的网站一定要进行身份认证,并只允许信任的人使用上传程序。

②保证你所使用的程序及时的更新。

③不要在前台网页上加注后台管理程序登录页面的链接。

④要时常备份数据库等重要文件,但不要把备份数据库放在程序默认的备份目录下。

⑤管理员的用户名和密码要有一定复杂性,不能过于简单。

⑥IIS中禁止目录的写入和执行功能,二项功能组合,可以有效的防止ASP木马。

⑦可以在服务器、虚拟主机控制面板的设置执行权限选项中,直接将有上传权限的目录,取消ASP的运行权限。

⑧创建一个robots.txt上传到网站根目录。Robots能够有效地防范利用搜索引擎窃取信息的黑客。点此查看robots.txt使用方法。

思考题6

1. 说明计算机网络的含义。
2. 说明计算机网络的组成,并给出其结构图示例。
3. 简述计算机网络的分类及其特点。
4. 说明计算机网络的应用。

参考文献

[1] 李腊元,黄高琴,魏妮妮.计算机应用基础[M].西安:西北工业大学出版社,2014.

[2] 李腊元,胡艳蓉,周方.计算机应用实训教程[M].西安:西北工业大学出版社,2014.

[3] 张开成.大学计算机基础[M].2版.北京:清华大学出版社,2016.

[4] 甘勇,尚展垒,贺蕾.大学计算机基础[M].北京:人民邮电出版社,2016.